“十三五”国家重点出版物出版规划项目

无机与分析化学学习指导

Learning Guidance of Inorganic and Analytical Chemistry

● 盛建国　编著

哈爾濱工業大學出版社

内 容 简 介

本书是《无机与分析化学》(郭文录、袁爱华、林生岭主编)的配套书。本书与《无机与分析化学》的章节顺序一致,每章内容由六部分组成,即中学链接、教学基本要求、内容精要、典型例题、训练题和参考答案。为使综合性大学本专科学生学好进入大学后的第一门化学课程,强化本门课程的学习效果,本书的内容和主教材内容一致,同时又进行了必要的扩展,通过典型例题的训练帮助学习者掌握课程的基础知识和基本理论,巩固和提高分析问题和解决问题的能力。

本书是学习《无机与分析化学》的辅助教材和考研参考书,还是教师的教学参考书。

图书在版编目(CIP)数据

无机与分析化学学习指导/盛建国编著. —2 版. —哈尔滨:哈尔滨工业大学出版社,2018.8

ISBN 978-7-5603-7491-8

Ⅰ.①无… Ⅱ.①盛… Ⅲ.①无机化学-高等学校-教学参考资料 ②分析化学-高等学校-教学参考资料 Ⅳ.①O61 ②O65

中国版本图书馆 CIP 数据核字(2018)第 151774 号

策划编辑 张秀华
责任编辑 张秀华
封面设计 卞秉利
出版发行 哈尔滨工业大学出版社
社　　址 哈尔滨市南岗区复华四道街 10 号　邮编 150006
传　　真 0451-86414749
网　　址 http://hitpress.hit.edu.cn
印　　刷 黑龙江艺德印刷有限责任公司
开　　本 787mm×1092mm　1/16　印张 15.75　字数 365 千字
版　　次 2006 年 8 月第 1 版　2018 年 8 月第 2 版
　　　　 2018 年 8 月第 1 次印刷
书　　号 ISBN 978-7-5603-7491-8
定　　价 36.00 元

目　录

第 1 章　溶　液 …… 1
一、中学链接 …… 1
二、教学基本要求 …… 1
三、内容精要 …… 2
四、典型例题 …… 4
五、训练题 …… 7
六、参考答案 …… 8
第 2 章　化学热力学基本原理 …… 11
一、中学链接 …… 11
二、教学基本要求 …… 11
三、内容精要 …… 11
四、典型例题 …… 16
五、训练题 …… 19
六、参考答案 …… 24
第 3 章　化学反应速率和化学平衡 …… 29
一、中学链接 …… 29
二、教学基本要求 …… 30
三、内容精要 …… 30
四、典型例题 …… 34
五、训练题 …… 38
六、参考答案 …… 42
第 4 章　酸碱平衡 …… 47
一、中学链接 …… 47
二、教学基本要求 …… 48
三、内容精要 …… 48
四、典型例题 …… 53
五、训练题 …… 56
六、参考答案 …… 59
第 5 章　氧化还原与电化学 …… 67
一、中学链接 …… 67
二、教学基本要求 …… 68

三、内容精要…………………………………………………………………………… 68
四、典型例题…………………………………………………………………………… 72
五、训练题……………………………………………………………………………… 74
六、参考答案…………………………………………………………………………… 77
第 6 章　原子结构 ……………………………………………………………… 82
一、中学链接…………………………………………………………………………… 82
二、教学基本要求……………………………………………………………………… 83
三、内容精要…………………………………………………………………………… 83
四、典型例题…………………………………………………………………………… 89
五、训练题……………………………………………………………………………… 91
六、参考答案…………………………………………………………………………… 95
第 7 章　配位化学基础 ………………………………………………………… 99
一、中学链接…………………………………………………………………………… 99
二、教学基本要求……………………………………………………………………… 99
三、内容精要…………………………………………………………………………… 99
四、典型例题 ………………………………………………………………………… 102
五、训练题 …………………………………………………………………………… 103
六、参考答案 ………………………………………………………………………… 106
第 8 章　金属元素与材料 ……………………………………………………… 110
一、中学链接 ………………………………………………………………………… 110
二、教学基本要求 …………………………………………………………………… 111
三、内容精要 ………………………………………………………………………… 111
四、典型例题 ………………………………………………………………………… 112
五、训练题 …………………………………………………………………………… 114
六、参考答案 ………………………………………………………………………… 116
第 9 章　非金属元素与材料 …………………………………………………… 118
一、中学链接 ………………………………………………………………………… 118
二、教学基本要求 …………………………………………………………………… 119
三、内容精要 ………………………………………………………………………… 119
四、典型例题 ………………………………………………………………………… 121
五、训练题 …………………………………………………………………………… 123
六、参考答案 ………………………………………………………………………… 125
第 10 章　功能材料 ……………………………………………………………… 127
一、中学链接 ………………………………………………………………………… 127
二、教学基本要求 …………………………………………………………………… 127
三、内容精要 ………………………………………………………………………… 127

四、典型例题 …… 128
五、训练题 …… 129
六、参考答案 …… 129
第 11 章　生命科学、环境与无机化学 …… 131
一、中学链接 …… 131
二、教学基本要求 …… 131
三、内容精要 …… 131
四、典型例题 …… 133
五、训练题 …… 134
六、参考答案 …… 135
第 12 章　分析化学概论 …… 139
一、中学链接 …… 139
二、教学基本要求 …… 139
三、内容精要 …… 139
四、典型例题 …… 143
五、训练题 …… 146
六、参考答案 …… 150
第 13 章　滴定分析 …… 154
一、中学链接 …… 154
二、教学基本要求 …… 155
三、内容精要 …… 155
四、典型例题 …… 166
五、训练题 …… 172
六、参考答案 …… 181
第 14 章　质量分析法 …… 192
一、中学链接 …… 192
二、教学基本要求 …… 192
三、内容精要 …… 192
四、典型例题 …… 195
五、训练题 …… 197
六、参考答案 …… 200
第 15 章　吸光光度法 …… 207
一、中学链接 …… 207
二、教学基本要求 …… 208
三、内容精要 …… 208
四、典型例题 …… 212

五、训练题 ······ 214
六、参考答案 ······ 217
第16章　电位分析和电导分析 ······ 221
一、中学链接 ······ 221
二、教学基本要求 ······ 221
三、内容精要 ······ 221
四、典型例题 ······ 225
五、训练题 ······ 229
六、参考答案 ······ 231
第17章　分离方法 ······ 234
一、中学链接 ······ 234
二、教学基本要求 ······ 235
三、内容精要 ······ 235
四、典型例题 ······ 238
五、训练题 ······ 239
六、参考答案 ······ 240
参考文献 ······ 242

第1章　溶　　液

一、中学链接

1. 物质的量浓度与质量分数(质量百分比浓度)的比较

	物质的量的浓度	溶质的质量分数
常用溶质的量的单位	mol	—
常用溶液的量的单位	L	—
表达式	$c_B = n_B/v$	溶质的质量分数 = ($m_{溶质}/m_{溶液}$) × 100%
特点	体积相同,物质的量的浓度也相同的任何溶液中所含溶质的物质的量相同,但溶质的质量不一定相同	质量相同,溶质的质量分数相同的任何溶液中,所含溶质的质量相同,但溶质的物质的量不一定相同

① 溶质的质量分数只表示溶质质量与溶液质量之比,并不代表具体的溶液质量和溶质质量。

② 溶质的质量分数无量纲。

③ 溶质的质量分数计算式中溶质质量与溶液质量的单位必须统一。

④ 计算式中溶质质量是指被溶解的那部分溶质的质量,没有被溶解的那部分溶质质量不能计算在内。

2. 溶质的质量分数

溶质的质量分数又叫溶液的质量百分比浓度。一般来说,(对大多数溶液)物质的量浓度越大,溶液的密度越大,质量百分比浓度也越大。但是,对于氨水、酒精溶液,物质的量浓度越大,密度越小。

3. 溶质的质量分数与溶解度的区别与联系

溶解度是用来表示一定温度下,某物质在某溶剂中溶解性的大小。溶质的质量分数用来表示溶液组成。

溶质的质量分数与温度无关,可以不用交代清楚温度。

二、教学基本要求

了解溶液的类型,熟悉溶液浓度的表示方法,能够用拉乌尔定律解释非电解质稀溶液的几种依数性(溶液的蒸汽压下降、沸点升高、凝固点降低和渗透压)并且会进行常规的计算。初步学习阿伦尼乌斯的电离理论和德拜 - 休克尔强电解质溶液理论。初步了解有关胶体分散体系的知识。

三、内容精要

1. 溶液的浓度和溶解度

(1) 溶液的浓度

一种物质以分子、原子或离子的形式分散在另一种物质中，形成的均匀稳定的分散体系称为溶液。溶液一般都是液态的。溶液均由溶质和溶剂两部分组成。溶液的浓度是指一定量的溶液或溶剂中含有溶质的量。最常用的浓度表示方法有以下几种：

① 质量分数 w_B：代表溶质的质量(m_B)占溶液总质量(m)的分数，常用百分数表示。

$$w_B = \frac{m_B}{m} \times 100\%$$

② 物质的量分数(通常称为摩尔分数)χ_B：即溶质的物质的量(n_B)与整个溶液中所有物质的物质的量(n)之比。

$$\chi_B = \frac{n_B}{n}$$

③ 物质的量浓度(通常称为体积摩尔浓度)c_B：即单位体积溶液中溶解的溶质的物质的量(n_B)，按国际单位制应表示为$mol \cdot m^{-3}$，但因数值通常太大，使用不方便，所以普遍采用 $mol \cdot dm^{-3}$。

$$c_B = \frac{n_B}{V}$$

④ 质量摩尔浓度 b_B：即每千克溶剂中溶解的溶质的物质的量(n_B)，表示为 $mol \cdot kg^{-1}$。

$$b_B = \frac{n_B}{m_A}$$

(2) 溶液的溶解度

在一定温度和压力下，一定量的饱和溶液中溶解的溶质的量称为该溶质的溶解度。一般情况下，固体的溶解度是用 100 g 溶剂中能溶解的溶质的最大质量(g)表示，气体的溶解度则用体积分数表示。

影响溶解度的因素主要有温度和压力。温度升高，固体的溶解度往往增大，而气体的溶解度则普遍减小；压力增大，气体的溶解度均直线增大，而固体的溶解度变化很小。

2. 非电解质稀溶液的依数性

非电解质稀溶液的某些性质只决定于溶质粒子的浓度，而与溶质的组成、结构和性质均无关，而且只要测定出其中的一种性质，就可以推算其余的几种性质，这类性质命名为依数性。非电解质稀溶液的依数性包括蒸气压下降、沸点升高、凝固点下降、渗透压。

(1) 蒸气压下降

当凝聚的速率和蒸发的速率达到相等时，液体和它的蒸气就处于平衡状态。此时，蒸气所具有的压力称为该温度下液体的饱和蒸气压，简称蒸气压。

1887 年法国物理学家拉乌尔在研究了几十种溶液蒸气压与溶质浓度的关系后,得出结论:在一定温度下,难挥发非电解质稀溶液的蒸气压等于纯溶剂的饱和蒸气压乘以该溶剂在溶液中的摩尔分数,即

$$p_B = p_B^{\ominus} \cdot \chi_B$$

式中,p_B 代表溶液的饱和蒸气压;$p_B^{\ominus}$ 代表纯溶剂的饱和蒸气压;χ_B 代表溶液中溶剂的摩尔分数。

由于 $\chi_B + \chi_A = 1$,所以 $p_B = p_B^{\ominus}(1 - \chi_A) = p_B^{\ominus} - p_B^{\ominus}\chi_A$,由此可导出

$$\Delta p = p_B^{\ominus} - p_B = p_B^{\ominus} \cdot \chi_A$$

式中,x_A 代表溶质的摩尔分数。

后来范特霍夫从热力学上论证了这一经验公式,并将此式命名为拉乌尔定律。

(2) 沸点上升与凝固点下降

当某一液体的蒸气压力等于外界压力时,液体就会沸腾,此时的温度称为该液体的沸点,以 T_b 表示。而某物质的凝固点(或熔点)是该物质的液相蒸气压力和固相蒸气压力相等时的温度,以 T_f 表示。一般由于溶质的加入会使溶剂的凝固点下降、溶液的沸点上升,而且溶液越浓,凝固点和沸点的改变越大。

非电解质稀溶液的沸点上升(ΔT_b)和凝固点下降(ΔT_f)符合如下关系

$$\Delta T_b = K_b \cdot b$$

$$\Delta T_f = K_f \cdot b$$

式中,K_b 和 K_f 分别代表溶剂的沸点上升常数和凝固点下降常数;b 代表溶质的质量摩尔浓度。

(3) 渗透压

如果在一个容器中间放置一张半透膜,容器一边放入纯溶剂,另一边放入一非电解质稀溶液,并使半透膜两边的液面平行。放置一段时间后,发现纯溶剂的液面逐渐下降,而稀溶液的液面逐渐升高,最后达到一平衡状态,这样就在溶液与纯溶剂之间产生了一压力差 π,由于 π 的产生是溶剂的渗透造成的,所以将其称为渗透压。

$$\pi = cRT$$

式中,c 代表溶液的物质的量浓度;R 是气体常数(其取值决定于 π 和 c 的量纲);T 代表绝对温度。

(4) 稀溶液依数性的应用

① 测量未知样品的相对分子质量。

② 医用等渗输液的配制。

3. 电解质溶液的通性

电解质溶液,或浓度较大的溶液也与非电解质稀溶液一样具有溶液蒸气压下降、沸点上升和凝固点下降及渗透压等性质。但是,稀溶液定律所表达的这些依数性与溶液浓度的定量关系不适用于浓溶液和电解质溶液。因为在浓溶液中溶质的微粒较多,溶质微粒之间的相互影响以及溶质微粒与溶剂分子之间的相互影响大大加强,这些复杂的因素使稀溶液定律的定量关系产生了偏差,而在电解质溶液中,这种偏差的产生则是由于电解质的解离。

对同浓度的溶液来说,其沸点高低或渗透压大小的顺序为:A_2B 或 AB_2 型强电解质溶液、AB 型强电解质溶液、弱电解质溶液、非电解质溶液,而蒸气压或凝固点的顺序则相反。

四、典型例题

例 1.1 现有两种溶液,一种为 1.50 g 尿素溶于 200 g 水中,另一种为 42.75 g 未知物(非电解质)溶于 1 000 g 水中。这两种溶液在同一温度结冰,问未知物的摩尔质量是多少?

解 因两种溶液的凝固点相同,故它们溶质的质量摩尔浓度相同,即

$$\frac{n_{\text{尿素}}}{m_{\text{尿素}}}=\frac{n_x}{m_x}$$

$$\frac{1.50/60}{200\times10^{-3}}=\frac{42.75/M_x}{1\,000\times10^{-3}}$$

$$M_x=342\ \text{g}\cdot\text{mol}^{-1}$$

例 1.2 10.00 mL 饱和 NaCl 溶液的质量为 12.008 g,将其蒸干后得到固体 NaCl 为 3.173 g,试计算:

(1) NaCl 的溶解度;(2) 溶液的密度;(3) 溶液的质量分数;(4) 溶液的物质的量浓度;(5) 溶液的质量摩尔浓度;(6) 溶液的物质的量分数。

解 (1) 设 100 g 水中溶解 NaCl 的质量为 x g,则

$$\frac{x}{100}=\frac{3.173\ \text{g}}{(12.008-3.173)\ \text{g}}$$

解得

$$x=35.914\ \text{g}$$

(2) 溶液的密度为

$$\rho=\frac{12.008\ \text{g}}{10\ \text{mL}}=1.200\,8\ \text{g}\cdot\text{mL}^{-1}$$

(3) 溶液的质量分数为

$$w_B=\frac{m_B}{m}\times100\%=\frac{3.173\ \text{g}}{12.008\ \text{g}}\times100\%=26.42\%$$

(4) 溶液的物质的量浓度为

$$n_B=\frac{3.173\ \text{g}}{58.5\ \text{g}\cdot\text{mol}^{-1}}=0.054\,2\ \text{mol}$$

$$c_B=\frac{n_B}{V}=\frac{0.054\,2\ \text{mol}}{10\times10^{-3}\ \text{dm}^{-3}}=5.42\ \text{mol}\cdot\text{dm}^{-3}$$

(5) 溶液的质量摩尔浓度为

$$b_B=\frac{n_B}{m_A}=\frac{0.054\,2\ \text{mol}}{(12.008-3.173)\times10^{-3}\ \text{kg}}=6.139\ \text{mol}\cdot\text{kg}^{-1}$$

(6) 溶液的物质的量分数为

$$n_{水} = \frac{(12.008 - 3.173)\ \mathrm{g}}{18\ \mathrm{g \cdot mol^{-1}}} = 0.491\ \mathrm{mol}$$

$$x_B = \frac{n_B}{n} = \frac{0.054\ 2\ \mathrm{mol}}{(0.054\ 2 + 0.491)\ \mathrm{mol}} \times 100\% = 9.95\%$$

例1.3 今有两种溶液，其一为1.50 g尿素$(NH_2)_2CO$溶于200 g水中；另一为42.8 g未知物溶于1 000 g水中，这两种溶液在同一温度开始沸腾，计算这种未知物的摩尔质量。

解 由于都是水溶液，所以溶剂的沸点升高常数K_b相同，又知$\Delta T_{尿素} = \Delta T_{未知}$，由稀溶液的依数性公式$\Delta T_b = K_b \cdot b_B$，可得两种溶液的质量摩尔浓度相等：

$$b[(NH_2)_2CO] = b_B$$

设未知物的摩尔质量为$M(B)$，代入上式得

$$\frac{1.50\ \mathrm{g}/60.06\ \mathrm{g \cdot mol^{-1}}}{(200/1\ 000)\ \mathrm{kg}} = \frac{42.8\ \mathrm{g}/M(B)}{(1\ 000/1\ 000)\ \mathrm{kg}}$$

得

$$M(B) = 342.7\ \mathrm{g \cdot mol^{-1}}$$

例1.4 将1.00 g硫溶于20.0 g萘中，使萘的凝固点降低1.30 ℃，萘的K_f为6.8 ℃·kg·mol^{-1}，求硫的摩尔质量和分子式。

解 设未知物的摩尔质量为$M(B)$，根据溶液的凝固点降低公式$\Delta T_f = K_f \cdot b_B$，将数据代入公式得

$$1.30\ ℃ = 6.8\ ℃ \cdot \mathrm{kg \cdot mol^{-1}} \times \frac{1.00\ \mathrm{g}/M(B)}{(20.0/1\ 000)\ \mathrm{kg}}$$

得

$$M(B) = 261.5\ \mathrm{g \cdot mol^{-1}}$$

由于单个硫元素的摩尔质量为$M(S) = 32.065\ \mathrm{g \cdot mol^{-1}}$，则

$$M(B)/M(S) = 261.5/32.065 = 8.155$$

即约8个硫原子形成一个硫分子。所以该单质硫的分子式为S_8。

例1.5 从某种植物中分离出一种未知结构的有特殊功能的生物碱，为了测定其相对分子质量，将19 g该物质溶于100 g水中，测得溶液的沸点升高了0.060 K，凝固点降低了0.220 K。计算该生物碱的相对分子质量。

解 利用沸点升高和凝固点降低都能够测量未知物的摩尔质量，但一般选取相对较大的数据来计算较准确，这里选取凝固点降低来计算。设未知物的摩尔质量为$M(B)$，由公式$\Delta T_f = K_f \cdot b_B$知

$$0.220\ \mathrm{K} = 1.86\ \mathrm{K \cdot kg \cdot mol^{-1}} \times \frac{19\ \mathrm{g}/M(B)}{(100/1\ 000)\ \mathrm{kg}}$$

得

$$M(B) = 1\ 606.4\ \mathrm{g \cdot mol^{-1}}$$

例1.6 101 mg胰岛素溶于10.0 mL水，该溶液在25.0 ℃时的渗透压是4.34 kPa，计算胰岛素的摩尔质量和该溶液的蒸气压下降Δp（已知25.0 ℃水的饱和蒸气压为3.17 kPa）。

解　(1) 设胰岛素的摩尔质量为 $M(\mathrm{B})$,则由渗透压公式知:

$$\pi = cRT = \frac{n}{V}RT = \frac{mRT}{M(\mathrm{B})V}$$

因而

$$M(\mathrm{B}) = \frac{mRT}{\pi V} = \frac{(101 \times 10^{-3})\ \mathrm{g} \times 8.314\ \mathrm{Pa \cdot m^3 \cdot K^{-1} \cdot mol^{-1}} \times 298.15\ \mathrm{K}}{(4.34 \times 1\,000)\ \mathrm{Pa} \times (10.0/10^6)\ \mathrm{m^3}} = 5\,768.7\ \mathrm{g \cdot mol^{-1}}$$

(2) 由拉乌尔定律知

$$\Delta p = p^* \cdot x_\mathrm{B} = p^* \frac{n_\mathrm{B}}{n_\mathrm{A} + n_\mathrm{B}} \approx p^* \cdot \frac{n_\mathrm{B}}{n_\mathrm{A}} =$$

$$3.17 \times 10^3 \times \frac{(101 \times 10^{-3})/(5\,768.7\mathrm{g \cdot mol^{-1}})}{(10.0/18.015)\ \mathrm{mol}} =$$

$$0.099\,99\ \mathrm{Pa}$$

例 1.7　人体血浆的凝固点为 272.59 K,计算在正常体温(36.5 ℃)下血浆的渗透压。

解　由于人体血浆为水溶液,因而其溶质的质量摩尔浓度可由其凝固点降低值求得。

凝固点降低值为

$$\Delta T_\mathrm{f} = 273.15\ \mathrm{K} - 272.59\ \mathrm{K} = 0.56\ \mathrm{K}$$

由公式 $\Delta T_\mathrm{f} = K_\mathrm{f} \cdot b_\mathrm{B}$ 知,血浆的质量摩尔浓度为

$$b_\mathrm{B} = \frac{\Delta T_\mathrm{f}}{K_\mathrm{f}} = \frac{0.56\ \mathrm{K}}{1.86\ \mathrm{K \cdot kg \cdot mol^{-1}}} = 0.301\ \mathrm{mol \cdot kg^{-1}}$$

人体血浆的渗透压为

$$b_\mathrm{B} \approx c = 0.301\ \mathrm{mol \cdot L^{-1}}$$

$$\pi = c_\mathrm{B}RT = 0.301\ \mathrm{mol \cdot L^{-1}} \times 8.314\ \mathrm{kPa \cdot L \cdot K^{-1} \cdot mol^{-1}} \times (276.15 + 36.5)\ \mathrm{K} = 774.9\ \mathrm{kPa}$$

例 1.8　硫化砷溶胶是由下列反应得到的 $2H_3AsO_3 + 3H_2S = As_2S_3 + 6H_2O$,试写出硫化砷胶体的胶团结构式(电位离子为 HS^-)。并比较 NaCl、$MgCl_2$、$AlCl_3$ 三种电解质对该溶胶的聚沉能力,并说明原因。

解　硫化砷胶体的胶团结构式为

$$\{(\mathrm{As_2S_3})_m \cdot n\,\mathrm{HS^-} \cdot (n-x)\mathrm{H^+}\}^{x-} \cdot x\mathrm{H^+}$$

由于硫化砷溶胶带负电荷,所以根据哈迪 - 叔尔采规则,电解质阳离子对其起聚沉作用,且电荷越高,聚沉能力越强,所以 NaCl、$MgCl_2$、$AlCl_3$ 三种电解质中 NaCl 的聚沉能力最小,$AlCl_3$ 的聚沉能力最大,$MgCl_2$ 的聚沉能力居中。

例 1.9　反渗透法是淡化海水制备饮用水的一种方法。若 25 ℃ 时用密度为 $1\,021\ \mathrm{kg \cdot m^{-3}}$ 的海水提取淡水,应在海水一侧加多大的压力?假设海水中盐的总浓度以 NaCl 的质量分数计为 3%,其中的 NaCl 完全离子化。

解　依题意,每升海水的质量为 1 021 g,其中 NaCl 的物质的量为

$$n(\mathrm{NaCl}) = \frac{m(\mathrm{NaCl})}{M(\mathrm{NaCl})} = \frac{V_{海水}\rho_{海水}w(\mathrm{NaCl})}{M(\mathrm{NaCl})} = \frac{1\,021\ \mathrm{g} \times 3\%}{58.443\ \mathrm{g \cdot mol^{-1}}} = 0.524\ \mathrm{mol}$$

每升海水 NaCl 的物质的量浓度为

$$c(\mathrm{NaCl}) = \frac{n(\mathrm{NaCl})}{V_{总}} = 0.524\ \mathrm{mol \cdot L^{-1}}$$

因为题意假定 NaCl 完全离子化，所以溶液中粒子数应扩大一倍，根据渗透压定律：

$$\Pi = cRT = 2c(\mathrm{NaCl})RT = 2 \times 0.524\ \mathrm{mol \cdot L^{-1}} \times 8.314\ \mathrm{kPa \cdot L \cdot K^{-1} \cdot mol^{-1}} \times 298.15\ \mathrm{K} = 2\,597.8\ \mathrm{kPa}$$

五、训 练 题

(一) 选择题

1. 在恒温下被抽成真空的玻璃罩中封入两杯液面相同的糖水 A 和纯水 B。经过若干时间后，两杯液面的高度将是(　　)。

A. A 杯高于 B 杯　　B. A 杯等于 B 杯　　C. A 杯低于 B 杯　　D. 视温度而定

2. 已知在 373 K 时液体 A 的饱和蒸气压为 66 662 Pa，液体 B 的饱和蒸气压为 $1.013\,25 \times 10^5$ Pa，设 A 和 B 构成理想液体混合物，则当 A 在溶液中的物质的量分数为 0.5 时，气相 A 的物质的量分数应为(　　)。

A. 0.200　　B. 0.300　　C. 0.397　　D. 0.603

3. 假设 A、B 两组分混合可以形成理想液体混合物，则下列叙述中不正确的是(　　)。

A. A、B 分子之间的作用力很微弱

B. A、B 都遵守拉乌尔定律

C. 液体混合物的蒸气压介于 A、B 的蒸气压之间

D. 可以用重复蒸馏的方法使 A、B 完全分离

4. 主要决定于溶解在溶液中粒子的数目，而不决定于这些粒子的性质的特性称为(　　)。

A. 一般特性　　B. 依数性特征　　C. 各向同性特性　　D. 等电子特性

5. (1) 冬季建筑施工中，为了保证施工质量，常在浇注混凝土时加入少量盐类，主要作用是(　　)。

A. 增加混凝土的强度　　B. 防止建筑物被腐蚀

C. 降低混凝土固化温度　　D. 吸收混凝土中水分

(2) 为达到上述目的，下列几种盐中比较理想的是(　　)。

A. NaCl　　B. NH_4Cl　　C. $CaCl_2$　　D. KCl

6. 盐碱地的农作物长势不良，甚至枯萎，其主要原因是(　　)。

A. 天气太热　　B. 很少下雨

C. 肥料不足　　D. 水分从植物向土壤倒流

7. 为马拉松运动员沿途准备的饮料应该是(　　)。

A. 高脂肪、高蛋白、高能量饮料　　B. 质量分数为20% 的葡萄糖水

C. 含适量维生素的等渗饮料　　D. 含兴奋剂的饮料

8. 在0.1 kg H_2O 中含0.004 5 kg某纯非电解质的溶液，于272.685 K时结冰，该溶质的摩尔质量最接近于(　　)。

A. 0.135 $kg \cdot mol^{-1}$　B. 0.172 $kg \cdot mol^{-1}$　C. 0.090 $kg \cdot mol^{-1}$　D. 0.180 $kg \cdot mol^{-1}$

已知水的凝固点降低常数 $K_f = 1.86\ K \cdot mol^{-1} \cdot kg$

9. 质量摩尔浓度凝固点降低常数 K_f 的值取决于(　　)。

A. 溶剂的本性　　B. 溶质的本性　　C. 溶液的浓度　　D. 温度

10. 有一稀溶液浓度为 M，沸点升高值为 ΔT_b，凝固点下降值为 ΔT_f，则(　　)。

A. $\Delta T_f > \Delta T_b$　　B. $\Delta T_f = \Delta T_b$

11. 在温度为 T 时，某纯液体的蒸气压为11 732.37 Pa。当0.2 mol的某一非挥发性溶质溶于0.8 mol 的该液体中形成溶液时，溶液的蒸气压为5 332.89 Pa。设该蒸气是理想的，则在该溶液中溶剂的活度系数是(　　)。

A. 2.27　　B. 0.568　　C. 1.80　　D. 0.23

12. 海水不能直接饮用的主要原因是(　　)。

A. 不卫生　　B. 有苦味　　C. 含致癌物　　D. 含盐量高

(二) 计算题

1. 温度为293.2 K时，乙醚的蒸气压为58.95 kPa。今在0.100 kg 乙醚中溶入某非挥发性有机物质0.010 kg时，乙醚的蒸气压为56.79 kPa，试求该非挥发性有机物的摩尔质量。

2. 液体A和B形成理想液体混合物，将一个含A的物质的量分数为0.4的蒸气相，放在一个带活塞的气缸内，恒温下将蒸气慢慢压缩，直到有液相产生，已知 p_A^* 和 p_B^* 分别为 $0.4 \times p^\ominus$ 和 $1.2 \times p^\ominus$。试计算：

(1) 当气相开始凝聚为液相时的蒸气总压；

(2) 欲使该液体在正常沸点下沸腾，理想液体混合物的组成应为多少？

3. 有一浓度为 χ_B 的稀水溶液，在298 K时测得渗透压为 1.38×10^6 Pa，试求：

(1) 该溶液中物质B的浓度 χ_B 为多少？

(2) 该溶液的沸点升高值为多少？

(3) 从大量的该溶液中取出1 mol 水放入纯水中，需做功多少？

已知水的摩尔蒸发热 $\Delta_{vap}H_m = 40.63\ kJ \cdot mol^{-1}$，纯水的正常沸点为373 K。

六、参考答案

(一) 选择题

1. A　2. C　3. A　4. B　5. (1)C　(2)C　6. D　7. C　8. D　9. A　10. A　11. B　12. D

（二）计算题

1. 解　$1-(p_A/p_A^*)=\chi_B=n_B/(n_A+n_B)=(W_B/M_B)/(W_A/M_A+W_B/M_B)$

$1-(56.79\ kPa/58.95\ kPa)=(0.01\ kg/M_B)/(0.01\ kg/M_B+0.1\ kg/0.074\ kg\cdot mol^{-1})$

$M_B=0.1950\ kg\cdot mol^{-1}$

2. 解　设气相中 A 的摩尔分数为 y_A，液相中 A 的摩尔分数为 χ_A。

（1）$y_A=p_A/p_总=p_A^*\chi_A/(p_A+p_B)=p_A^*\chi_A/[p_A^*\chi_A+p_B^*(1-\chi_A)]$

$0.4=0.4\times p\times\chi_A/[0.4\times p\times\chi_A+1.2\times p(1-\chi_A)]$

$\chi_A=0.6676\quad p_总=67.55\ kPa$

（2）正常沸点时

$p_总=p^*$

$p_总=p_A^*\chi_A'+p_B^*(1-\chi_A')$

$\chi_A'=0.25\qquad\chi_B'=0.75$

3. 解　（1）$-\ln\chi_A=V_{A,m}\pi/RT\approx V_m(H_2O)\pi/RT=0.01006$

$\chi_A=0.99\quad\chi_B=0.01$

（2）$-\ln\chi_A=(\Delta_{vap}H_m/R)(1/T_b^*-1/T_b)\approx(\Delta_{vap}H_m/R)\times[\Delta T_b/(T_B^*)^2]$

$\Delta T_b=0.286\ K$

（3）$H_2O[\chi(H_2O)=0.99]\rightarrow H_2O$（纯水）

$\Delta\mu=V(H_2O,m)\pi\approx V_m(H_2O,m)\pi=24.91\ J\cdot mol^{-1}$

（三）课后习题答案

1. 解　$\eta_B=\frac{m_B}{M}=\frac{60}{126}=\frac{10}{21}$ mol

$c_B=\frac{\eta_B}{V}=\frac{10}{21}=0.476\ mol\cdot L^{-1}$

$m_B+m_A=\rho V$

$m_A=1.02\times1\,000-60=977\ g$

$b_B=\frac{0.476}{977}=0.497\ mol\cdot L^{-1}$

2. 解　$m_水=12.008-3.173=8.835\ g$

$\frac{m_0}{100}=\frac{3.173}{8.835}$

$m_0=35.918\ g/100\ g\cdot H_2O$

$\rho=\frac{12.008}{10.00}=1.2018\ g\cdot mL^{-1}$

$W_B=\frac{3.173}{12.008}=26.42\%$

$m_A=m-m_B=12.008-3.173=8.835\ g$

$x(NaCl)=\frac{n_{NaCl}}{n}=0.525$

$x(H_2O) = 1 - x_{NaCl} = 0.475$

$n = \frac{m}{M} = \frac{3.173}{58.5} = 0.054\ 2\ mol$

$c = \frac{\eta}{V} = \frac{0.054\ 2}{10} = 0.005\ 42\ mol \cdot mL = 5.42\ mol \cdot L^{-1}$

$b_c = \frac{\eta_B}{m_A} = 6.13\ mol \cdot kg^{-1}$

3.解 $n_B = \frac{1.5}{6.0} = 0.025\ mol$

$b_B = \frac{0.025}{200 \times 10^{-3}} = 0.125\ mol \cdot kg^{-1}$

$n_A = b_A \cdot m_A = 0.125 \times 100 \times 10^{-3} = 0.125\ mol$

$n_A = \frac{m_A}{M}; 0.125 = \frac{42.85}{M}; M = 342\ g \cdot mol^{-1}$

4.解 $0.1\ mol \cdot kg^{-1}\ C_6H_6O_6 - 0.186\ ℃$ ①

$0.1\ mol \cdot kg^{-1}\ CH_3COOH - 0.188\ ℃$ ②

$0.1\ mol \cdot kg^{-1}\ NaCl - 0.348\ ℃$ ③

$0.1\ mol \cdot kg^{-1}\ CaCl_2 - 0.49\ ℃$ ④

$1\ mol \cdot kg^{-1}\ C_6H_6O_6 - 1.86\ ℃$ ⑤

$1\ mol \cdot kg^{-1}\ NaCl - 3.48\ ℃$ ⑥

$1\ mol \cdot kg^{-1}\ H_2SO_4 - 4.58\ ℃$ ⑦

5.解 $X_{H_2O} = \frac{\frac{200}{18}}{\frac{200}{18} + \frac{15}{180}} = 0.998$

$X_B = 0.007$

$b_B = \frac{\frac{15}{180}}{0.2} = 0.42\ mol \cdot kg^{-1}$

$\rho = 1\ kg \cdot L^{-1}$

$c_B = 0.42\ mol \cdot L^{-1}$

$P = P_A^{\ominus} X_{H_2O} = 2\ 338 \times 0.993 = 2\ 321.6\ Pa$

$\Delta T_b = k_b \cdot b_B = 0.512 \times 0.42 = 0.22\ ℃$

$T_b = 100 + \Delta T_b = 100.22\ ℃$

$\Delta T_f = k_f \cdot b_B = 1.86 \times 0.42 = 0.78\ ℃$

$T_f = 0 - \Delta T_f = -0.78\ ℃$

$\pi = c_B RT = 0.42 \times 8.314 \times 293 = 1\ 023\ kPa$

第2章 化学热力学基本原理

一、中学链接

1. 反应热

在化学反应过程中，放出或吸收的热量都属于反应热。反应热通常是以一定状态（固、液或气）、一定量物质（以摩尔为单位）在反应中放出或吸收的热量来衡量，如：

$$2KClO_3(\text{固}) \longrightarrow 2KCl(\text{固}) + 3O_2(\text{气}) + Q$$

反应热跟反应物、生成物的聚集状态有关，如：

$$H_2(\text{气}) + \frac{1}{2}O_2(\text{气}) \longrightarrow H_2O(\text{气}) + Q \quad (Q = 241.8\ J)$$

$$H_2O(\text{液}) \longrightarrow H_2(\text{气}) + \frac{1}{2}O_2(\text{气}) - Q \quad (Q = 285.83\ J)$$

2. 能量守恒定律（中学物理）

能量既不能凭空产生，也不会凭空消失，只能从一个物体转移到另一个物体，或从一种形式变为另外一种形式，而能量总值不变。

二、教学基本要求

1. 基本概念

了解体系和环境、组分与相、状态和状态函数、热力学能（内能）和热力学能变、焓和焓变、熵和熵变、吉布斯自由能变的基本概念。掌握热力学第一定律应用（包括体系的热力学能变、化学反应热效率、热力学方程式、盖斯定律、标准生成焓）、吉布斯自由能变判断反应方向（包括过程进行的方式、温度对反应方向的影响等）。

三、内容精要

1. 热力学基本概念和术语

(1) 系统和环境

系统：热力学研究的对象。系统与系统之外的周围部分存在边界。

环境：与系统密切相关、有相互作用或影响所能及的部分称为环境。

根据系统与环境之间发生物质的质量与能量的传递情况，系统分为三类：

① 敞开系统：系统与环境之间通过界面既有物质的质量传递，也有能量的传递。

② 封闭系统：系统与环境之间通过界面只有能量的传递，而无物质的质量传递。

③ 隔离系统：系统与环境之间既无物质的质量传递，亦无能量的传递。

(2) 系统的状态和状态函数

系统的状态是指系统所处的样子。热力学中采用系统的宏观性质来描述系统的状态，所以系统的宏观性质也称为系统的状态函数。

① 当系统的状态变化时，状态函数的改变量只决定于系统的始态和终态，而与变化的过程或途径无关，即

系统变化时其状态函数的改变量 = 系统终态的函数值 - 系统始态的函数值

② 状态函数的微分为全微分，全微分的积分与积分途径无关，即

$$\Delta X = \int_{X_1}^{X_2} \mathrm{d}X = X_2 - X_1$$

$$\mathrm{d}X = \left(\frac{\partial X}{\partial x}\right)_y \mathrm{d}x + \left(\frac{\partial X}{\partial y}\right)_x \mathrm{d}y$$

(3) 过程与途径

① 过程与途径：

过程即系统状态所发生的任何变化称为过程。

途径即系统状态变化的具体历程称为途径。

系统的变化过程分为 p、V、T 变化过程，以及相变化过程、化学变化过程。

② 几种主要的 p、V、T 变化过程：

(Ⅰ) 恒温过程

(Ⅱ) 恒压过程

(Ⅲ) 恒容过程

(Ⅳ) 绝热过程

(Ⅴ) 循环过程

③ 可逆过程：系统内部及系统与环境间在一系列无限接近平衡条件下进行的过程称为可逆过程。反之，如果过程的推动力不是无限小，系统与环境之间并非处于平衡状态，则过程称为不可逆过程。

可逆过程的特点：

(Ⅰ) 可逆过程的推动力无限小，期间经过一系列平衡态，过程进行的无限慢。

(Ⅱ) 可逆过程结束后，系统若沿原途径逆向进行回复到原状态，则环境也同时回复到原状态。

(Ⅲ) 可逆过程系统对环境做最大功（环境对系统做最小功）。

(4) 热和功

① 定义：

(Ⅰ) 热的定义：由于系统与环境间温度差的存在而引起的能量传递形式称为热，以符号 Q 表示。

$Q > 0$ 表示环境向系统放热；$Q < 0$ 表示环境从系统吸热。

Q 不是状态函数，不能以全微分表示，微小变化过程的热用 δQ 表示，而不能用 $\mathrm{d}Q$ 表示。

（Ⅱ）功的定义：由于系统与环境间压力差或其他机电“力”的存在引起的能量传递形式称为功，以符号 W 表示。

$W > 0$ 表示环境对系统做功；$W < 0$ 表示环境从系统得到功。

W 不是状态函数，不能以全微分表示，微小变化过程的功用 δW 表示，而不能用 $\mathrm{d}W$ 表示。

② 体积功与非体积功：功有多种形式，通常涉及的是体积功，它是系统发生体积变化时的功，定义为

$$\delta W \xlongequal{\text{def}} -p_{\text{amb}}\mathrm{d}V$$

$$W = \sum \delta W = -\int_{V_1}^{V_2} p_{\text{amb}}\mathrm{d}V$$

对恒外压过程（p_{amb} = 常数）

$$W = -p_{\text{amb}}(V_2 - V_1)$$

对可逆过程，因 $p = p_{\text{amb}}$，p 为系统的压力，则有

$$W_{\text{r}} = -\int_{V_1}^{V_2} p\mathrm{d}V$$

体积功以外的其他功，如本课程中涉及的电功、表面功等，称为非体积功，以符号 W' 表示。

(5) 热力学能

①定义：热力学能以符号 U 表示，它是系统的状态函数。若系统从状态1变到状态2，则过程的热力学能增量：

$$\Delta U = U_2 - U_1 \xlongequal{\text{def}} W(\text{封闭，绝热})$$

热力学能 U 是一个广度量，它的绝对值无法测定，只能求出它的变化值。

② 热力学能的微观解释：热力学能是系统内所有粒子除整体动能和整体势能外全部能量的总和。

③ 对于一定量、一定组成的均相流体，其热力学能是任意独立状态下两个参数的函数。如

$$U = f(T,V)$$

则其全微分为

$$\mathrm{d}U = \left(\frac{\partial U}{\partial T}\right)_V \mathrm{d}T + \left(\frac{\partial U}{\partial V}\right)_T \mathrm{d}V$$

对一定量的纯理想气体，则有

$$\left(\frac{\partial U}{\partial V}\right)_T = 0 \quad \text{或} \quad U = f(T)$$

即一定量纯理想气体的热力学能只是关于温度的单值函数。

2. 热力学第一定律

对于封闭系统，热力学第一定律的数学表达式为

$$dU = \delta Q + \delta W$$
$$\Delta U = Q + W$$

即封闭系统热力学能的改变量等于过程中环境传给系统的热及功的总和。

3. 焓

$$H \xlongequal{\text{def}} U + pV$$

① 定义

$$\Delta H = \Delta U + \Delta(PV)$$

② 焓是状态函数，属广度量，是能量单位，绝对值无法预测。

③ 对于一定量、一定组成的均相流体，其焓是任意独立状态下两个参数的函数，如

$$H = f(T,p)$$

则其全微分为

$$dH = \left(\frac{\partial H}{\partial T}\right)_p dT + \left(\frac{\partial H}{\partial p}\right)_T dp$$

对于一定量的纯理想气体，则有

$$\left(\frac{\partial H}{\partial p}\right)_T = 0 \quad 或 \quad H = f(T)$$

即一定量纯理想气体的焓只是关于温度的单值函数。

4. 热力学第一定律在单纯 p、V、T 变化中的应用

(1) p、V、T 变化($W' = 0$ 时)

① 定容过程

$$W = 0, \quad \Delta U = Q_V$$
$$\Delta H = \Delta U + V\Delta p$$

(真实气体、液体、固体定容过程；理想气体任意 p、V、T 变化过程)

② 定压过程

$$W = -p_{amb}(V_2 - V_1), \quad \Delta H = Q_p$$
$$\Delta U = \Delta H - p\Delta V$$

(真实气体、液体、固体定压过程；理想气体任意 p、V、T 变化过程)

5. 热力学第二定律的经典表述

① 克劳修斯说法(1850 年)：不可能把热由低温物体转移到高温物体，而不留下其他变化。

② 开尔文说法(1851 年)：不可能从单一热源吸热使之完全变为功，而不留下其他变化。

总之，热力学第二定律的实质是，自然界中一切实际进行的过程都是不可逆的。

6. 熵

(1) 定义

$$dS = \frac{\delta Q_r}{T}$$

$$\Delta S = S_2 - S_1 = \int \frac{\delta Q_r}{T}$$

熵是系统的状态函数，具有广延性质，单位是 $J \cdot K^{-1}$。

(2) 熵判据与熵增原理

在绝热情况下，系统发生可逆过程时，其熵值不变，此即熵增原理。

通常没有完全隔离热交换的可能，因而在采用熵增原理作为过程进行的方向与限度判别的依据时，总是把系统与环境一起看成是大的隔离系统，即

$$dS_{iso} = dS_{sys} + dS_{amb} \geqslant 0 \quad (\text{取“}>\text{”时不可逆，取“}=\text{”时可逆})$$

$$\Delta S_{iso} = \Delta S_{sys} + \Delta S_{amb} \geqslant 0 \quad (\text{取“}>\text{”不可逆，取“}=\text{”可逆})$$

此式通常被看成是热力学第二定律的数学表达式，也是熵判据所依赖的公式。

(3) 熵的统计意义与热力学第三定律

熵是系统内部混乱程度的量度。混乱度越大，熵值就越大，则系统内各种微观状态也就越多，这就是熵的统计意义。

7. 环境熵变的计算

$$\Delta S = \frac{\delta Q_r}{T}$$

8. 热力学第三定律与化学反应熵变的计算

(1) 热力学第三定律

① 普朗克(Planck · M) 说法为纯物质完美晶体在 0 K 时的熵值为零。

② 热力学第三定律的数学式表述

$$\lim_{T\to 0} \Delta S^*(\text{完美晶体},T) = 0 \quad \text{或} \quad S^*(\text{完美晶体},0\ K) = 0$$

(2) 规定摩尔熵和标准摩尔熵

$$S_T - S_0 = \Delta S = S_T$$

式中，S_T 称为该物质在温度 T 时的规定熵。在标准状态下 1 mol 纯物质的规定熵称为该物质的标准摩尔熵，用符号 $S_m^{\ominus}$ 表示。

9. 吉布斯函数

① 吉布斯函数的定义：吉布斯证明在恒温恒压条件下，吉布斯函数变与焓变、熵变、温度之间的关系为

$$\Delta G_T = \Delta H_T - T\Delta S_T$$

此式称为吉布斯公式。

在标准状态时

$$\Delta_r G_T^{\ominus} = \Delta_r H_T^{\ominus} - T\Delta_r S_T^{\ominus}$$

对于化学反应，有

$$\Delta_r G_m = \Delta_r H_m - T\Delta_r S_m$$

式中，$\Delta_r G_m$ 称为化学反应的摩尔吉布斯函数变。

② 在恒温恒压条件下，$\Delta_r G_m$ 可作为反应能否自发进行的统一的衡量标准，通常在等温等压和只做体积功的情况下有：

$\Delta_r G_m < 0$　自发过程，反应能向正方向进行；

$\Delta_r G_m = 0$　反应已达平衡状态；

$\Delta_r G_m > 0$　非自发过程，反应能向逆方向进行。

四、典型例题

例 2.1　已知反应$2H_2(g) + O_2(g) \xlongequal{} 2H_2O(g)$ 的 $\Delta_r H_m^{\ominus} = -483.63\ kJ \cdot mol^{-1}$,下列叙述正确的是(　　)。

A. $\Delta_f H_m^{\ominus}(H_2O, g) = -483.63\ kJ \cdot mol^{-1}$

B. $\Delta_r H_m^{\ominus} = -483.63\ kJ \cdot mol^{-1}$ 表示 $\Delta\xi = 1$ mol 时系统的焓变

C. $\Delta_r H_m^{\ominus} = -483.63\ kJ \cdot mol^{-1}$表示生成 1 mol $H_2O(g)$ 时系统的焓变

D. $\Delta_r H_m^{\ominus} = -483.63\ kJ \cdot mol^{-1}$ 表示该反应为吸热反应

解　选 B。A 错,根据 $\Delta_f H_m^{\ominus}$ 定义,$H_2O(g)$ 的系数应为 1。C 错,该方程为表示生成 2 mol $H_2O(g)$ 时系统的焓变。D 错,$\Delta_r H_m^{\ominus} > 0$ 时表示该系统能量的增加,该反应为吸热反应,$\Delta_r H_m^{\ominus} < 0$ 时表示该系统能量的减少,该反应为放热反应。

例 2.2　已知下列反应的标准摩尔焓

(1)$C(石墨, s) + O_2(g) \xlongequal{} CO_2(g)$　$\Delta_r H_{m,1}^{\ominus} = -393.51\ kJ \cdot mol^{-1}$

(2)$H_2(g) + \frac{1}{2}O_2(g) \xlongequal{} H_2O(l)$　$\Delta_r H_{m,2}^{\ominus} = -285.85\ kJ \cdot mol^{-1}$

(3) $CH_3COOCH_3(l) + \frac{7}{2}O_2(g) \xlongequal{} 3CO_2(g) + 3H_2O(l)$

$\Delta_r H_{m,3}^{\ominus} = -1\ 788.2\ kJ \cdot mol^{-1}$

计算乙酸甲酯(CH_3COOCH_3, l) 的标准摩尔生成焓。

解　乙酸甲酯的标准摩尔生成反应为

$$3C(石墨, s) + O_2(g) + 3H_2(g) \xlongequal{} CH_3COOCH_3(l)$$

根据盖斯定律,题中所给的反应式(1) ×3 +(2) ×3 -(3) 即为 CH_3COOCH_3 的生成反应,所以

$$\Delta_f H_m^{\ominus}(CH_3\ COOCH_3, l) = 3\Delta_r H_{m,1}^{\ominus} + 3\Delta_r H_{m,2}^{\ominus} - \Delta_r H_{m,3}^{\ominus} =$$

$$3 \times (-393.51\ kJ \cdot mol^{-1}) + 3 \times (-285.85\ kJ \cdot mol^{-1}) - (-1\ 788.2\ kJ \cdot mol^{-1}) =$$

$$-249.88\ kJ \cdot mol^{-1}$$

例 2.3　大力神火箭发动机采用液态 N_2H_4 和气体 N_2O_4 作燃料,反应产生的大量热量和气体推动火箭升高。反应为$2N_2H_4(l) + N_2O_4(g) \xlongequal{} 3N_2(g) + 4H_2O(g)$,利用有关数据计算反应在 298 K 时的标准摩尔焓 $\Delta_r H_m^{\ominus}$。若该反应的热能完全转变为使 100 kg 重物垂直升高的位能,试求此重物可达到的高度(已知 $\Delta_f H_m^{\ominus}(N_2H_4, l) = 50.63\ kJ \cdot mol^{-1}$)。

解　根据反应式$2N_2H_4(l) + N_2O_4(g) \xlongequal{} 3N_2(g) + 4H_2O(g)$,计算其反应的标准摩尔焓 $\Delta_r H_m^{\ominus}$ 为

$$\Delta_r H_m^{\ominus} = 3\Delta_f H_m^{\ominus}(N_2, g) + 4\Delta_f H_m^{\ominus}(H_2O, g) - 2\Delta_f H_m^{\ominus}(N_2H_4, l) - \Delta_f H_m^{\ominus}(N_2O_4, g) =$$

$$0 + 4 \times (-241.84\ kJ \cdot mol^{-1}) - 2 \times 50.63\ kJ \cdot mol^{-1} - 9.66\ kJ \cdot mol^{-1} =$$

$$-1\ 078.28\ kJ \cdot mol^{-1}$$

设重物可达到的高度为 h，则它的位能为

$$mgh = 100\ \text{kg} \times 9.8\ \text{m} \cdot \text{s}^{-2} \cdot h = 980h$$

根据能量守恒定律

$$980h = 1\ 078.3 \times 10^3\ \text{J}, h = 1\ 100\ \text{m}$$

例 2.4 反应式 $C(s) + CO_2(g) \rightleftharpoons 2CO(g)$，在 1 773 K 时 $K^\ominus = 2.1 \times 10^3$，在 1 273 K 时 $K^\ominus = 1.6 \times 10^2$，计算：

(1) 反应的 $\Delta_r H_m^\ominus$，并说明是吸热反应还是放热反应；

(2) 计算 1 773 K 时反应的 $\Delta_r G_m^\ominus$；

(3) 计算反应的 $\Delta_r S_m^\ominus$。

解 (1) 由

$$\ln \frac{K_2^\ominus}{K_1^\ominus} = \frac{\Delta_r H_m^\ominus}{R}\left(\frac{T_2 - T_1}{T_2 T_1}\right)$$

$$\Delta_r H_m^\ominus = \frac{8.314\ \text{J} \cdot \text{mol}^{-1} \cdot \text{K}^{-1} \times 1\ 773\ \text{K} \times 1\ 273\ \text{K}}{(1\ 773 - 1\ 273)\ \text{K}} \ln \frac{2.1 \times 10^3}{1.6 \times 10^2} = 96.62\ \text{kJ} \cdot \text{mol}^{-1} > 0$$

所以为吸收热能

(2)

$$\ln K^\ominus = -\frac{\Delta_r G_m^\ominus}{RT}$$

$$\Delta_r G_m^\ominus = -RT\ln K^\ominus = -8.314 \times 1773 \times \ln(2.1 \times 10^{-3}) = -112.78\ \text{kJ} \cdot \text{mol}^{-1}$$

(3)

$$\Delta_r G_m^\ominus = \Delta_r H_m^\ominus - T\Delta_r S_m^\ominus$$

$$\Delta_r S_m^\ominus = \frac{\Delta_r H_m^\ominus - \Delta_r G_m^\ominus}{T} = \frac{(96\ 620 + 112\ 780)\ \text{J} \cdot \text{mol}^{-1}}{1\ 773\ \text{K}} = 118.1\ \text{J} \cdot \text{mol}^{-1} \cdot \text{K}^{-1}$$

例 2.5 甘氨酸二肽氧化反应为

$$3O_2(g) + C_4H_8N_2O_3(s) = H_2NCONH_2(s) + 3O_2(g) + 2H_2O(l)$$

$$\Delta_f H_m^\ominus(C_4H_8N_2O_3, s) = -745.25\ \text{kJ} \cdot \text{mol}^{-1}$$

$$\Delta_f H_m^\ominus(H_2NCONH_2, s) = -333.17\ \text{kJ} \cdot \text{mol}^{-1}$$

计算(1)298 K 时，甘氨酸二肽氧化反应的标准摩尔焓；

(2) 标准状态下，1 g 固体甘氨酸二肽氧化时放热多少？

解 (1) 已知

$$\Delta_f H_m^\ominus(C_4H_8N_2O_3, s) = -745.25\ \text{kJ} \cdot \text{mol}^{-1}$$

$$\Delta_f H_m^\ominus(H_2NCONH_2, s) = -333.17\ \text{kJ} \cdot \text{mol}^{-1}$$

$$\Delta_f H_m^\ominus(CO_2, g) = -393.51\ \text{kJ} \cdot \text{mol}^{-1}$$

$$\Delta_f H_m^\ominus(H_2O, l) = -285.85\ \text{kJ} \cdot \text{mol}^{-1}$$

所以

$$3O_2(g) + C_4H_8N_2O_3(s) = H_2NCONH_2(s) + 3CO_2(g) + 2H_2O(l)$$

$$\Delta_f H_m^\ominus = [\Delta_f H_m^\ominus(H_2NCONH_2, s) + 3 \times \Delta_f H_m^\ominus(CO_2, g) + 2 \times \Delta_f H_m^\ominus(H_2O, l)] - \Delta_f H_m^\ominus(C_4H_8N_2O_3, s) = -1\ 340.15\ \text{kJ} \cdot \text{mol}^{-1}$$

(2) 因为 $M(C_4H_8N_2O_3) = 132\ g \cdot mol^{-1}$,所以 1 g $C_4H_8N_2O_3$ 氧化时放热:

$$(1\ 340.15 \div 132)\ kJ = 10.15\ kJ$$

例 2.6 液态乙醇的燃烧反应:$C_2H_5OH(l) + 3O_2(g) = 2CO_2(g) + 3H_2O(l)$ 利用教材附录提供的数据,计算标准状态时,92 g 液态乙醇完全燃烧放出的热量。

解 反应 $C_2H_5OH(l) + 3O_2(g) = 2CO_2(g) + 3H_2O(l)$ 是乙醇的完全燃烧反应

$$\Delta_r H_m^\ominus = \Delta_c H_m^\ominus(C_2H_5OH, l) = -1\ 366.75\ kJ \cdot mol^{-1}$$

$$M(C_2H_5OH) = 46\ g \cdot mol^{-1}$$

则

$$\frac{92\ g}{46\ g \cdot mol^{-1}} = 2\ mol$$

$$\Delta H = 2\ mol \times (-1\ 366.75\ kJ \cdot mol^{-1}) = -2\ 733.5\ kJ$$

例 2.7 将空气中的单质氮变成各种含氮化合物的反应叫固氮反应。查教材附表根据 $\Delta_f G_m^\ominus$ 数值计算下列三种固氮反应的 $\Delta_f G_m^\ominus$,从热力学角度判断选择哪个反应最好。

(1) $N_2(g) + O_2(g) = 2NO(g)$

(2) $2N_2(g) + O_2(g) = 2N_2O(g)$

(3) $N_2(g) + 3H_2(g) = 2NH_3(g)$

解 (1) $N_2(g) + O_2(g) = 2NO(g)$

$$\Delta_r G_{m,1}^\ominus = 2 \times \Delta_f G_m^\ominus(NO, g) - \Delta_f G_m^\ominus(N_2, g) - \Delta_f G_m^\ominus(O_2, g) = 2 \times 86.69\ kJ \cdot mol^{-1} - 0 - 0 = 173.38\ kJ \cdot mol^{-1}$$

(2) $2N_2(g) + O_2(g) = 2N_2O(g)$

$$\Delta_r G_{m,2}^\ominus = 2 \times \Delta_f G_m^\ominus(N_2O, g) - 2 \times \Delta_f G_m^\ominus(N_2, g) - \Delta_f G_m^\ominus(O_2, g) = 2 \times 103.66\ kJ \cdot mol^{-1} = 207.32\ kJ \cdot mol^{-1}$$

(3) $N_2(g) + 3H_2(g) = 2NH_3(g)$

$$\Delta_r G_{m,3}^\ominus = 2\Delta_f G_m^\ominus(NH_3, g) = 2 \times (-16.12\ kJ \cdot mol^{-1}) = -32.24\ kJ \cdot mol^{-1}$$

因为 $\Delta_r G_{m,1}^\ominus > 0$、$\Delta_r G_{m,2}^\ominus > 0$,只有 $\Delta_r G_{m,3}^\ominus < 0$,所以选择(3)

例 2.8 固体 $AgNO_3$ 的分解反应为 $AgNO_3(s) = Ag(s) + NO_2(g) + \frac{1}{2}O_2(g)$,查教材附表并计算标准状态下 $AgNO_3(s)$ 分解的温度。若要防止 $AgNO_3$ 分解,保存时应采取什么措施?

解 $AgNO_3(s)$ 分解的温度即为反应 $AgNO_3(s) = Ag(s) + NO_2(g) + \frac{1}{2}O_2(g)$ 的转化温度。

根据公式

$$T_{转} = \frac{\Delta_r H_m^\ominus}{\Delta_r S_m^\ominus}$$

$$\Delta_r H_m^\ominus = \Delta_f H_m^\ominus(NO_2, g) + \Delta_f H_m^\ominus(Ag, s) + \frac{1}{2}\Delta_f H_m^\ominus(O_2, g) - \Delta_f H_m^\ominus(AgNO_3, g) = 33.85\ kJ \cdot mol^{-1} - (-123.14\ kJ \cdot mol^{-1}) = 156.99 kJ \cdot mol^{-1}$$

$$\Delta_r S_m^\ominus = \frac{1}{2}S_m^\ominus(O_2,g) + S_m^\ominus(NO_2,g) + S_m^\ominus(Ag,s) - S_m^\ominus(AgNO_3,s) =$$

$$\frac{1}{2} \times 205.14\ J \cdot mol^{-1}K^{-1} + 240.06\ J \cdot mol^{-1} \cdot K^{-1} +$$

$$42.72\ J \cdot mol^{-1} \cdot K^{-1} - 140.92\ J \cdot mol^{-1} \cdot K^{-1} =$$

$$244.43\ J \cdot mol^{-1} \cdot K^{-1}$$

$$T_{转} = \frac{156.99\ kJ \cdot mol^{-1}}{244.43\ J \cdot mol^{-1} \cdot K^{-1}} = 642\ K = (642 - 273)\ ℃ = 369\ ℃$$

分解温度 $T = 369$ ℃

若要防止 $AgNO_3$ 分解,应低温避光保存。

例 2.9 由附录查出 298 K 时有关的 $\Delta_f H_m^\ominus$ 数值,计算下列反应的 $\Delta_f H_m^\ominus$(已知 $\Delta_f H_m^\ominus(N_2H_4,l) = 50.63\ kJ \cdot mol^{-1}$)

(1) $N_2H_4(l) + O_2(g) \longrightarrow N_2(g) + 2H_2O(l)$

(2) $H_2O(l) + \frac{1}{2}O_2(g) \longrightarrow H_2O_2(g)$

(3) $H_2O_2(g) \longrightarrow H_2O_2(l)$

根据上述 3 个反应的 $\Delta_f H_m^\ominus$,计算下列反应的 $\Delta_f H_m^\ominus$。

$$N_2H_4(l) + 2H_2O_2(l) \longrightarrow N_2(g) + 4H_2O(l)$$

解 [(1) - (3) × 2] - (2) × 2 即得所求式。

查表计算得

$$\Delta_r H_m^\ominus(1) = -622.33\ kJ \cdot mol^{-1}$$

$$\Delta_r H_m^\ominus(2) = 149.74\ kJ \cdot mol^{-1}$$

$$\Delta_r H_m^\ominus(3) = -51.50\ kJ \cdot mol^{-1}$$

$$\Delta_r H_m^\ominus = -818.8\ kJ \cdot mol^{-1}$$

五、训 练 题

(一) 选择题

1. 下列性质中不属于广度性质的是( )。

A. 内能　　B. 焓　　C. 温度　　D. 熵

2. 下列各项与变化途径有关的是( )。

A. 内能　　B. 焓　　C. 自由能　　D. 功

3. 环境对系统做功为 10 kJ,且系统又从环境中获得 5 kJ 的热量,则系统内能变化为( )。

A. - 15 kJ　　B. - 5 kJ　　C. + 5 kJ　　D. + 15 kJ

4. 按通常规定,标准生成焓为零的物质为( )。

A. $Cl_2(l)$　　B. $Br_2(g)$　　C. $N_2(g)$　　D. $I_2(g)$

5. 下列反应中表示 $\Delta H = \Delta H(AgBr,s)$ 的是( )。

A. $Ag(aq) + Br(aq) \longrightarrow AgBr(s)$　　B. $2Ag(s) + Br_2(g) \longrightarrow 2AgBr(s)$

C. $Ag(s) + Br_2(l) \longrightarrow \frac{1}{2}AgBr(s)$　　D. $Ag(s) + \frac{1}{2}Br_2(g) \longrightarrow AgBr(s)$

6. 已知反应 $2H_2(g) + O_2(g) \longrightarrow 2H_2O(l)$, $\Delta H = -285.8\ kJ \cdot mol^{-1}$,则下列结论正确的是(　　)。(多选)

A. H(反应物) > H(生成物)　　B. H(反应物) < H(生成物)

C. H(反应物) = H(生成物)　　D. 反应吸热

E. 反应放热

7. 以下哪种物质的 S 值最高(　　)。

A. 金刚石　　B. $Cl_2(l)$　　C. $I_2(g)$　　D. $Cu(s)$

8. 热力学温度为零时,任何完美的晶体物质的熵为(　　)。

A. 零　　B. $1\ J \cdot mol^{-1} \cdot K^{-1}$　　C. 大于零　　D. 不确定

9. 关于熵,下列叙述中正确的是(　　)。

A. 0 K 时,纯物质的标准熵 $S = 0$

B. 单质的 $S = 0$,单质的 ΔH 和 ΔG 均等于零

C. 在一个反应中,随着生成物的增加,熵增大

D. $\Delta S > 0$ 的反应总是自发进行的

10. 室温下,稳定状态的单质的标准熵为(　　)。

A. 零　　B. $1\ J \cdot mol^{-1} \cdot K^{-1}$　　C. 大于零　　D. 不确定

11. 已知 $\Delta_r H_m(Al_2O_3) = -1\ 676\ kJ \cdot mol^{-1}$,则标准态时,108 g 的 Al(s) 完全燃烧生成 $Al_2O_3(s)$ 时的热效应为(　　)。

A. 1 676 kJ　　B. −1 676 kJ　　C. 3 352 kJ　　D. −3 352 kJ

已知相对原子质量 Al:27　O:16

12. 热化学方程式 $N_2(g) + 3H_2(g) \longrightarrow 2NH_3(g)$　$\Delta_r H_m(298\ K) = -92.2\ kJ \cdot mol^{-1}$ 表示(　　)。

A. 1 mol $N_2(g)$ 和 3 mol $H_2(g)$ 反应可放出 92.2 kJ 的热量

B. 在标准状态下,1 mol $N_2(g)$ 和 3 mol $H_2(g)$ 完全作用后,生成 2 mol $NH_3(g)$ 可放出92.2 kJ 的热量

C. 反应按上述计量关系进行时生成 1 mol $NH_3(g)$ 可放出热量为 92.2 kJ

D. 它表明在任何条件下 NH_3 的合成过程是一个放热反应

13. $H_2(g)$ 燃烧生成水蒸气的热化学方程式正确的是(　　)。

A. $2H_2(g) + O_2(g) \longrightarrow 2H_2O(l)$　　$\Delta H = -242\ kJ \cdot mol^{-1}$

B. $2H_2 + O_2 \longrightarrow 2H_2O$　　$\Delta H = -242\ kJ \cdot mol^{-1}$

C. $H_2 + \frac{1}{2}O_2 \longrightarrow H_2O$　　$\Delta H = -242\ kJ \cdot mol^{-1}$

D. $2H_2(g) + O_2(g) \longrightarrow 2H_2O(g)$　　$\Delta H = -242\ kJ \cdot mol^{-1}$

14. 下列反应中放出热量最多的是(　　)。

A. $CH_4(g) + 2O_2(g) \longrightarrow CO_2(g) + 2H_2O(l)$

B. $2CH_4(g) + 4O_2(g) \xlongequal{} 2CO_2(g) + 4H_2O(l)$

C. $CH_4(g) + 2O_2(g) \xlongequal{} CO_2(g) + 2H_2O(g)$

D. $2CH_4(g) + 4O_2(g) \xlongequal{} 2CO_2(g) + 4H_2O(g)$

15. 热力学第一定律的数学表达式 $\Delta U = Q + W$ 只适用于(　　)。

A. 理想气体　　B. 孤立体系　　C. 封闭体系　　D. 敞开体系

16. 已知反应B和A与反应B和C的标准自由能变分别为 ΔG_1 和 ΔG_2，则反应A和C的标准自由能变 ΔG 为(　　)。

A. $\Delta G_1 + \Delta G_2$　　B. $\Delta G_1 - \Delta G_2$　　C. $\Delta G_2 - \Delta G_1$　　D. $2\Delta G_1 - \Delta G_2$

17. 对于盖斯定律，下列表述不正确的是(　　)。

A. 盖斯定律反应了体系从一个状态变化到另一状态的总能量变化

B. 盖斯定律反应了体系状态变化时其焓变只与体系的始态、终态有关，而与所经历的步骤和途径无关

C. 盖斯定律反应了体系状态变化时其熵变只与体系的始态、终态有关，而与所经历的步骤和途径无关

D. 盖斯定律反应了体系状态变化时其自由能变只与体系的始态、终态有关，而与所经历的步骤和途径无关

18. 已知：298 K，101.325 kPa 下

	$\Delta H/(kJ \cdot mol^{-1})$	$S/(J \cdot mol^{-1} \cdot K^{-1})$
石　墨	0.00	5.74
金刚石	1.88	2.39

下列叙述正确的是(　　)。(多选)

A. 根据焓和熵的观点，石墨比金刚石稳定

B. 根据焓和熵的观点，金刚石比石墨稳定

C. 根据熵的观点，石墨比金刚石稳定；但根据焓的观点，金刚石比石墨稳定

D. 根据焓的观点，石墨比金刚石稳定；但根据熵的观点，金刚石比石墨稳定

E. ΔG(金刚石) > ΔG(石墨)

19. 等温等压过程在高温时不自发进行而在低温时可自发进行的条件是(　　)。

A. $\Delta H < 0, \Delta S < 0$　　B. $\Delta H > 0, \Delta S < 0$

C. $\Delta H < 0, \Delta S > 0$　　D. $\Delta H > 0, \Delta S > 0$

20. 下列情况下，结论正确的是(　　)。(多选)

A. 当 $\Delta H > 0, \Delta S < 0$ 时，反应自发

B. 当 $\Delta H < 0, \Delta S > 0$ 时，反应自发

C. 当 $\Delta H < 0, \Delta S < 0$ 时，低温非自发，高温自发

D. 当 $\Delta H > 0, \Delta S > 0$ 时，低温非自发，高温自发

E. 当 $\Delta H > 0, \Delta S > 0$ 时，任何温度下均不自发

21. 已知反应 $Cu_2O(s) + O_2(g) \xlongequal{} 2CuO(s)$ 在300 K时，其 $\Delta G = -107.9\ kJ \cdot mol^{-1}$，400 K时，$\Delta G = -95.33\ kJ \cdot mol^{-1}$，则该反应的 ΔH 和 ΔS 近似各为(　　)。

A. $187.4\ kJ \cdot mol^{-1}$；$-0.126\ kJ \cdot mol^{-1} \cdot K^{-1}$

B. $-187.4\ kJ\cdot mol^{-1}$;$0.126\ kJ\cdot mol^{-1}\cdot K^{-1}$

C. $-145.6\ kJ\cdot mol^{-1}$; $-0.126\ kJ\cdot mol^{-1}\cdot K^{-1}$

D. $145.6\ kJ\cdot mol^{-1}$; $-0.126\ kJ\cdot mol^{-1}\cdot K^{-1}$

22. 已知温度为 298 K 时 $NH_3(g)$ 的 $\Delta H=-46.19\ kJ\cdot mol^{-1}$,$N_2(g)+3H_2(g)═══2NH_3(g)$ 的 ΔS 为 $-198\ J\cdot mol^{-1}\cdot K^{-1}$,欲使此反应在标准状态时能自发进行,所需温度条件为(　　)。

A. <193 K　　B. <466 K　　C. >193 K　　D. >466 K

23. 已知温度为 298 K 时,$CO_2(g)$ 的 ΔH 为 $-393.5\ kJ\cdot mol^{-1}$,$H_2O(l)$ 的 ΔH 为 $-285.8\ kJ\cdot mol^{-1}$,乙炔的燃烧热为 $-1\ 300\ kJ\cdot mol^{-1}$,则乙炔的标准生成热为(　　)。

A. $227.2\ kJ\cdot mol^{-1}$　　B. $-227.2\ kJ\cdot mol^{-1}$

C. $798.8\ kJ\cdot mol^{-1}$　　D. $-798.8\ kJ\cdot mol^{-1}$

24. 金属铝是一种强还原剂,它可将其他金属氧化物还原为金属单质,其本身被氧化为 Al_2O_3,则 298 K 时,1 mol Fe_2O_3 和 1 mol CuO 被 Al 还原的 ΔG 分别为(　　)。(多选)

A. $839.8\ kJ\cdot mol^{-1}$　　B. $-839.8\ kJ\cdot mol^{-1}$

C. $397.3\ kJ\cdot mol^{-1}$　　D. $-393.7\ kJ\cdot mol^{-1}$

E. $-1\ 192\ kJ\cdot mol^{-1}$

已知:$\Delta G(Al_2O_3,s)=-1\ 582\ kJ\cdot mol^{-1}$,$\Delta G(Fe_2O_3,s)=-742.2\ kJ\cdot mol^{-1}$,$\Delta G(CuO,s)=-130\ kJ\cdot mol^{-1}$。

25. 当温度为 298 K 时,反应 $SO_2(g)+2NaOH(aq)═══Na_2SO_3(aq)+H_2O(l)$ 的 ΔH_r 是(　　)。

A. $164.7\ kJ\cdot mol^{-1}$　　B. $-164.7\ kJ\cdot mol^{-1}$

C. $-394.7\ kJ\cdot mol^{-1}$　　D. $394.7\ kJ\cdot mol^{-1}$

已知 $\Delta H(SO_2,g)=-296.8\ kJ\cdot mol^{-1}$, $\Delta H(H_2O,l)=-286\ kJ\cdot mol^{-1}$,$\Delta H(SO_3,aq)=-635.5\ kJ\cdot mol^{-1}$,$\Delta H(OH,aq)=-230\ kJ\cdot mol^{-1}$。

26. 在 732 K 时反应 $NH_4Cl(s)═══NH_3(g)+HCl(g)$ 的 ΔG 为 $-20.8\ kJ\cdot mol^{-1}$,ΔH 为 $154\ kJ\cdot mol^{-1}$,则反应的 ΔS 为(　　)。

A. $587\ J\cdot mol^{-1}\cdot K^{-1}$　　B. $-587\ J\cdot mol^{-1}\cdot K^{-1}$

C. $239\ J\cdot mol^{-1}\cdot K^{-1}$　　D. $-239\ J\cdot mol^{-1}\cdot K^{-1}$

27. 已知

$C(s)+O_2(g)═══CO_2(g)$　　$\Delta H=-393.5\ kJ\cdot mol^{-1}$

$2Mg(s)+O_2(g)═══2MgO(s)$　　$\Delta H=-601.8\ kJ\cdot mol^{-1}$

$2Mg(s)+2C(s)+3O_2(g)═══2MgCO_3(s)$　　$\Delta H=-1\ 113\ kJ\cdot mol^{-1}$

则 $MgO(s)+CO_2(g)═══MgCO_3(s)$ 的 ΔH_r 为(　　) $kJ\cdot mol^{-1}$。

A. -235.4　　B. -58.85　　C. -117.7　　D. $-1\ 321.3$

28. 已知

$4Fe(s)+3O_2(g)═══2Fe_2O_3(s)$　　$\Delta G=-1\ 480\ kJ\cdot mol^{-1}$

$4Fe_2O_3(s)+Fe(s)═══3Fe_3O(s)$　　$\Delta G=-80\ kJ\cdot mol^{-1}$

则 $\Delta G(Fe_3O,s)$ 的值是(　　)。

A. $-1\ 013\ kJ\cdot mol^{-1}$　　B. $-3\ 040\ kJ\cdot mol^{-1}$

C. $3\ 040\ kJ\cdot mol^{-1}$　　D. $1\ 013\ kJ\cdot mol^{-1}$

29. 已知

	$NH_3(g)$	$NO(g)$	$H_2O(l)$
$\Delta G/(kJ\cdot mol^{-1})$	-16.64	86.69	-237.2

则反应 $4NH_3(g)+5O_2(g)=\!=\!=4NO(g)+6H_2O(l)$ 的 ΔG 在 298 K 时为(　　)。

A. $-133.9\ kJ\cdot mol^{-1}$　　B. $-1\ 009.9\ kJ\cdot mol^{-1}$

C. $-1\ 286.6\ kJ\cdot mol^{-1}$　　D. $159.5\ kJ\cdot mol^{-1}$

30. 化学反应在任何温度下都不能自发进行时,其(　　)。

A. 焓变和熵变两者都是负的　　B. 焓变和熵变两者都是正的

C. 焓变是正的,熵变是负的　　D. 焓变是负的,熵变是正的

31. 某化学反应的 ΔH 为 $-122\ kJ\cdot mol^{-1}$,ΔS 为 $-231\ J\cdot mol^{-1}\cdot K^{-1}$,则此反应(　　)。

A. 在任何温度下自发进行　　B. 在任何温度下都不自发进行

C. 仅在高温下自发进行　　D. 仅在低温下自发进行

32. 如果体系在状态 Ⅰ 时吸收500 J的热量,对外做功100 J达到状态 Ⅱ,则体系的内能变化和环境的内能变化分别为(　　)。

A. -400 J,400 J　B. 400 J,-400 J　C. 500 J,-100 J　D. -100 J,500 J

33. 对于封闭体系,体系与环境间(　　)。

A. 既有物质交换,又有能量交换　　B. 没有物质交换,只有能量交换

C. 既没物质交换,又没能量交换　　D. 没有能量交换,只有物质交换

(二) 填充题

1. 当体系的状态改变时,状态函数的变化只取决于__________,而与__________无关。

2. 当体系发生变化时__________称为过程,__________称为途径。

3. 对于一个封闭体系,从始态变到终态时内能的变化等于__________和__________的差额。

4. 在热力学中用热和功的正负号表示以热或功的形式传递能量的方向,体系吸收热量 Q __________,体系对环境做功 W __________。

5. 298 K 时,水的蒸发热为 $43.93\ kJ\cdot mol^{-1}$,则 Q 为__________ ΔU 为__________。

6. 已知 NaCl(s) 熔化需要吸热 $30.3\ kJ\cdot mol^{-1}$,熵增 $28.2\ J\cdot mol^{-1}\cdot K^{-1}$,则298 K时 NaCl(s) 熔化的 ΔG 为__________,NaCl 的熔点为__________K。

(三) 计算题

1. 已知标准态下,$H_2(g)$ 和 $N_2(g)$ 的离解能分别为 $434.7\ kJ\cdot mol^{-1}$ 和 $869.4\ kJ\cdot mol^{-1}$,$NH_3(g)$ 的生成热为 $46.2\ kJ\cdot mol^{-1}$. 求:$N(g)+3H(g)=\!=\!=NH_3(g)$ 的反应热。

2. 煤中含有硫,燃烧时会产生有害的 SO_3,用便宜的生石灰消除炉中的 SO_3 减少污

染，其反应如下 $CaO(s) + SO_3(g) \Longrightarrow CaSO_4(s)$，298 K 101.325 kPa 时，$\Delta_r H = -402.0\ kJ \cdot mol^{-1}$，$\Delta_r G = -345.7\ kJ \cdot mol^{-1}$，此反应在室温下自发进行，问保持此反应自发进行的最高炉温是多少？

3. 在 298 K、101.325 kPa 下，反应 $2SO_3(g) \Longrightarrow 2SO_2(g) + O_2(g)$ 能否自发进行？若分解 1 克 $SO_3(g)$ 为 $SO_2(g)$ 和 $O_2(g)$，其 ΔG 是多少？（已知：$\Delta G(SO_3, g) = -370\ kJ \cdot mol^{-1}$，$\Delta G(SO_2, g) = -300\ kJ \cdot mol^{-1}$，$\Delta G(O_2, g) = 0\ kJ \cdot mol^{-1}$）

4. 已知在 298 K 时 $Fe_3O_4(s) + 4H_2(g) \Longrightarrow 3Fe(s) + 4H_2O(g)$

	$Fe_3O_4(s)$	$4H_2(g)$	$3Fe(s)$	$4H_2O(g)$
$\Delta_r H_m^\ominus(kJ \cdot mol^{-1})$	-1 118	0	0	-242
$\Delta_r S\ (J \cdot K^{-1} \cdot mol^{-1})$	146	130	27	189

则反应在 298 K 时的 ΔG 是多少？

5. 已知 298 K 时

① $2Al(s) + 3/2O_2(g) \Longrightarrow Al_2O_3(s)$　$\Delta H_1 = -1669.8\ kJ \cdot mol^{-1}$

② $2Fe(s) + 3/2O_2(g) \Longrightarrow Fe_2O_3(s)$　$\Delta H_2 = -822.2\ kJ \cdot mol^{-1}$

求：③ $2Al(s) + Fe_2O_3(s) \Longrightarrow 2Fe(s) + Al_2O_3(s)$ 的 ΔH_3。若上述反应产生 1.00 kg 的 Fe，能放出多少热量？

6. 已知 298 K 时

	$\Delta_r H_m^\ominus(kJ \cdot mol^{-1})$	$\Delta_r G\ (kJ \cdot mol^{-1})$
$SO_2(g)$	-296.9	-300.4
$SO_3(g)$	-395.2	-370.4

求 1 000 K 时反应 $2SO_2(g) + O_2(g) \Longrightarrow 2SO_3(g)$ 的平衡常数 K。

7. 水煤气的反应为 $C(s) + H_2O(g) \Longrightarrow CO(g) + H_2(g)$，问各气体都处在 $1.01 \times 10^5 Pa$ 下，在多高温度时，此体系为平衡体系？

已知：$\Delta H(H_2O, g) = -241.8\ kJ \cdot mol^{-1}$；$\Delta H(CO, g) = -110.5\ kJ \cdot mol^{-1}$；$\Delta G(H_2O, g) = -228.6\ kJ \cdot mol^{-1}$；$\Delta G(CO, g) = -137.3\ kJ \cdot mol^{-1}$。

8. 反应 $3O_2(g) = 2O_3(g)$ 在 298 K 时 $\Delta_r H = -284.24\ kJ \cdot mol^{-1}$，其平衡常数为 10，计算反应的 $\Delta_r G$ 和 $\Delta_r S$。

六、参考答案

（一）选择题

1. C　2. D　3. D　4. C　5. C　6. A　E　7. C　8. A　9. A　10. C　11. D　12. B　13. D　14. B　15. C　16. C　17. A　18. A　E　19. A　20. B　D　21. C　22. B　23. A　24. B D　25. B　26. C　27. C　28. A　29. B　30. C　31. D　32. B　33. B

（二）填空题

1. 体系的始态和终态　变化途径

2. 体系变化的经过（或始态到终态的经过）　完成过程的具体步骤

3. 供给体系的能量　体系对环境做功耗去的能量

4. Q 为正,反之为负　W 为正,反之为负

5. 43.93 $kJ \cdot mol^{-1}$　41.45 $kJ \cdot mol^{-1}$

6. 21.9 $kJ \cdot mol^{-1}$　1 074.5

(三)计算题

1. 解　根据已知

$$N_2(g) + 3H_2(g) = 2NH_3(g) \qquad \Delta H_1 = -46.2\ kJ \cdot mol^{-1}$$

$$N(g) = \frac{1}{2}N_2(g) \qquad \Delta H_2 = -\frac{1}{2} \times 869.4\ kJ \cdot mol^{-1}$$

$$3H(g) = \frac{3}{2}H_2(g) \qquad \Delta H_3 = -\frac{3}{2} \times 434.7\ kJ \cdot mol^{-1}$$

将以上3式相加得

$$N(g) + 3H(g) = NH_3(g)$$

$$\Delta H = \Delta H_1 + \Delta H_2 + \Delta H_3 = -1123.95\ kJ \cdot mol$$

2. 解　因为　$\Delta G = \Delta H - T\Delta S$

$$\Delta S = \frac{(\Delta H - \Delta G)}{T} == \frac{(-402.0) - (345.7)}{298} = -0.189\ kJ \cdot mol^{-1} \cdot K^{-1}$$

ΔH、ΔS 随 T 变化小,忽略。

所以若使反应自发,则 $\Delta G < 0$,即

$$\Delta G = \Delta H - T\Delta S < 0$$

$$(-402.0) - T \times (-0.189) < 0$$

$$T < 2\ 127\ K$$

反应自发进行的最高炉温为 2 127 K。

3. 解　因 $\Delta G < 0$,是自发的,而 $\Delta G > 0$ 是非自发的,所以在已知条件下反应是非自发的。

分解 1 g 的 $SO_3(g)$

$$\Delta G = \frac{140}{2 \times (32 + 48)} = 0.875\ kJ \cdot mol^{-1}$$

4. 解

$$Fe_3O_4(s) + 4H_2(g) = 3Fe(s) + 4H_2O(g)$$

$$\Delta H = 4 \times (-242) - (-1118) = 150\ kJ \cdot mol^{-1}$$

$$\Delta S = 4 \times 189 + 3 \times 27 - 130 \times 4 - 146 = 171\ kJ \cdot mol^{-1} \cdot K^{-1}$$

$$\Delta G = \Delta H - T\Delta S = 150 - 298 \times 171 \times 10 = 99\ kJ \cdot mol^{-1}$$

5. 解　式①－②得

$$2Al(s) - 2Fe(s) = Al_2O_3(s) - Fe_2O_3(s)$$

即

$$2Al(s) + Fe_2O_3(s) = 2Fe(s) + Al_2O_3(s)$$

$$\Delta H_3 = \Delta H_1 - \Delta H_2 = -1\ 669.8 + 822.2 = -847.6\ kJ \cdot mol^{-1}$$

即产生 2 mol Fe 时放热 847.6 kJ,则产生 1 kg Fe 时可放热

$$Q = \frac{1\ 000}{56} \times \frac{847.6}{2} = -75\ 678\ kJ$$

6. 解　298 K 时

$$\Delta H = (-395.2) \times 2 - (-296.9) \times 2 = -196.6\ (\mathrm{kJ \cdot mol^{-1}})$$

$$\Delta G = (-370.4) \times 2 - (-300.4) \times 2 = -140\ (\mathrm{kJ \cdot mol^{-1}})$$

$$\Delta S = ((-196.6 + 140) \times 1\,000)/298 = -189.9\ (\mathrm{J \cdot mol \cdot K^{-1}})$$

1 000 K 时

$$\Delta G_{1\,000} = \Delta H_{298} - 1\,000 \times \Delta S = -6.7\ (\mathrm{kJ \cdot mol^{-1}})$$

$$K = \frac{-\Delta G}{2.303RT} = \frac{6.7 \times 1\,000}{2.303 \times 8.314 \times 1\,000} = 0.349\,9$$

$$K = 2.24$$

7. 解
$$C(s) + H_2O(g) \xlongequal{\quad} CO(g) + H_2(g)$$

$$\Delta H = -110.5 - (-241.8) = 131.3\ \mathrm{kJ \cdot mol^{-1}}$$

$$\Delta G = -137.3 - (-228.6) = 91.3\ \mathrm{kJ \cdot mol^{-1}}$$

所以

$$\Delta S = \frac{\Delta H - \Delta G \times 1\,000}{298} = 134.1\ \mathrm{J \cdot mol^{-1} \cdot K^{-1}}$$

忽略 ΔH,ΔS 随 T 变化,因为 $\Delta G = \Delta H - T\Delta S$,平衡时,$\Delta G = 0$,所以

$$T = \frac{\Delta H}{\Delta S} = \frac{131.3 \times 1\,000}{134.1} = 979.1\ \mathrm{K}$$

即 $T = 979.1$ K 时体系处平衡状态。

8. 解　因为

$$\Delta G = -2.303RTK = -2.303 \times 8.314 \times 298 \times 10 = 308.12\ \mathrm{kJ \cdot mol^{-1}}$$

$$\Delta G = \Delta H - T\Delta S$$

所以

$$\Delta S = \frac{\Delta H - \Delta G}{T} = \frac{(284.24 - 308.12) \times 10}{298} = -80.12\ \mathrm{kJ \cdot mol^{-1} \cdot K^{-1}}$$

(四) 课后习题答案

1. 选择题

(1) D　(2) B　(3) C　(4) C　(5) C　(6) C　(7) A　(8) D　(9) C

(10) A　(11) C　(12) C　(13) C　(14) C　(15) C

2. 解　由(1) + (2) × 3 + (3) × 6 − (4) 得 $2Al(s) + 3Cl_2(g) = Al_2Cl_6(s)$

即

$$\Delta_r H_m^\ominus = -1\,003 + 3 \times (-184) + 6 \times (-72) - (-643) = -1\,344\ \mathrm{kJ \cdot mol^{-1}}$$

3. 解　(1)
$$\Delta_r H_m^\ominus(C_3H_6) = -\varepsilon D_B \Delta_c H_m^\ominus = \Delta_c H_m(C_3H_6)$$

$$\Delta_f H_m^\ominus(H_2O) = \Delta_r H_m^\ominus(H_2)$$

$$\Delta_r H_m^\ominus(C_3H_6) = \Delta_r H_m^\ominus + Q_V - \Delta_r H_m^\ominus(H_2) = -2\,058.3\ \mathrm{kJ \cdot mol^{-1}}$$

(2) $\Delta_r H_m^\ominus(C_3H_6) = 3\Delta_f H_m^\ominus(CO_2) + 3\Delta_f H_m^\ominus(H_2O) - \Delta_f H_m^\ominus(C_3H_6) = 19.8\ \mathrm{kJ \cdot mol^{-1}}$

4. 解
$$CH_4(g) + 2O_2(g) \xlongequal{\quad} CO_2(g) + 2H_2O(l)$$

由题得

$$\Delta_r H_m^\ominus(CH_4) = -890\ kJ \cdot mol^{-1}$$

$$\Delta_r H_m^\ominus(CH_4) = \Delta_f H_m^\ominus(CO_2) + 2\Delta_f H_m^\ominus(H_2O) - \Delta_f H_m^\ominus(CH_4)$$

所以

$$\Delta_r H_m^\ominus(CH_4) = -73\ kJ \cdot mol^{-1}$$

$$C(石墨) + 2H_2(g) = CH_4(g)$$

$$\Delta_r H_m^\ominus(1) = \Delta_f H_m^\ominus(CH_4) - \Delta_{sub} H_m^\ominus = -73\ kJ \cdot mol^{-1} - 716\ kJ \cdot mol^{-1} = -789\ kJ \cdot mol^{-1}$$

又因为

$$2H_{C-C}^\ominus - 4H_{C-H}^\ominus = \Delta_r H_m^\ominus(1)$$

所以

$$\Delta H_{C-H}^\ominus = 415.25\ kJ \cdot mol^{-1}$$

5. 解　(1)

$$\Delta_r G_m^\ominus(A) = \Delta_r H_m^\ominus(A) - T \cdot \Delta_r S_m^\ominus = 10.5 - 298.15 \times 30 \times 10^{-3} = 1.555\,5\ kJ \cdot mol^{-1} > 0$$

同理

$$\Delta_r G_m^\ominus(B) = 1.8 - 298.15 \times 30 \times 10^{-3} = 35.491\ kJ \cdot mol^{-1} > 0$$

$$\Delta_r G_m^\ominus(C) = -1568 - 298.15 \times (-113) \times 10^{-3} = -1269.19\ kJ \cdot mol^{-1} < 0$$

$$\Delta_r G_m^\ominus(D) = -11.7 - 298.15 \times (-105) \times 10^{-3} = 19.61\ kJ \cdot mol^{-1} > 0$$

所以 C 可以自发进行。

(2) $\Delta_r G_m^\ominus(A) = \Delta_r H_m^\ominus - T_A \cdot \Delta_r S_m^\ominus < 0 = 10.5 - 0.03 \times T_A < 0$

所以 $T_A > 350$ K

同理

$$\Delta_r G_m^\ominus(B) = 1.8 + 0.113 \times T_B < 0$$

所以

$$T_B < -15.93\ K$$

$$\Delta_r G_m^\ominus(D) = -11.7 + 0.105 \times T_D < 0$$

$$T_D < 111.43\ K$$

所以 A 在温度大于 350 K 时可自发进行;

B 在温度小于 −15.93 K 时可自发进行;

D 在温度小于 111.43 K 时可自发进行。

6. 解

$$\Delta_r H_m^\ominus = -395.7 - (-296.8) = -98.9\ kJ \cdot mol^{-1}$$

$$\Delta_r S_m^\ominus = 256.6 - 205 - 248.1 = -196.5\ kJ \cdot mol^{-1}$$

$$\Delta_r G_m^\ominus = \Delta_r H_m^\ominus - T \cdot \Delta_r S_m^\ominus = -98.9 - 1\,000 \times 196.5 \times 10^{-3} = 97.6\ kJ \cdot mol^{-1} > 0$$

所以不能自发进行。

7. 解　因为 $\Delta_r G_m^\ominus = 0$

所以

$$-90.67 + T \cdot 221.4 = 0$$

$$T = 409.5\ K$$

8. **解**　$\Delta_r H_m^\ominus = \Delta_f H_m^\ominus(NO_2) - \Delta_f H_m^\ominus(AgNO_2) = 35.15 - (-123.14) = 158.29\ kJ \cdot mol^{-1}$

$$\Delta_r S_m^\ominus = 42.68 + 240.6 + \frac{1}{2} \cdot 205 - 140 = 245.78\ kJ \cdot mol^{-1}$$

因为

$$\Delta_r G_m^\ominus = \Delta_r H_m^\ominus - T \cdot \Delta_r S_m^\ominus < 0$$

$$T > \frac{158.29 \times 10^3}{245.78} = 644\ K$$

所以最低温度为644 K。

9. **解**　(1)　$\Delta_r G_m^\ominus = \Delta_r H_m^\ominus - T \cdot \Delta_r S_m^\ominus$

$\Delta_r H_m^\ominus = \Delta_f H_{WI2}^\ominus - \Delta_f H_{I2}^\ominus - \Delta_f H_W^\ominus = -8.37 - 62.24 - 2 = -70.61\ kJ \cdot mol^{-1}$

$\Delta_r S_m^\ominus = S_m^\ominus(WI_2) - S_m^\ominus(W) - S_m^\ominus(I_2) =$

$0.250\,4 - 0.033\,5 - 0.262 = -0.043\,4\ kJ \cdot mol^{-1}$

$\Delta_r G_m^\ominus = -70.61 - 623 \times (-0.043\,1) = -43.76\ kJ \cdot mol^{-1}$

(2) 因为

$$\Delta_r G_m^\ominus = \Delta_r H_m^\ominus - T \cdot \Delta_r S_m^\ominus = 0.61 - T \cdot (-6.043\,1) \leqslant 0$$

所以 $T \geqslant 1\,638.2$ K。

第3章　化学反应速率和化学平衡

一、中学链接

1. 化学反应速率

(1) 表示方法 $v=\dfrac{\Delta c}{\Delta t}$，单位为 $mol \cdot L^{-1} \cdot min$ 或 $mol \cdot L^{-1} \cdot s^{-1}$

(2) 特点

① v 是平均值，且大于0。

② 用不同物质表示同一反应，v 值可以不同。

③ 速率之比等于方程式的化学计量数之比。

(3) 影响因素

① 内因：反应物的本性，如结构、性质。

② 浓度：增加反应物浓度可加快反应速度(固体和纯液体的浓度视为定值)。

③ 压强：增大压强气体体积缩小，相当于增加浓度反应速率加快。

④ 温度：温度升高反应速率加快。

⑤ 催化剂：加快化学反应速率(一般指正催化剂)。

⑥ 其他：固体颗粒大小和光波射线。

2. 化学平衡

(1) 概念：一定条件下的可逆反应中，正反应速率和逆反应速率相等，反应混合物各组分含量保持不变的状态。平衡的建立与途径无关。

(2) 平衡标志

① $v_{正}=v_{逆}$ 平衡建立的前提。

② 各组分含量保持不变。

(3) 平衡特征　"逆"、"等"、"动"、"动"、"定"、"变"

即反应可逆，正逆反应速率相等，反应处于动态平衡，该平衡在一定条件下维持，外界条件改变，平衡可发生移动。

① 移动原因：条件改变导致 $v_{正}$ 不等于 $v_{逆}$。

② 移动方向：$v_{正}>v_{逆}$ 平衡反应向右移动

$v_{正}<v_{逆}$ 平衡反应向左移动

$v_{正}=v_{逆}$ 平衡不移动

(4) 影响平衡移动的因素：浓度、压强、温度 - 勒沙特里原理

二、教学基本要求

初步学习热力学的基础性质，了解化学变化过程中的热效应、恒容反应热和恒压反应热的概念与测定，初步学习焓和焓变的相关概念以及能够书写热化学方程式，能够进行热化学的一般计算。初步学习熵、熵变和绝对熵的概念，了解热力学第一、第二、第三定律的概念，初步了解吉布斯自由能及吉布斯 - 亥姆霍兹方程，学会用其判断化学反应的自发性。掌握化学平衡状态及标准平衡常数的概念，会进行化学平衡移动及有关计算。

三、内容精要

1. 化学反应速率

化学反应速率通常用单位时间内反应物减少的量或生成物增加的量来描述，浓度单位常以 $mol \cdot dm^{-3}$ 来表示。

化学反应速率是反应进度 ξ 随时间的变化率，即反应速率为

$$J = \frac{d\xi}{dt} = \frac{1}{v_B}\frac{dn_B}{dt}$$

2. 碰撞理论

Lewis 提出了主要适用于气体双原子反应的有效碰撞理论：

① 反应物分子必须相互碰撞才可能发生反应，但并不是每次碰撞均可发生反应，只有那些能发生反应的碰撞才称为有效碰撞。

② 能够发生有效碰撞的分子称为活化分子，只有活化分子发生定向碰撞才能发生有效碰撞。

结论：在一定温度下，活化能越大，活化分子百分数越小，有效碰撞次数越少，反应速率就越慢；反之活化能越小，活化分子百分数越大，有效碰撞次数越多，反应速率就越快。

3. 过渡状态理论

过渡状态理论认为，化学反应并不是通过反应物分子的简单碰撞完成的，在反应物到产物的转变过程中，必须通过一种过渡状态，这种中间状态可表示为

$$\underset{\text{起始状态}}{A-B+C} \rightleftharpoons \underset{\text{过渡状态}}{[A\cdots B\cdots C]} \rightleftharpoons \underset{\text{终止状态}}{A+B-C}$$

4. 基元反应和质量作用定律

在化学反应过程中每一个简单的反应步骤就是一个基元反应。基元反应的速率与各反应物浓度的幂乘积成正比，其中各浓度的方次就是反应方程中相应组分的分子个数，这就是质量作用定律。

对于一般基元反应

$$aA + bB \longrightarrow dD + gG$$

其数学表达式为

$$v = kc_A^a c_B^b$$

式中，k 为反应速率常数；c_A、c_B 分别表示反应物 A 和 B 浓度。温度一定时反应速率常数为一定值，与浓度无关。质量作用定律只适用于基元反应。

上式中各物质浓度项幂次的总和 $(a+b)$ 称为反应级数，它可以是整数级、零级，也可以是分数级，a 或 b 分别称为反应对物质 A 或对物质 B 的级数。

5. 温度对反应速率常数的影响

(1) 范特霍夫规则

一般化学反应，反应物浓度不变情况下，在一定温度范围内，温度升高 10 K，反应速率或反应速率常数一般增加 2 ~ 4 倍，即

$$\frac{v_{(T+10)}}{v_{(T)}}=\frac{k_{(T+10)}}{k_{(T)}}=2\sim4$$

此式为 Van't Hoff 规划。

(2) 阿伦尼乌斯方程

阿伦尼乌斯方程是定量表示 k 与 T 的关系式的方程，即

$$k=A\exp\left(\frac{-E_a}{RT}\right)$$

或者

$$\ln\frac{k}{[k]}=\frac{-E_a}{RT}+\ln\frac{A}{[A]}$$

式中，A 为指前因子，单位与 k 相同；E_a 为阿伦尼乌斯活化能，单位为 $J\cdot mol^{-1}$。

在温度范围不太宽时，阿伦尼乌斯方程适用于基元反应和许多复杂反应。

6. 催化剂对化学反应速率的影响

能显著改变化学反应速率而本身的组成和质量在反应前后保持不变的一类物质称为催化剂。催化剂能改变化学反应速率的作用称为催化作用。在催化剂作用下进行的反应称为催化反应。能加快化学反应速率的催化剂称为正催化剂；能减慢化学反应速率的催化剂称为负催化剂或抑制剂。

对于催化剂的催化作用，需要注意以下几方面：

① 催化剂只能通过改变反应途径来改变反应速率，但不改变反应的 ΔH、ΔG 或 $\Delta G^{\ominus}$，它无法使不能自发进行的反应得以进行。

② 催化剂能同等程度地改变可逆反应的正逆反应速率，因此催化剂能加快化学平衡到达，但不会导致化学平衡常数的改变，也不会影响化学平衡的移动。

③ 催化剂具有选择性，一种催化剂通常只能对一种或少数几种反应起催化作用，同样的反应物用不同的催化剂可得到不同的产物。

7. 化学平衡

通常化学反应都有可逆性，只是可逆程度有所不同，少部分的化学反应在一定条件下几乎是能进行到底的，这样的反应称为不可逆反应。

当可逆反应的正、逆反应速率相等，反应物和生成物浓度恒定时反应系统所处的状态称为化学平衡状态，简称化学平衡。

化学平衡有如下特点：

① 化学平衡是一种动态平衡。反应系统达到平衡后，从表面上看，反应已经“终止”，

而实际上，处于平衡状态的系统内正、逆反应均仍在继续进行，只是由于 v(正) = v(逆)。此时在单位时间内因正反应使反应物减少的量和因逆反应使反应物增加的量恰好相等，致使各物质的浓度不变。因此，这种平衡实际上是一种动态平衡。

② 可逆反应达平衡后，在一定条件下各物质浓度(或分压)不再随时间而变化。

③ 化学平衡是有条件的、相对的。当原平衡条件改变时，原有平衡将被破坏，系统将在新的条件下达到新的平衡。

④ 化学平衡是可逆反应在一定条件下所能达到的最终状态，因此到达平衡的途径可从正反应开始，也可从逆反应开始。

8. 化学平衡常数

(1) 经验平衡常数

平衡常数是表明化学反应限度的特征值，对一般的可逆反应

$$aA + bB \rightleftharpoons gG + dD$$

若反应物和生成物均为气体，达到化学平衡时，各物质的分压分别为 $p(A)$、$p(B)$、$p(G)$、$p(D)$，则有

$$K_p = \frac{\{p(G)\}^g \{p(D)\}^d}{\{p(A)\}^a \{p(B)\}^b}$$

式中，K_p 为压力经验平衡常数。

若在溶液中发生的反应，达化学平衡时，各物质的浓度分别为 $c(A)$、$c(B)$、$c(G)$、$c(D)$，则有

$$K_c = \frac{\{c(G)\}^g \{c(D)\}^d}{\{c(A)\}^a \{c(B)\}^b}$$

式中，K_c 为浓度经验平衡常数。

在以上两个平衡常数表达式中，如果 $a + b = g + d$，则 K_p、K_c 无单位；若 $a + b \neq g + d$，则 K_p、K_c 有相应的单位。

(2) 标准平衡常数

平衡常数除了可用实验测定外，还可通过热力学方法计算得到，因此热力学平衡常数也称为标准平衡常数，用 $K^{\ominus}$ 表示。

对于各气体均为理想气体的下列反应

$$aA(g) + bB(g) \rightleftharpoons gG(g) + dD(g)$$

$$\frac{\left\{\frac{p(G)}{p}\right\}^g \left\{\frac{p(D)}{p}\right\}^d}{\left\{\frac{p(A)}{p}\right\}^a \left\{\frac{p(B)}{p}\right\}^b} = 常数$$

令此常数为 $K^{\ominus}$，则

$$K^{\ominus} = \frac{\left\{\frac{p(G)}{p}\right\}^g \left\{\frac{p(D)}{p}\right\}^d}{\left\{\frac{p(A)}{p}\right\}^a \left\{\frac{p(B)}{p}\right\}^b}$$

并可得

$$\ln K^{\ominus} = \frac{-\Delta_r G_m}{RT}$$

对于水溶液中的反应

$$aA(aq) + bB(aq) \rightleftharpoons gG(aq) + dD(aq)$$

同理可得

$$K^{\ominus} = \frac{\left\{\frac{c(G)}{c}\right\}^{g}\left\{\frac{c(D)}{c}\right\}^{d}}{\left\{\frac{c(A)}{c}\right\}^{a}\left\{\frac{c(B)}{c}\right\}^{b}}$$

由上述方程可知：标准平衡常数 $K^{\ominus}$ 是量纲为 1 的量，$K^{\ominus}$ 值越大，说明正反应进行得越彻底。$K^{\ominus}$ 的值只与温度有关，不随着浓度或分压而变。

(3) 多重平衡原则

化学反应的平衡常数也可利用多重平衡原则计算而得，如果某反应可以由几个反应相加（或相减）而得，则该反应的平衡常数等于几个反应平衡常数之积（或商）。这种关系称为多重平衡原则。

9. 化学平衡的移动

一切化学平衡都是相对的和暂时的，当外界条件改变，旧的平衡就会被破坏，从而引起系统中各物质的浓度或分压发生变化，直到在新的条件下建立新的平衡。这种因外界条件的改变使化学反应从原来的平衡状态转变到新的平衡状态的过程称为化学平衡的移动。

(1) 浓度对化学平衡的影响

对某一可逆反应

$$aA + bB \rightleftharpoons gG + dD$$

$$\Delta G = \Delta G^{\ominus} + RT\ln Q$$

将 $\Delta G^{\ominus} = -RT\ln K$ 代入上式，得

$$\Delta G = RT\ln \frac{Q}{K^{\ominus}}$$

① $Q < K^{\ominus}$，$\frac{Q}{K^{\ominus}} < 1$，$\Delta G < 0$，反应向正方向进行，平衡正向移动。

② $Q = K^{\ominus}$，$\frac{Q}{K^{\ominus}} = 1$，$\Delta G = 0$，反应处于平衡状态。

③ $Q > K^{\ominus}$，$\frac{Q}{K^{\ominus}} > 1$，$\Delta G > 0$，反应向逆方向进行，平衡逆向移动。

(2) 压力对化学平衡的影响

① 反应前后气体分子总数相等的反应，即 $\Delta n = (g + d) - (a + b) = 0$，系统总压力改变，同等程度地改变了反应物和生成物的分压，但 Q 值仍等于 K，故对平衡不影响。

② 反应前后气体分子总数不相等的反应，即 $\Delta n \neq 0$，压力对化学平衡的影响见表 3.1。

③ 有惰性气体参加反应，在恒温、恒容条件下，对化学平衡无影响；恒温、恒压条件下，惰性气体的引入造成各组分气体分压减小，化学平衡将向气体分子总数增加的方向移动。

④ 对于液相和固相反应的系统，压力改变不影响化学平衡。

表 3.1　压力对化学平衡的影响

平衡移动方向 Δn / 压力变化	$\Delta n > 0$ （气体分子总数增加的反应）	$\Delta n < 0$ （气体分子总数减少的反应）
压力增加	$Q > K$ 平衡逆向移动	$Q < K$ 平衡正向移动
压力减小	$Q < K$ 平衡正向移动	$Q > K$ 平衡逆向移动

(3) 温度对化学平衡的影响

浓度和压力对化学平衡的影响是在温度不变的条件下讨论的，平衡常数 K 不变，而温度对化学平衡的影响则会改变平衡常数 K。表 3.2 为温度对化学平衡常数的影响。

表 3.2　温度对化学平衡常数的影响

平衡常数 焓变 / 温度变化	$\Delta H < 0$ （放热反应）	$\Delta H > 0$ （吸热反应）
温度升高	K 变小 $Q > K$，平衡逆向移动	K 变大 $Q < K$，平衡正向移动
温度降低	K 变大 $Q < K$，平衡正向移动	K 变小 $Q > K$，平衡逆向移动

(4) 催化剂与化学平衡的关系

催化剂降低了反应的活化能，因此可以加快反应速率。对于任一可逆反应来说，催化剂能同等程度地加快正、逆反应速率，而使平衡常数 K 保持不变，所以，催化剂不影响化学平衡。在尚未达到平衡状态的反应系统中加入催化剂，可以加快反应速率，缩短反应到达平衡状态的时间，亦即缩短了完成反应所需要的时间，这在工业生产上有重要意义。

(5) 吕·查德原理

假如改变平衡系统的条件之一，如浓度、压力或温度，平衡就向能减弱这个改变的方向移动，这就是吕·查德原理。

四、典型例题

例 3.1　人体内某酶催化反应的活化能是 50 kJ·mol^{-1}，正常人的体温为 37 ℃，如果某病人发烧到 40 ℃ 时，该反应的速率是原来的多少倍？

解

$$\ln\frac{k_2}{k_1} = -\frac{E_a}{R}\left(\frac{1}{T_2} - \frac{1}{T_1}\right) = -\frac{50\times10^3}{8.314}\times\left(\frac{1}{273.15+40} - \frac{1}{273.15+37}\right) = 0.186$$

$$\frac{k_2}{k_1}=1.2$$

例 3.2　在一定温度下，测得反应

$$4HBr(g)+O_2(g) \rightleftharpoons 2H_2O(g)+2Br_2(g)$$

系统中 HBr 起始浓度为 0.010 0 mol·L^{-1}，10 s 后 HBr 的浓度为 0.008 2 mol·L^{-1}，试计算反应在 10 s 之内的平均速率为多少？如果上述数据是 O_2 的浓度，则该反应的平均速率又是多少？

解　根据公式

$$v=\frac{1}{\nu_B}\frac{dc_B}{dt}=-\frac{1}{4}\frac{\Delta c(HBr)}{\Delta t}=-\frac{\Delta c(O_2)}{\Delta t}$$

代入数据计算，得

$$v(HBr)=4.5\times10^{-5}\ mol\cdot L^{-1}\cdot s^{-1}$$

$$v(O_2)=1.8\times10^{-4}\ mol\cdot L^{-1}\cdot s^{-1}$$

例 3.3　雷雨天会发生反应 $N_2(g)+O_2(g) \rightleftharpoons 2NO(g)$，已知在 2 030 K 和 3 000 K 时，该反应达平衡后，系统中 NO 的体积分数分别为 0.8% 和 4.5%，试判断该反应是吸热反应还是放热反应？并计算 2 030 K 时的平衡常数。（提示：空气中 N_2 和 O_2 的体积分数分别为 78% 和 21%。）

解　温度升高，NO 变多，平衡右移，所以该反应是吸热反应

	N_2	+	O_2	$\rightleftharpoons$	2NO
p_0/kPa	78		21		0
p_{eq}/kPa	78 − 0.4 = 77.6		21 − 0.4 = 20.6		0.8

$$K^\ominus=\frac{(0.8/p^\ominus)^2}{(77.6/p^\ominus)(20.6/p^\ominus)}=4.0\times10^{-4}$$

例 3.4　在 763 K 时反应 $H_2(g)+I_2(g) \rightleftharpoons 2HI(g)$，$K^\ominus=45.9$，$H_2$、$I_2$、HI 按下列起始浓度混合，反应将向何方向进行？

实验序号	$c(H_2)/(mol\cdot L^{-1})$	$c(I_2)/(mol\cdot L^{-1})$	$c(HI)/(mol\cdot L^{-1})$
1	0.060	0.400	2.00
2	0.096	0.300	0.500
3	0.086	0.263	1.02

解

$$K^\ominus=45.9$$

$$Q_1=\frac{2^2}{0.06\times0.4}=166.7>K^\ominus=45.9\text{（反应逆向自发）}$$

$$Q_2=\frac{0.5^2}{0.096\times0.3}=8.68<K^\ominus=45.9\text{（正向自发）}$$

$$Q_3=\frac{1.02^2}{0.086\times0.263}\approx45.9=K^\ominus=45.9\text{（平衡状态）}$$

例 3.5　在 298.15 K、1.47×10^3 kPa 下，把氨气通入 1.00 L 的刚性密闭容器中，在

623 K 下加入催化剂，使氨气分解为氮气和氢气，平衡时测得系统的总压力为 5.00 × 10^3 kPa，计算 623 K 时氨气的解离度以及平衡各组分的摩尔分数和分压。

解　开始时氨气的物质的量为

$$n_1 = \frac{p_1 V}{RT_1} = \frac{1.47 \times 10^3 \times 1.00}{8.314 \times 298.15} = 0.593 \text{ mol}$$

平衡时混合气体总物质的量为

$$n_2 = \frac{p_2 V}{RT_2} = \frac{5.00 \times 10^3 \times 1.00}{8.314 \times 623.15} = 0.965 \text{ mol}$$

$$2NH_3 \rightleftharpoons N_2 + 3H_2$$

$$n_0/\text{mol} \quad 0.593 \qquad 0 \qquad 0 n_{eq}/\text{mol}$$

$$0.593 - 2x + x + 3x = 0.965, x = 0.186 \text{ mol}$$

氨气的解离度为

$$\alpha = \frac{2 \times 0.186}{0.593} \times 100\% = 62.7\%$$

$$y_{NH_3} = \frac{0.593 - 2 \times 0.186}{0.965} = 0.229$$

$$p_{NH_3} = 0.229 \times 5 \times 10^3 = 1.14 \times 10^3 \text{ kPa}$$

$$y_{N_2} = \frac{0.186}{0.965} = 0.193$$

$$p_{N_2} = 0.193 \times 5 \times 10^3 = 9.65 \times 10^2 \text{ kPa}$$

$$y_{H_2} = 1 - 0.229 - 0.193 = 0.578$$

$$p_{H_2} = 0.578 \times 5 \times 10^3 = 2.89 \times 10^3 \text{ kPa}$$

例 3.6　$c(KHC_8H_4O_4) = 0.1 \text{ mol} \cdot L^{-1}$ 的 $KHC_8H_4O_4$ 溶液能否用酸碱滴定法滴定？为什么？化学计量点的 pH 为多少？（终点产物的浓度为 0.050 mol · L^{-1}）采用何指示剂？已知 $H_2C_8H_4O_4$ 的 $K_{a_1}^{\ominus} = 1.1 \times 10^{-3}$，$K_{a_2}^{\ominus} = 3.9 \times 10^{-6}$。

解

$$KHC_8H_4O_4 + NaOH \longrightarrow KNaC_8H_4O_4 + H_2O$$

$$c_0 K_{a_2} = 0.1 \times 3.9 \times 10^{-6} = 3.9 \times 10^{-7} > 10^{-8}$$

可以用强碱滴定

$$[OH^-] = \sqrt{\frac{10^{-14} \times 0.05}{3.9 \times 10^{-6}}}$$

$$pOH = 4.95$$

$$pH = 9.05$$

例 3.7　尼古丁（$C_{10}H_{12}N_2$，以 A^{2-} 表示）是二元弱碱，其 $K_{b1} = 7.0 \times 10^{-7}$，$K_{b2} = 1.4 \times 10^{-11}$。计算 0.050 mol · L^{-1} 的尼古丁水溶液的 pH 值及 $c(A^{2-})$、$c(HA^-)$ 和 $c(H_2A)$。

解
$$A^{2-} + H_2O \rightleftharpoons HA^- + OH^-$$

$$K_{b2} \ll K_{b1}$$

只考虑第一步解离即可。

因为 $c/K_{b1} > 500$,可用近似式:

$$c(OH^-) = \sqrt{cK_b} = 1.87 \times 10^{-4}\ mol \cdot L^{-1}, pH = 10.26$$

$$c(HA^-) \approx c(OH^-) = 1.87 \times 10^{-4}\ mol \cdot L^{-1}, c(A^{2-}) = 0.050\ mol \cdot L^{-1}$$

$$HA^- + H_2O \rightleftharpoons H_2A + OH^-$$

$$K_{b2} = \frac{c(H_2A)(OH^-)}{c(HA^-)} \approx c(H_2A)$$

$$c(H_2A) \approx 1.4 \times 10^{-11}\ mol \cdot L^{-1}$$

例 3.8 通过计算,判断下列反应的方向。

(1) $4I^- + [HgCl_4]^{2-} = [HgI_4]^{2-} + 4Cl^-$

(2) $[Cu(CN)_2]^- + 2NH_3 = [Cu(NH_3)_2]^+ + 2CN^-$

(3) $[Cu(NH_3)_4]^{2+} + Zn^{2+} = [Zn(NH_3)_4]^{2+} + Cu^{2+}$

(4) $[FeF_6]^{3-} + 6CN^- = [Fe(CN)_6]^{3-} + 6F^-$

解

(1) $$K^{\ominus} = \frac{[c(HgI_4)^{2-}/c^{\ominus}] \cdot [c(Cl^-)/c^{\ominus}]^4 \cdot [c(Hg^{2+})/c^{\ominus}]}{[c(I^-)/c^{\ominus}]^4 \cdot [c(HgCl_4)^{2-}/c^{\ominus}] \cdot [c(Hg^{2+})/c^{\ominus}]} = \frac{K^{\ominus}_{f\ [HgI_4]^{2-}}}{K^{\ominus}_{f\ [HgCl_4]^{2-}}} = \frac{6.76 \times 10^{29}}{1.17 \times 10^{15}} = 5.8 \times 10^{14}$$

(2) $$K^{\ominus} = \frac{[c(Cu(NH_3)_2]^+/c^{\ominus} \cdot [c(CN^-)/c^{\ominus}]^2 \cdot [c(Cu^{2+})/c^{\ominus}]}{[c(Cu(CN)_2])^-/c^{\ominus} \cdot [c(NH_3)/c^{\ominus}]^2[c(Cu^{2+})/c^{\ominus}]} = \frac{K^{\ominus}_{f\ [Cu(NH_3)_2]^+}}{K^{\ominus}_{f\ [Cu(CN)_2]^-}} = \frac{7.25 \times 10^{10}}{1.00 \times 10^{16}} = 7.25 \times 10^{-6}$$

(3) $$K^{\ominus} = \frac{[c(Zn(NH_3)_4^{2+}/c^{\ominus}] \cdot [c(NH_3)/c^{\ominus}]^4 \cdot [c(Cu^{2+})/c^{\ominus}]}{[c(Cu(NH_3)_4^{2+}/c^{\ominus}] \cdot [c(NH_3)/c^{\ominus}]^4[c(Zn^{2+})/c^{\ominus}]} = \frac{K^{\ominus}_{f[Zn(NH_3)_4^{2+}]}}{K^{\ominus}_{f[Cu(CNH_3)_4^{2+}]}} = \frac{2.88 \times 10^{9}}{2.09 \times 10^{13}} = 1.38 \times 10^{-4}$$

(4) $$K^{\ominus} = \frac{c[Fe(CN)_6{}^{3-}]/c^{\ominus}[c(F^-)/c^{\ominus}]^6 c(Fe^{3+})/c^{\ominus}}{[c(FeF_6)^{3-}/c^{\ominus}]/c^{\ominus}[c(CN^-)/c^{\ominus}]^6 c(Fe^{3+})/c^{\ominus}} = \frac{K^{\ominus}_{c[Fe(CN)_6]^{3-}}}{K^{\ominus}_{c[FeF_6]^{3-}}} = \frac{1.0 \times 10^{42}}{1.0 \times 10^{16}} = 1.0 \times 10^{26}$$

通过计算可以判断:反应(1)(4) 平衡常数较大,反应向正方向进行;而反应(2)(3)向逆方向进行。

例 3.9 向 1.0 L 的 0.10 $mol \cdot L^{-1}$ 的硝酸银溶液中加入 0.10 mol,KCl 生成 AgCl 沉淀,若要使 AgCl 沉淀刚好溶解,问溶液中氨水的浓度 $c(NH_3)$。

解 根据题意可知 AgCl 溶解于氨水后全部生成 $[Ag(NH_3)_2]^+$,平衡时氨水的浓度为 $x\ mol \cdot L^{-1}$。

$$AgCl_{(s)} + 2NH_3 \rightleftharpoons [Ag(NH_3)_2]^+ + Cl^-$$

平衡浓度 $mol \cdot L^{-1}$ x 0.10 0.10

$$\frac{[c(Ag(NH_3)_2/c^\ominus][c(Cl^-)/c^\ominus]}{[c(NH_3)/c^\ominus]^2} = K_f^\ominus(Ag(NH_3)_2^+)K_{sp}^\ominus(AgCl) =$$

$$1.12 \times 10^7 \times 1.8 \times 10^{-10} = 2.0 \times 10^{-3}$$

将平衡浓度代入,得到 $x = 2.24\ mol \cdot L^{-1}$.

由于生成 $0.10\ mol \cdot L^{-1}$ 的 $[Ag(NH_3)_2]^+$ 要消耗 $0.20\ mol \cdot L^{-1}$ 的 NH_3,所以溶液中氨水的最低浓度为:

$$c(NH_3) = (0.1 \times 2 + 2.24)\ mol \cdot L^{-1} = 2.44\ mol \cdot L^{-1}$$

答:若要使 AgCl 沉淀刚好溶解,溶液中氨水的最低浓度为 $2.44\ mol \cdot L^{-1}$。

五、训 练 题

(一) 单项选择题

1. 质量作用定律表达式不适用于(　　)。

A. 以分子数表示的速率方程式　　B. 以浓度表示的速率方程式

C. 以压力表示的速率方程式　　D. 以表面覆盖度表示的速率方程式

2. 有如下简单反应 $aA + bB \longrightarrow dD$,已知 $a < b < d$,则速率常数 k_A、k_B、k_D 的关系为(　　)。

A. $\frac{k_A}{a} < \frac{k_B}{b} < \frac{k_D}{d}$　B. $k_A < k_B < k_D$　C. $k_A > k_B > k_D$　D. $\frac{k_A}{a} > \frac{k_B}{b} > \frac{k_D}{d}$

3. 以下对有关基元反应的说法中不正确的是(　　)。

A. 只有基元反应才有反应分子数可言

B. 只有基元反应的活化能才有明确的物理意义

C. 基元反应是质量作用定律建立的基础

D. 从微观上考虑,基元反应只有一个基元步骤

4. 用一般化学法测定反应速率的主要困难是(　　)。

A. 很难同时测定各物质的浓度　　B. 不能使反应在指定的时间完全停止

C. 混合物很难分离　　D. 不易控制到完全等温的条件

5. 对基元反应的以下说法中不正确的是(　　)。

A. 只有基元反应才有反应分子数可言

B. 基元反应的活化能才有明确的物理意义

C. 基元反应是质量作用定律建立的基础

D. 从微观上考虑基元反应只有一个基元步骤

6. 如果臭氧分解反应 $2O_3 \rightarrow 3O_2$ 的反应机理是:

(1) $O_3 \rightarrow O\cdot + O_2$　　(2) $O\cdot + O_3 \rightarrow 2O_2$

那么这个反应对 O_3 而言可能是(　　)。

A. 零级反应　B. 一级反应　C. 二级反应　D. 1.5 级反应

7. 下列基元反应中活化能最大的是(　　)。

A. $Cl_2 \longrightarrow 2Cl\cdot$　　B. $CH_3\cdot + CH_3\cdot \longrightarrow CH_3—CH_3$

C. $2I\cdot + H_2 \longrightarrow 2HI$　　D. $H\cdot + H\cdot \longrightarrow H_2$

8. 根据范特霍夫经验规则，一般化学反应温度每上升10℃，其反应速率约增大为原来的2 ~ 4倍，对于在298 K左右服从此规则的化学反应，其活化能的范围为(　　)。

A. 40 ~ 400 $kJ\cdot mol^{-1}$　　B. 50 ~ 250 $kJ\cdot mol^{-1}$

C. 100 $kJ\cdot mol^{-1}$　　D. 52.88 ~ 105.8 $kJ\cdot mol^{-1}$

9. HI生成反应的反应热 $\Delta H_{生成} < 0$，而HI分解反应的反应热 $\Delta H_{分解} > 0$，则HI分解的活化能(　　)。

A. $E < \Delta H_{分解}$　　B. $E < \Delta H_{生成}$　　C. $E > \Delta H_{分解}$　　D. $E = \Delta H_{分解}$

10. 如果某一反应的 ΔH_m 为 $-100\ kJ\cdot mol^{-1}$，则该反应的活化能(　　)。

A. $E_a \geqslant -100\ kJ\cdot mol^{-1}$　　B. $E_a \leqslant -100\ kJ\cdot mol^{-1}$

C. $E_a = -100\ kJ\cdot mol^{-1}$　　D. 无法确定

11. 某一级反应，反应物消耗掉 $1/n$ 所需要的时间是(　　)。

A. $\dfrac{0.693\,2}{k}$　　B. $\left(\ln\dfrac{n}{n-1}\right)/k$　　C. $\ln\dfrac{n}{k}$　　D. $\left(\ln\dfrac{1}{n}\right)/k$

12. 在副反应多的反应中使用催化剂的主要目的是(　　)。

A. 改变反应途径　　B. 提高正反应速率，降低逆反应速率

C. 提高反应物转化率　　D. 提高目的产物的单程产率

13. 由气体碰撞理论可知，分子碰撞次数(　　)。

A. 与温度无关　　B. 与温度成正比

C. 与绝对温度成正比　　D. 与绝对温度的平方根成正比

14. 某反应在一定条件下的平衡转化率为25%，当加入合适的催化剂后，反应速率提高10倍，其平衡转化率将(　　)。

A. 大于25%　　B. 小于25%　　C. 不变　　D. 不确定

15. 催化剂能极大地改变反应速率，以下说法错误的是(　　)。

A. 催化剂改变了反应历程　　B. 催化剂降低了反应活化能

C. 催化剂改变了反应平衡，使转化率提高　　D. 催化剂同时加快正向与逆向反应

16. 已知反应 $mA(气) + nB(气) \rightleftharpoons pC(气) + qD(气)$，测得其平均反应速率 $v_C = 2v_B$，达到平衡后，若保持温度不变，给体系加压，平衡不移动，则 m、n、p、q 数值正确的是(　　)。

A. 2、6、3、5　　B. 3、1、2、2　　C. 3、1、2、1　　D. 1、3、2、2

17. 对在溶液中发生的反应的反应速率不发生显著影响的是(　　)。

A. 浓度　　B. 温度　　C. 压强　　D. 反应物的性质

18. 硫燃烧的主要产物是 SO_2，但也有少量的 SO_3 生成。对于生成的 SO_3 的过程，温度的影响大于浓度的影响。取一定量的硫在容积相同的空气中和纯氧中燃烧，产生 SO_3 的体积分数分别为 a 和 b，则下列 a 和 b 的关系正确的是(　　)。

A. $a > b$　　B. $a < b$　　C. $a = b$　　D. 无法确定

19. 在一定条件下，可逆反应 $SO_2 + NO_2 \rightleftharpoons SO_3 + NO$ 达到平衡后，再通入适量的 O_2，则平衡(　　)。

A. 向正反应方向移动　　B. 向逆反应方向移动

C. 不移动　　D. 无法判断

20. 在一定温度下，可逆反应 A(气) + 3B(气) $\rightleftharpoons$ 2C(气) 达到平衡的标志是(　　)。

A. C 的生成速率与 B 的生成速率相等

B. A、B、C 的浓度不再发生变化

C. 单位时间内生成 A n mol，同时生成 B $3n$ mol

D. A、B、C 的分子数之比为 1∶3∶2

(二) 多项选择题(每小题有 1 ~ 2 个选项符合题意)

1. 对于可逆反应 CO_2(气) + C(固) $\rightleftharpoons$ 2CO(气) − Q，下列各组条件变化时，两项均能使平衡向右移动的是(　　)。

A. 加压，升温　　B. 加压，降温　　C. 减压，降温　　D. 减压，升温

2. 同温同压下，下列反应中当反应物分解 8% 时，总体积也增加 8% 的是(　　)。

A. $2NH_3$(气) ═══ N_2(气) + $3H_2$(气)　　B. 2NO(气) ═══ N_2(气) + O_2(气)

C. $2N_2O_5$(气) ═══ $4NO_2$(气) + O_2(气)　　D. $2NO_2$(气) ═══ 2NO(气) + O_2(气)

3. 在汽车引擎中，N_2 和 O_2 进行反应会生成污染大气的 NO，反应式为 N_2 + O_2 ═══ 2NO + Q，有人认为，废气排出后，温度即降低，NO 将分解，污染也就会自行消失，事实证明，此说法是错误的，其主要原因可能是(　　)。

A. 常温常压下 NO 分解速率很慢

B. 在空气中 NO 迅速变成 NO_2 而不分解

C. 空气中 O_2 和 N_2 的浓度高，不利于平衡向左移动

D. 废气排出，压强减小，不利于平衡向左移动

4. $Fe(NO_3)_2$ 溶液呈浅绿色，其中存在下列平衡 Fe^{2+} + $2H_2O$ ═══ $Fe(OH)_2$ + $2H^+$，向该溶液中滴加盐酸，发生的变化是(　　)。

A. 平衡向逆反应方向移动　　B. 平衡向正反应方向移动

C. 溶液由浅绿色变成黄色　　D. 溶液由浅绿色变为深绿色

5. 在一固定容积的密闭容器中加入 2L X 气体和 3L Y 气体，发生如下反应 nX(气) + 3Y(气) ═══ 2Z(气) + R(气)，反应平衡时 X 和 Y 的转化率分别为 30% 和 60%，则化学方程式中的 n 值为(　　)。

A. 1　　B. 2　　C. 3　　D. 4

6. 对于反应 $2NO_2$(气) ═══ N_2O_4(气)，在一定条件下达到平衡，在温度不变时，欲使平衡常数的比值增大，应采取的措施是(　　)。

A. 体积不变，增加 NO_2 的物质的量　　B. 体积不变，增加 N_2O_4 的物质的量

C. 使体积增大到原来的 2 倍　　D. 充入 N_2，保持压强不变

7. 下列叙述中，能肯定判断某化学平衡发生移动的是(　　)。

A. 反应混合物的浓度改变　　B. 反应混合物中各组分的含量改变

C. 正逆反应速率改变　　D. 反应物的转化率改变

8. 在 2A + 3B ═══ xC + yD 的可逆反应中，A、B、C、D 均为气体，已知起始浓度 A 为 5 mol · dm^{-3}，B 为 3 mol · dm^{-3}，C 的反应速率为 0.5 mol · dm^{-3} · min^{-1}，反应开始至平衡

需时 2 min,平衡时 D 的浓度为 0.5 $mol \cdot dm^{-3}$,则下列说法正确的是(　　)。

A. A 和 B 的平衡浓度比为 5∶3　　B. $x:y = 2:1$

C. A 和 B 的平衡浓度比为 8∶3　　D. $x = 1$

9. 在一恒定的容器中充入 2 mol A 和 1 mol B, 发生反应 2A(气) + B(气) ══ xC(气),达到平衡后,C 的体积分数为 φ(%);若维持容器的容积和温度不变,按起始物质的量:A 为 0.6 mol,B 为 0.3 mol,C 为 1.4 mol,充入容器,达到平衡后,C 的体积分数仍为 φ(%),则 x 值(　　)。

A. 只能为 2　　B. 只能为 3

C. 可能为 2,也可能为 3　　D. 无法确定

(三) 填空题

1. 已知:

(1) $H_2O(g) \rightleftharpoons H_2(g) + \frac{1}{2}O_2(g)$, $K_p = 8.73 \times 10^{-11}$

(2) $CO_2(g) \rightleftharpoons CO(g) + \frac{1}{2}O_2(g)$, $K_p = 6.33 \times 10^{-11}$

则反应 $CO_2(g) + H_2(g) \rightleftharpoons CO(g) + H_2O(g)$ 的 K_p 为________,K_c 为________。

2. 298 K 时,HBr(aq) 离解反应的 $\Delta G^\ominus = -58\ kJ \cdot mol^{-1}$,其 K_a 应为________,K_a 的数值说明________。

3. 1 073 K 时,反应 $CO(g) + H_2O(g) \rightleftharpoons CO_2(g) + H_2(g)$ 的 $K_c = 1$,在最初含有 1.0 mol CO(g) 和 1.0 mol $H_2O(g)$ 的混合物,经反应达到平衡时,CO 的物质的量为________ mol,其转化率为________。

4. 已知反应 $A(g) + B(g) \rightleftharpoons C(g) + D(g)$ 在 450 K 时 $K_p = 4$,当平衡压力为 100 kPa,且反应开始时,A 与 B 的物质的量相等,则 A 的转化率为________,C 物质的分压为________ kPa。

5. 反应 $X(g) + Y(g) \rightleftharpoons 4Z(g)$,$\Delta H = -45\ kJ \cdot mol^{-1}$ 处于平衡状态,当同时升高温度加入正催化剂时,正反应速度将________,化学平衡将________.

6. 反应:(a) $C + H_2O \rightleftharpoons CO + H_2$;(b) $3H_2 + N_2 \rightleftharpoons 2NH_3$,在密闭容器中进行,且呈平衡状态,当温度不变时,在上述反应里加入氮气以增加总压力,对反应(a)将________,对反应(b)将________。

7. 反应 nA(气) + mB(气) = pC(气) 达到平衡后,当升高温度时,B 的转化率变大,当减压后混合体系中 C 的百分含量减少(其他条件不变),试推测逆反应是________热反应,$m + n$________P(填 <, > 或 =),当改变下列条件(其他条件不变),填入项目的变化情况:

(1) 减压后,A 的百分含量________;加入 B 后,A 的转化率________;

(2) 升温后 [B]/[C] 将________;降温时,混合气体的平均相对分子质量将________;

(3) 使用催化剂,气体混合物的总物质的量将________。

8. 近年来,某些自来水厂在用液氯进行消毒处理时还加入少量的液氨,其反应的化学方程式为 $NH_3 + HClO \rightleftharpoons H_2O + NH_2Cl$(一氯氨),$NH_2Cl$ 较 HClO 稳定,加液氨能延长液

氯杀菌时间的原因是＿＿＿＿＿＿。

（四）计算题（原书 23 ~ 26 页的题）

1. 在某温度下密闭容器中发生如下反应：$2A(g) + B(g) \rightleftharpoons 2C(g)$，若将 2 mol A 和 1 mol B 反应，测得即将开始和平衡时混合气体的压力分别为 3×10^5 Pa 和 2.2×10^5 Pa，则该条件下 A 的转化率为多少？平衡常数 K_p 是多少？

2. 已知某反应在 25 ℃ 时，$K_p = 5.0 \times 10^{17}$，求此反应的 $\Delta G^{\ominus}$。

3. 把 3 体积 H_2 和 1 体积 N_2 混合加热，在 $10p^{\ominus}$ 条件下，达到平衡，其中 NH_3 含 3.85%（体积百分数）。计算：当压力为 $50p^{\ominus}$ 时 NH_3 占的体积百分数。（$p^{\ominus} = 101.3$ kPa）

4. 反应 $CO + H_2O \longrightarrow CO_2 + H_2$（均为气体）达到平衡时，$p_{CO} = 40$ kPa，$p_{CO_2} = 40$ kPa，$p_{H_2} = 12$ kPa，$p_{H_2O} = 20$ kPa，在恒温恒容下通入 CO 气体，$p_{H_2} = 17$ kPa，试计算新平衡下各气体的分压。

5. 设 H_2、N_2 和 NH_3 在达平衡时总压力为 500 kPa，N_2 的分压为 100 kPa，此时 H_2 的物质的量的分数为 0.40，试计算下列几种情况的 K_p 值。

（1）$N_2(g) + 3H_2(g) \rightleftharpoons 2NH_3(g)$　K_{p1}

（2）$NH_3(g) \rightleftharpoons N_2(g) + 3H_2(g)$　K_{p2}

6. 已知反应 $PCl_5(g) \rightleftharpoons PCl_3(g) + Cl_2(g)$ 523 K 时在 2 L 容器中的 0.7 mol PCl_5 有 0.5 mol 分解了，计算：

（1）该温度下反应的 K_c 和 K_p；

（2）若在上述密闭容器中又加入 0.1 mol Cl_2，PCl_5 的分解百分率是多少？

7. 物质 A 加入溶液 B 后溶液的反应呈现一级反应。如在 B 中加入 0.5 g A，然后在不同时间测其在 B 中的浓度，得到下列数据：

t/h	4	8	12	16
$C_A/(\text{mg} \cdot 100\ \text{mL})^{-1}$	0.48	0.31	0.24	0.15

$\ln c_A - t$ 的直线斜率为 -0.0979，$\ln c_{A,O} = -0.14$。

① 求反应速率常数；

② 计算半衰期；

③ 若使 B 中 A 的浓度不低于 0.37 mg/100 mL，问需几小时后第二次加入 A。

8. 某一级反应在 340 K 时完成 20% 需时 3.20 min。，而在 300 K 时同样完成 20% 需时 12.6 min，试计算该反应的实验活化能。

六、参考答案

（一）单项选择题

1. A　2. B　3. D　4. B　5. D　6. B　7. A　8. D　9. C　10. D　11. B

12. A　13. B　14. A　15. C　16. B　17. C　18. A　19. A

（二）多项选择题

1. D　2. A　3. AB　4. AC　5. A　6. CD　7. BD　8. C　9. C

（三）填空题

1. 7.25×10^{-1}　7.25×10^{-1}

2. 1.46×10^{10}　HBr(aq) 离解得很完全

3. 0.5　50%

4. 67%　33.3

5. 加快　向左移动

6. 无影响　平衡右移

7. 放　>　(1) 增加　增加　(2) 减小　减小　(3) 不变

8. 加液氨后，使 HClO 部分转化为较稳定的 NH_2Cl，当 HClO 开始消耗后，使反应 $NH_3 + HClO \longrightarrow H_2O + NH_2Cl$ 的平衡向左移动，补充消耗的 HClO，所以延长了液氯杀菌的时间。

（四）计算题（原书 23 ~ 26 页题的答案）

1. 解

$$\begin{array}{lccc} & 2A(g) & + \quad B(g) & \rightleftharpoons 2C(g) \\ 始 & 2\times10^5 & 1\times10^5 & 0 \\ 平 & (2\times10^5 - X) & (1\times10^5 - 1/2X) & X \end{array}$$

有

$$(2\times10^5 - X) + (1\times10^5 - 1/2X) + X = 2.2\times10^5$$

$$X = 1.6\times10^5\ \text{Pa}$$

$$\alpha = \frac{1.6\times10^5}{2\times10^5}\times100\% = 80\%$$

$$K = \frac{p_C^2}{p_A^2 p_B} = \frac{1.6\times10^5}{(0.4\times10^5)(0.2\times10^5)} = 8\times10^{-4}$$

2. 解　因为 $\Delta G^{\ominus} = -2.30RT\lg K_p$

所以

$$\Delta G^{\ominus} = -2.30\times8.31\times(273+25)\times\lg 5.0\times10^{17} =$$

$$100\ 813\ \text{J}\cdot\text{mol}^{-1} = 1.008\times10^2\ \text{kJ}\cdot\text{mol}^{-1}$$

3. 解　平衡时

$$p(NH_3) = 10\times3.85\% = 0.385p^{\ominus}$$

$$p(N_2) = \frac{10-0.385}{4} = 2.40p^{\ominus}$$

$$p(H_2) = 3p(N_2) = 7.2p^{\ominus}$$

$$K_p = \frac{p(NH_3)}{p(H_2)p(N_2)} = \frac{0.385}{7.2\times2.4} = 1.65\times10^{-4}$$

设 $50p^{\ominus}$ 时，NH_3 占 X

$$p = 50Xp^{\ominus}$$

$$p(N_2) = (1-X) = (12.5-12.5X)p^{\ominus}$$

$$p(H_2) = (37.5-37.5X)p^{\ominus}$$

$$\frac{(50X)}{(37.5-37.5X)\times 3\times(12.5-12.5X)}=1.65\times 10^{-4}$$

$X=0.15$，即 NH_3 占 15%.

4. **解**　$K_P=\dfrac{p(H_2)p(CO_2)}{p(CO)p(H_2O)}=0.6$

恒容下通入 CO 使 $p(H_2)$ 增大 $17-12=5$ kPa

$$p'(CO_2)=40+5=45\ \text{kPa}$$

$$p'(H_2O)=20-5=15\ \text{kPa}$$

$$K_P=\frac{p(H_2)p(CO_2)}{p(CO)p(H_2O)}$$

$$p'(CO)=\frac{p(H_2)p(CO_2)}{p(H_2O)K_p}=85\ \text{kPa}$$

5. **解**　N_2 的质量分数为 $=0.2$，则 NH_3 的质量分数为 $1-0.2-0.4=0.4$，则

$$p(NH_3)=500\times 0.4=200\ \text{kPa},p(H_2)=500\times 0.4=200\ \text{kPa}$$

(1) $K_{p1}=\dfrac{p(NH_3)}{p(H_2)P(N_2)}=\dfrac{200^2}{200^3\times 100}=5\times 10^{-5}$

(2) $K_{p2}=\sqrt{\dfrac{1}{K_{sp}}}=1.4\times 10^{-2}$

6. **解**　(1)

$$PCl_5 \rightleftharpoons PCl_3 + Cl_2$$

$$\text{平衡}\quad \frac{0.7-0.5}{2}\qquad \frac{0.5}{2}\qquad \frac{0.5}{2}$$

$$\text{即}\quad 0.1\qquad 0.25\qquad 0.25$$

$$K_c=\frac{[PCl_3][Cl_2]}{[PCl_5]}=0.625$$

$$K_p=K_c(RT)^{2-1=1}=0.625(0.082\times 523)^1=26.8$$

(2) 设有 X mol 转化为 PCl_5

$$PCl_5 \rightleftharpoons PCl_3 + Cl_2$$

$$\text{平衡}\quad \frac{0.1+X}{2}\qquad \frac{0.25-X}{2}\qquad \frac{0.25+(0.1-X)}{2}$$

$$\frac{\frac{0.25-X}{2}\frac{0.3-X}{2}}{\frac{0.1+X}{2}}=0.625$$

解得 $X=0.045$ mol。

PCl_5 的分解百分率为

$$\frac{\frac{0.25-X}{2}\times 2}{0.70}\times 100\%=65\%$$

7. **解**　设 $c_{A,0}$ 为 A 的开始浓度

① 反应速率方程积分形式 $\ln \frac{c_{A,0}}{c_A}$

$$\ln c_A = -kt + \ln c_{A,0}$$

斜率为 $-k=-0.0979, k=0.0979\ \mathrm{h^{-1}}$.

②$t_{\frac{1}{2}} = \frac{\ln 2}{k} = 7.08\ \mathrm{h}$

③$t=0$ 时,$\ln c_A = \ln c_{A,0} = -0.14$

$t = \frac{1}{k}$ 时,$\ln \frac{c_{A,0}}{c_A} = \frac{1}{0.0979}$, $\ln \frac{0.72}{0.37} = 6.8\ \mathrm{h}$

约需6.8 h后第二次加入A。

8.解　由于初始浓度和反应程程度相同,所以可以直接运用公式

$$k_1 t_1 = k_2 t_2$$

即

$$\frac{k_2}{k_1} = \frac{t_1}{t_2}$$

$$\ln \frac{k_2}{k_1} = \frac{E_a}{R}\left(\frac{T_2 - T_1}{T_2 T_1}\right)$$

$$E_a = R\left(\frac{T_2 T_1}{T_2 - T_1}\right)\ln \frac{k_2}{k_1} = R\left(\frac{T_2 T_1}{T_2 - T_1}\right)\ln \frac{t_1}{t_2} =$$

$$8.31 \times \left(\frac{30 \times 30}{30 - 34}\right) \times \ln \frac{3.2}{1.6} = 2.0\ \mathrm{J \cdot mol^{-1}}$$

(五) 课后习题答案

1.解　(1)$v = k(\mathrm{CO})(\mathrm{NO_2})$

(2)$k_{650\ \mathrm{K}} = 0.22\ \mathrm{dm^3 \cdot mol^{-1} \cdot s^{-1}}$

(3)$v = 3.5 \times 10^{-3}\ \mathrm{mol \cdot dm^{-3} \cdot s^{-1}}$

(4)$1.3 \times 10^2\ \mathrm{kJ \cdot mol^{-1}}$

2.解　$2NO(g) + Cl_2(g) \longrightarrow 2NOCl(g)$

(1) 由于上述反应为基元反应,据质量作用定律有 $v = k\,c(NO_2)c(Cl_2)$;

(2) 反应的总级数为 $n = 2 + 1 = 3$;

(3) 其他条件不变,容器的体积增加到原来的2倍时,反应物的浓度则降低为原来的1/2,$v' = k(\frac{1}{2}c(NO))^2 \times \frac{1}{2}c(Cl_2) = \frac{1}{8}k(c(NO))^2(c(Cl_2))^2 = \frac{1}{8}v$;即反应速率为原来的1/8;

(4) 若 NO 的浓度增加为原来的3倍时,则 $v'' = k(3c(NO))^2 c(Cl_2) = 9k(c(NO))^2(c(Cl_2))^2 = 9v$

即反应速率增加为原来的9倍。

3.解　$53.6\ \mathrm{kJ \cdot mol^{-1}}$

4.解　$E_a = 3\,131\ \mathrm{kJ \cdot mol^{-1}}$　$A = 2.04 \times 10^{13}$

6. 解　$K = -\dfrac{[p(CO)/p^{\ominus}][p(H_2)/p^{\ominus}]^3}{[p(CH_4)/p^{\ominus}][p(H_2O)/p^{\ominus}]}$　　$K = -\dfrac{[p(H_2O)/p^{\ominus}]^3}{[p(H_2)/p^{\ominus}]^3}$

7. 解　$K = 5.1 \times 10^8$

8. 解　$K = 9.05$

加入水蒸气，相当于要增大反应体积，因此平衡会向着体积增大的方向移动。即平衡右移，可以提高乙烯产率。

9. 解　$K^{\ominus} = 81$，SO_2 的转化率 = 80%

10. 解　(1) $NH_4HS(s) \rightleftharpoons NH_3(g) + H_2S(g)$

$$\qquad\qquad p \qquad\quad p$$

$$\frac{p^2}{(p^{\ominus})^2} = 0.07;\quad p = 26\ \text{kPa};\quad p_{总} = 2p = 52\ \text{kPa}$$

(2) $NH_4HS(s) \rightleftharpoons NH_3(g) + H_2S(g)$

$$\qquad\qquad p + 253 \qquad p$$

$$\frac{p(p + 25.3)}{(p^{\ominus})^2} = 0.07;\quad p = 17\ \text{kPa}$$

11. 解

	$PCl_5(g)$	$\rightleftharpoons$	$PCl_3(g)$	+	$Cl_2(g)$
开始 /$mol \cdot L^{-1}$	0.2				
结束 /$mol \cdot L^{-1}$	0.05		0.15		0.15

$$K = \frac{(0.15)^2}{0.05} = 0.45$$

	$PCl_5(g)$	$\rightleftharpoons$	$PCl_3(g)$	+	$Cl_2(g)$
开始 /$mol \cdot L^{-1}$	0.05		0.15		0.25
结束 /$mol \cdot L^{-1}$	$0.05 - 0.1x$		$0.15 + 0.1x$		$0.25 + 0.1x$

$$\frac{(0.25 + 0.1x)(0.15 + 0.1x)}{0.05 - 0.1x} = 0.45$$

$$x = 0.28\ \text{mol}$$

有 0.25 mol PCl_5 分解。

12. 解　(1) 减小；(2) 增大；(3) 增大；(4) 减小；(5) 增大；(6) 增大；(7) 不变；(8) 增大；(9) 增大；(10) 不变；(11) 不变。

13. 解　平衡向正方向移动。

14. 解　(1) $K = 1.05 \times 10^5$ (3) 1 (4) 正 (5) 9 : 1

15. 解　(1) 使用催化剂减压降温。(2) 使用催化剂同时使正负反应加大。

第4章　酸碱平衡

一、中学链接

1. 电解质

电解质是在溶液中或熔融态时能导电的化合物。导电的原因是其中有自由移动的离子。酸、碱都是电解质。

(1) 酸　电解质电离出的阳离子全部是 H^+ 的电解质。

(2) 碱　电解质电离时电离出的阴离子全部是 OH^- 的电解质。

(3) 盐　酸碱中和的产物,由金属阳离子和酸根阴离子组成。

(1) 强电解质

强电解质是在溶液中全部电离成离子,无电解质以分子形式存在。电离方程式用“=”表示,如 $NaCl = Na^+ + Cl^-$,强酸、强碱和大部分盐为强电解质。

(2) 弱电解质

弱电解质是在溶液中部分电离成离子,溶液中还存在未电离的电解质分子。电离方程式用“⇌”表示,如 $HAc \rightleftharpoons H^+ + Ac^-$,弱酸、弱碱和部分盐[如 Hg_2Cl_2, $Pb(Ac)_2$ 等]为弱电解质。

(3) 弱电解质的电离平衡

弱电解质在电离过程中建立的平衡。

(4) 电离度

电离平衡时弱电解质已电离的分子数占原弱电解质分子总数的百分比。

书写离子方程式时应遵循下列原则:

① 凡是弱电解质(包括弱酸、弱碱和水)难溶物和气体都应写分子式;

② 只有易溶强电解质要写成离子;

③ 未参加反应的离子都不写入;

④ 离子方程配平时,不仅离子个数要配平,电荷数也要配平。

2. 水的电离和溶液的 pH 值

(1) 水的电离

水也是弱电解质,在 25 ℃ 时 $H_2O \rightleftharpoons H^+ + OH^-$

$$[H^+] = [OH^-] = 10^{-7}\ mol \cdot L^{-1}$$

$$平衡常数\ K_W^{\ominus} = [H^+] \times [OH^-] = 10^{-14}$$

$$pH = -\lg[H^+] = -\lg 10^{-7} = 7$$

(2) 溶液的 pH 值

$$pH = -\lg[H^+] = -\lg\left\{\frac{K_W^\ominus}{OH^-}\right\}$$

在 25 ℃ 时,水溶液的酸碱性和 H^+、OH^- 浓度的关系归纳如下:

$c(H^+) = c(OH^-) = 10^{-7}\ mol \cdot L^{-1}$ $pH = 7.0$ 溶液为中性

$c(H^+) > c(OH^-)$ $c(H^+) > 10^{-7}\ mol \cdot L^{-1}$ $pH < 7.0$ 溶液为酸性

$c(H^+) < c(OH^-)$ $c(H^+) < 10^{-7}\ mol \cdot l^{-1}$ $pH > 7.0$ 溶液为碱性

3. 盐类水解

(1) 原理

盐的("弱")离子与水电离出的 H^+ 或 OH^- 结合成弱电解质,从而破坏水的电离平衡。

(2) 类型

① 强碱弱酸盐,如 NaAc,$Ac^- + H_2O \rightleftharpoons HAc + OH^-$ 水解后溶液呈碱性。

② 强酸弱碱盐,如NH_4Cl,$NH_4^+ + H_2O \rightleftharpoons NH_3 \cdot H_2O^+ H^+$ 水解后溶液呈酸性。

③ 弱酸弱碱盐,如NH_4Ac,$NH_4^+ + Ac^- + H_2O \rightleftharpoons HAc + NH_3 \cdot H_2O$ 水解后溶液的酸碱性由弱酸弱碱的相对强度而定。

(3) 特点

吸热,一般程度较小(除双水解)。

二、教学基本要求

熟悉弱酸、弱碱水溶液的质子转移平衡,水溶液中酸碱各种组分的水分布系数及分布图,各类酸、碱及缓冲溶液 pH 的计算方法;了解各类离子与水的作用机理,酸碱指示剂的作用原理、变色点和变色范围,强酸(碱)和一元弱碱(弱酸),二元弱碱(弱酸)的滴定曲线、滴定突跃大小及其影响因素、选择原则,酸性增强技术,滴定方式及应用实例。

三、内容精要

1. 弱电解质的解离平衡

(1) 解离平衡

弱电解质在水溶液中只是部分电离,绝大部分仍以未电离的分子状态存在,因此在弱电解质溶液中,始终存在着已电离的弱电解质的离子和未电离的弱电解质分子之间的平衡,这种平衡称为解离平衡。

(2) 解离常数

一般用K_a表示弱酸的解离常数,K_b表示弱碱的解离常数。K_i具有一般平衡常数的特性,对于给定电解质来说,它与温度有关,与浓度无关。

如醋酸(HAc)在水溶液中存在解离平衡,即

$$HAc \rightleftharpoons H^+ + A^-$$

解离常数

$$K_i = \frac{c(H^+)c(Ac^-)}{c(HAc)}$$

(3) 解离度α

$$\alpha = \frac{\text{已解离的电解质分子数}}{\text{溶液中原有电解质分子数}} \times 100\%$$

(4) 同离子效应和盐效应

在弱电解质中加入一种含有相同离子(阳离子或阴离子)的强电解质,使电离平衡发生移动,降低弱电解质解离度的作用,称为同离子效应。

在弱电解质溶液中加入不含相同离子的强电解质时,由于溶液中离子间的相互牵制作用增强,表现出弱电解质的解离度略有所增加,这种效应称为盐效应。

(5) 多元弱酸的解离平衡

含有一个以上可置换的氢原子的酸称为多元酸。多元酸的解离是分级进行的,每一级都有一个解离常数。

2. 电解质溶液

(1) 表观解离度

在强电解质溶液中,离子浓度很大,离子间静电引力作用使每一个离子的周围吸引一定数量的带相反电荷的离子,形成了某一离子被相反电荷离子包围着的"离子氛",而且离子浓度越大,离子与它的离子氛之间的作用越强,所以从实验测得的"解离度",并非真正的解离度,称之为表观解离度。

(2) 离子的活度和活度系数

电解质溶液中能有效地自由运动的离子的浓度称为离子有效浓度,或称为活度,通常用 a 表示。它和离子的真实浓度 c 之间的关系为

$$a = f \cdot c$$

式中,f 为活度系数,一般 $a < c$,所以 $f < 1$,活度系数 f 反映了溶液中离子间相互牵制作用的强弱。

(3) 离子强度

离子强度 I 的定义为

$$I = \frac{1}{2}\sum_i b_i z_i^2$$

式中,b_i 为溶液中 i 种离子的质量摩尔浓度,$mol \cdot kg^{-1}$;z_i 为溶液中 i 种离子的电荷数。

3. 溶液的酸碱性

(1) 水的解离平衡

① 水的离子积为

$$K_w = \frac{c(H^+)}{c}\frac{c(OH^-)}{c} = 1.0 \times 10^{-14}$$

② 溶液的 pH 值定义为

$$pH = -\lg\left\{\frac{c(H^+)}{c}\right\}$$

pH 值的常用范围是 0 ~ 14 之间，中性溶液的 $pH = 7$，酸性溶液的 $pH < 7$，碱性溶液的 $pH > 7$。当溶液的 $pH < 0$ 或 $pH > 14$，就直接用 $c(H^+)$ 或 $c(OH^-)$ 来表示溶液的酸碱性。

③ 盐类水溶液的酸碱性：

（Ⅰ）强碱弱酸盐水解。

（Ⅱ）强酸弱碱盐水解。

（Ⅲ）弱酸弱碱盐水解。

(2) 水解常数和水解度

① 水解常数：

一元强碱弱酸盐水解常数为

$$K_h = \frac{K_w}{K_a}$$

一元强酸弱碱盐的水解常数为

$$K_h = \frac{K_w}{K_b}$$

一元弱酸弱碱盐的水解常数为

$$K_h = \frac{K_w}{K_a K_b}$$

多元弱酸强碱盐的水解：多元弱酸强碱盐是分级水解的，由于 $K_{a1} \gg K_{a2}$，所以 $K_{h1} \gg K_{h2}$，因此只需考虑第一级水解，第二级水解可忽略不计。

② 水解度为

$$h = \frac{\text{已水解的盐浓度}}{\text{盐的初始浓度}} \times 100\%$$

(3) 盐溶液 pH 值的近似计算

盐溶液 pH 值的计算，虽属水解平衡计算范畴，但只要计算出盐的水解常数，用 K_h 来代替前面公式中的 K_a 或 K_b 即可，具体方法与电离平衡计算相同。

3. 影响盐类水解因素

(1) 盐类本性。

(2) 盐的浓度。

(3) 温度。

(4) 同离子效应。

4. 缓冲溶液

溶液能对抗外来少量强酸、强碱或稍加稀释，而使其 pH 值基本上保持不变的作用，叫缓冲作用。具有缓冲作用的溶液称为缓冲溶液。

(1) 缓冲溶液的原理

缓冲溶液是由共轭酸碱对组成，其中同时存在着弱酸（或弱碱）的电离平衡和其共轭碱（或其共轭酸）的电离平衡，由于同离子的存在，在缓冲溶液中存在着大量的弱酸和弱碱成分，它们分别充当了抗 OH^- 和抗 H^+ 成分，当外界加入少量 H^+，弱碱就将其消耗了，弱碱就转变为其共轭酸；同样，加入少量 OH^-，弱酸就将其消耗了，弱酸就转变为其共轭碱；由于缓冲溶液的 pH 值的变化主要由弱酸和共轭碱的比值决定，因此在缓冲溶液中加入少量强酸或强碱稍加稀释，其 pH 值基本上保持不变。

(2) 缓冲溶液 pH 值的计算

对于弱酸及其盐所组成的缓冲溶液，其 pH 值的计算公式为

$$pH = pK_a - \lg\frac{c(\text{酸})}{c(\text{盐})}$$

对于弱碱及其盐所组成的缓冲溶液，其 pH 值的计算公式为

$$pH = 14 - pK_b + \lg\frac{c(\text{碱})}{c(\text{盐})}$$

(3) 缓冲溶液的选择和配制

缓冲溶液的 pH 值取决于 pK_a（或 pK_b）以及酸（或碱）与盐的浓度比。当缓冲溶液的体系确定后，K_a（K_b）就确定了，通过改变 c(酸)/c(碱) 或 c(碱)/c(盐) 的比值（通常在 0.1 ~10 之间变化），便可得到不同 pH 值的缓冲溶液。

对于弱酸及其弱酸盐所组成的缓冲溶液，一般有

$$pH = pK_a \pm 1.00$$

由上述关系可知，选择和配制缓冲溶液的方法是：根据要求选择与所需 pH 值相近的一种 pK_a 弱酸及其弱酸盐（或与所需 pOH 相近的一种 pK_b 弱碱及弱碱盐）为缓冲溶液，再调节 c(酸)/c(碱)（或 c(碱)/c(盐)）的比值达到所要求的 pH 值。

5. 酸碱理论

(1) Arrbenius 酸碱电离理论

能在水中电离出 H^+ 且电离出的全部阳离子都是 H^+ 的物质为酸；能在水中电离出 OH^- 且电离出的全部阴离子都是 OH^- 的物质是碱。酸碱中和反应的实质是 H^+ 和 OH^- 结合成水。Arrbenius 酸碱电离理论只适用于水溶液。

(2) 酸碱质子理论

酸碱质子理论认为，凡是能给出质子的物质（分子或离子）就是酸，凡是能接受质子的物质就是碱。简单地说，酸是质子的给体，碱是质子的受体。酸碱质子理论对酸碱的区别是以质子 H^+ 为判据的，不仅适用于水溶液，而且适用于非水体系。

酸给出质子的过程一般是可逆的，酸给出质子后，剩余的部分必有接受质子的能力，都是碱，所以酸与对应的碱的辩证关系可表示为

$$\text{酸} \rightleftharpoons \text{质子} + \text{碱}$$

酸碱这种相互依存、相互转化的关系称为酸碱的共轭关系，酸失去质子后形成的碱称为该酸的共轭碱。碱结合质子后形式的酸称为该碱的共轭酸，酸与其共轭碱（或碱与其共轭酸）组成一个共轭酸碱对。

(3) 酸碱反应的实质

酸碱质子理论认为：酸碱反应的实质是两个共轭酸碱对之间的质子传递反应，即

$$\text{酸}1 + \text{碱}2 \rightleftharpoons \text{酸}2 + \text{碱}1 \quad (H^+)$$

质子的传递过程并不要求必须在水溶液中进行，酸碱反应也可在非水溶液、无溶剂条件下进行。同时电离、中和和水解反应都可归为质子酸碱反应。

6. 沉淀溶解平衡和溶度积

(1) 溶度积

在固体难溶电解质的饱和溶液中，存在着的电解质与由它解离产生的离子之间的平衡，称为沉淀溶液平衡，其平衡常数 K 称为溶度积常数，简称溶度积，记为 K_{sp}。

对于一般的沉淀反应

$$A_nB_m(s) \rightleftharpoons nA^{m+}(aq) + mB^{n-}(aq)$$

溶度积通式为

$$K_{sp}(A_nB_m) = \left\{\frac{c(A^{m+})}{c}\right\}^n \left\{\frac{c(B^{n-})}{c}\right\}^m$$

由于 $c = 1\ \text{mol} \cdot \text{dm}^{-3}$，所以

$$K_{sp}(A_nB_m) = \{c(A^{m+})\}^n\{c(B^{n-})\}^m$$

(2) 溶解度和溶度积的相互换算

任一 A_nB_m 型难溶强电解质，其溶解度和溶度积的关系为

$$A_nB_m(s) \rightleftharpoons nA^{m+}(aq) + mB^{n-}(aq)$$

平衡离子浓度 $\qquad ns \qquad ms$

$$K_{sp}(A_nB_m) = c^n(A^{m+})c^m(B^{n-}) = (ns)^n(ms)^m = m^m n^n s^{m+n}$$

$$s = \sqrt[m+n]{\frac{K_{sp}(A_nB_m)}{m^m n^n}}$$

(3) 溶度积规则

根据吉布斯自由能变判据

$$\Delta G = RT\ln\frac{Q}{K}\begin{cases} <0 & \text{反应正向进行} \\ =0 & \text{反应处于平衡状态} \\ >0 & \text{反应逆向进行}\end{cases}$$

应用于沉淀 - 溶解平衡

$$AnBm(s) \rightleftharpoons nA^{m+}(aq) + mB^{n-}(aq)$$

此时 $Q = \{c(A^{m+})\}^n\{c(B^{n-})\}^m$，$Q$ 和 K_{sp} 表达式相近，但意义不同，Q 称为离子积（又称反应商），表示在任何情况下的溶液中离子浓度的乘积，而 K_{sp} 是指难溶电解质和溶液中的离子达到平衡（饱和溶液）时的离子浓度的乘积，K_{sp} 是平衡条件下的 Q。

① 当 $Q < K_{sp}$ 时，$\Delta G < 0$，溶液为不饱和溶液，无沉淀析出，若已有沉淀存在时，沉淀将会溶解。

②$Q = K_{sp}$ 时，$\Delta G = 0$，达到动态平衡，溶液恰好饱和，无沉淀析出，或饱和溶液和未溶固体建立平衡。

③$Q > K_{sp}$ 时，$\Delta G > 0$，溶液为过饱和溶液，沉淀从溶液中析出。

7. 沉淀的生成和溶解

（1）沉淀的生成

① 加入沉淀剂使沉淀析出：根据溶度积规则，在某难溶电解质溶液中，加入沉淀剂，使得 $Q > K_{sp}$，就有该物质的沉淀生成。

② 同离子效应：在难溶的强电解质的饱和溶液中，加入具有相同离子的易溶强电解质，难溶电解质的多相离子平衡将发生移动，如同弱酸或弱碱溶液中的同离效应一样，使难溶强电解质的溶解度减小。

③ 盐效应：因加入易溶强电解质而使难溶电解质溶解度增大的效应，称为盐效应。

④pH 值对沉淀反应的影响：某些难溶电解质如氢氧化物和硫化物，它们的溶解度与溶液的酸度有关，因此控制溶液的 pH 值就可以促使某些沉淀生成。

⑤ 分步沉淀：如果在溶液中有两种或两种以上的离子都能与加入的试剂发生沉淀反应，它们将根据溶度积的大小而先后生成沉淀。

（2）沉淀的溶解

① 酸碱溶解法：利用酸、碱或某些盐类（如铵盐）与难溶电解质组分离子结合成弱电解质（包括弱酸、弱碱和水），以溶解某些弱碱盐、弱酸盐、酸性或碱性氧化物和氢氧化物等难溶物的方法，称为酸碱溶解法。

② 氧化还原法：有些金属硫化物，其溶度积特别小，在饱和溶液中，S^{2-} 浓度特别小，不能溶于非氧化性强酸，只能用强氧化酸将 S^{2-} 氧化，降低其浓度，以达到溶解沉淀的目的。

③ 配位溶解法：通过加入配位剂，使难溶电解质的组分离子形成稳定的配离子，降低难溶电解质组分离子的浓度，从而使其溶解。

（3）沉淀的转化

在含有沉淀的溶液中，加入相应试剂使一种沉淀转化为另一种沉淀的过程，称为沉淀的转化。

四、典型例题

例 4.1 写出下列各种物质的共轭酸。

CO_3^{2-}　　HS^-　　H_2O　　HPO_4^{2-}　　S^{2-}　　$[Al(OH)(H_2O)_5]^{2+}$

解 HCO_3^-　　H_2S　　H_3O^+　　$H_2PO_4^-$　　HS^-　　$[Al(H_2O)_6]^{3+}$

例 4.2 写出下列各种物质的共轭碱

H_3PO_4　HAc　HS^-　HNO_3　$HClO$　H_2CO_3　$[Zn(H_2O)_6]^{2+}$

解 $H_2PO_4^-$　Ac^-　S^{2-}　NO_3^-　ClO^-　HCO_3^-　$[Zn(OH)(H_2O)_5]^+$

例 4.3 已知 298 K 时某一元弱酸的 $0.010\ mol \cdot dm^{-3}$ 水溶液的 pH = 4.00。求 $K_a^\ominus$ 和解离度 α。

解 由 pH = 4.00 知 $c(H^+) = 1.0 \times 10^{-4}\ mol \cdot dm^{-3}$

则 $\alpha = c(H^+)/c_0 = 1.0 \times 10^{-4}\ mol \cdot dm^{-3}/0.010\ mol \cdot dm^{-3} = 1\% < 5\%$

可用最简式计算

$$K_a^{\ominus} = [c(H^+)/c_0]/(c_0/c^{\ominus}) = 1.0 \times 10^{-6}$$

例4.4 将50 mL含0.95 g $MgCl_2$的溶液与等体积的1.80 $mol \cdot dm^{-3}$氨水混合，问在所得的溶液中应加入多少克固体NH_4Cl才可防止$Mg(OH)_2$沉淀生成？

解 $Mg(OH)_2$的电离平衡为

$$Mg(OH)_2 \rightleftharpoons Mg^{2+}(aq) + 2OH^-(aq)$$

$MgCl_2$的摩尔质量为95.21 $g \cdot mol^{-1}$，溶度积$K_{sp}^{\ominus}$为5.61×10^{-12}，混合后总体积为100 mL，则

$$c(Mg^{2+}) = 0.95\ g/(95.21\ g \cdot mol^{-1} \times 0.1\ dm^{-3}) = 0.10\ mol \cdot dm^{-3}$$

$$c(NH_3 \cdot H_2O) = 1.80 \times 0.050/0.10 = 0.90\ mol \cdot dm^{-3}$$

要使$Mg(OH)_2$沉淀生成，所需的$c(OH^-)$为

$$c(OH^-)/c^{\ominus} = [K_{sp}^{\ominus}(Mg(OH)_2)/c(Mg^{2+})]^{1/2} = 7.5 \times 10^{-6}$$

$$c(OH^-) = 7.5 \times 10^{-6}\ mol \cdot dm^{-3}$$

$NH_3 \cdot H_2O$的电离平衡为

$$NH_3 \cdot H_2O \rightleftharpoons NH_4^+ + OH^-$$

$$K^{\ominus}(NH_3 \cdot H_2O) = [c(NH_4^+)/c^{\ominus}][c(OH^-)/c^{\ominus}]/[c(NH_3 \cdot H_2O)/c^{\ominus}] = 1.8 \times 10^{-5}$$

$$c(NH_4^+)/c^{\ominus} = 1.8 \times 10^{-5} \times 0.90\ mol \cdot dm^{-3}/7.5 \times 10^{-6}\ mol \cdot dm^{-3} = 2.2$$

$$c(NH_4^+) = 2.2\ mol \cdot dm^{-3}$$

为防止$Mg(OH)_2$沉淀生成应加入固体NH_4Cl的量为

$$m = 2.2 \times 0.100 \times 53.49 = 11.8\ g$$

例4.5 向含有0.25 $mol \cdot dm^{-3}$的NaCl和0.005 $mol \cdot dm^{-3}$的KBr的混合溶液中缓慢滴加$AgNO_3$溶液。试问：

(1) 先生成何种沉淀？

(2) Cl^-、Br^-能否用分步沉淀的方法得到分离（可忽略加入$AgNO_3$溶液引起的体积变化）？

解 (1) 开始沉淀时，需要的$c(Ag^+)$为

$$AgCl: c(Ag^+)/c^{\ominus} = K_{sp}^{\ominus}(AgCl)/[c(Cl^-)/c^{\ominus}] = 1.77 \times 10^{-10}/0.250 = 7.08 \times 10^{-10}$$

$$c(Ag^+) = 7.08 \times 10^{-10}\ mol \cdot dm^{-3}$$

$$AgBr: c(Ag^+)/c^{\ominus} = K_{sp}^{\ominus}(AgBr)/[c(Br^-)/c^{\ominus}] = 5.35 \times 10^{-13}/0.005 = 1.1 \times 10^{-10}$$

$$c(Ag^+) = 1.1 \times 10^{-10}\ mol \cdot dm^{-3}$$

因生成AgBr沉淀所需$c(Ag^+)$小，故先生成AgBr沉淀。

(2) 当有AgCl沉淀生成时，溶液中$c(Ag^+)$至少要达到$7.08 \times 10^{-10}\ mol \cdot dm^{-3}$，此时溶液中$c(Br^-)$为

$$c(Br^-)/c^{\ominus} = K_{sp}^{\ominus}(AgBr)/[c(Ag^+)/c^{\ominus}] = 5.35 \times 10^{-13}/7.08 \times 10^{-10} = 7.56 \times 10^{-4}$$

$$c(Br^-) = 7.56 \times 10^{-4}\ mol \cdot dm^{-3}$$

一般沉淀离子浓度小于$1 \times 10^{-5}\ mol \cdot dm^{-3}$时，即可认为沉淀完全。而产生AgCl沉淀

时，还有7.56×10^{-4} mol·dm^{-3}的Br^-未被沉淀，故用分步沉淀的方法不能使Cl^-、Br^-得到分离。

例 4.6 某弱酸的 $pK_a = 9.21$，现有共轭碱 NaA 溶液 20.00 mL，它的浓度为 0.100 0 mol·dm^{-3}，当用 0.100 0 mol·dm^{-3} HCl 溶液滴定时，化学计量点的 pH 值为多少？化学计量点附近的滴定突跃为多少？应选用何种指示剂指示终点？

解

$$NaA + HCl \longrightarrow NaCl + HA$$

(1) 化学计量点时生成的 HA 为一元弱酸，可按一元弱酸的 pH 值计算公式计算，即

$$c(HA) \approx 0.1/2 = 0.05 \text{ mol} \cdot \text{dm}^{-3}$$

$$c(H^+) = \sqrt{c(HA)K_a} = \sqrt{0.05 \times 10^{-9.21}} = 5.56 \times 10^{-6} \text{ mol} \cdot \text{dm}^{-3}$$

$$pH = 5.26$$

(2) 滴定不足 0.1% 到过量 0.1% 称为滴定突跃。

a. 滴定不足 0.1% 时溶液的 pH 值计算如下：

化学计量点前，溶液中存在 HA 和 NaA，构成缓冲溶液，则

$$c(HA) = \frac{19.98 \times 0.1}{19.98 + 20.00} = 5.00 \times 10^{-2} \text{ mol} \cdot \text{dm}^{-3}$$

$$c(NaA) = \frac{0.02 \times 0.1}{19.98 + 20.00} = 5.00 \times 10^{-5} \text{ mol} \cdot \text{dm}^{-3}$$

$$pH = pK_a - \lg\frac{5 \times 10^{-2}}{5 \times 10^{-5}} = 6.21$$

化学计量点后，应 HCl 过量，故溶液呈现酸性。

$$c(H^-) = \frac{0.02 \times 0.1}{20.02 + 20.00} = 5.00 \times 10^{-5} \text{ mol} \cdot \text{dm}^{-3}$$

$$pH = 4.30$$

因此化学计量点附近的滴定突跃为 6.21 ~ 4.30，应选用甲基红指示剂。

例 4.7 工业用 NaOH 常含有 Na_2CO_3，今取试样 0.800 0 g，溶于新煮沸除去 CO_2 的水中，用酚酞作为指示剂，用 0.300 0 mol·dm^{-3} 的 HCl 溶液滴至红色消失，需 30.50 mL，再加入甲基橙作为指示剂，用上述 HCl 溶液继续滴至橙色，消耗 HCl 2.50 mL，求试样中 $W(NaOH)$ 和 $W(Na_2CO_3)$。

解 $w(Na_2CO_3) = m(Na_2CO_3)/m_s = n(Na_2CO_3)M(Na_2CO_3)/m_s =$

$c(HCl)V(HCl)M(Na_2CO_3)/m_s =$

$0.300\,0 \times 2.5 \times 10^{-3} \times 105.99/0.800\,0 = 0.099\,4 = 9.94\%$

$w(NaOH) = m(NaOH)/m_s = [c(HCl)V_1(HCl) - c(HCl)V_2(HCl)] \cdot M(NaOH)/m_s =$

$[0.300\,0 \times (30.50 - 2.50) \times 10^{-3}] \cdot 84.01/0.800\,0 = 0.882\,1 = 88.21\%$

例 4.8 在下列物质中，哪些不能用标准碱直接滴定？

(1) NaAc（HAc 的 $K_a = 1.8 \times 10^{-5}$）

(2) NH_4Cl（NH_3 的 $K_b = 1.8 \times 10^{-5}$）

(3) Na_2S（H_2S 的 $K_{a1} = 1.3 \times 10^{-7}$，$K_{a2} = 7.1 \times 10^{-15}$）

(4) $H_2C_2O_4$（$H_2C_2O_4$ 的 $K_{a1} = 5.9 \times 10^{-2}$，$K_{a2} = 6.4 \times 10^{-5}$）

解 (1)、(3) 中的 Ac^- 和 S^{2-} 本身是碱,不可能被标准碱直接滴定。而(2) 中的 NH^{4+} 是弱酸,$K_a = K_w/K_b = 5.6 \times 10^{-10}$,因为 NH_4Cl 的浓度不可能配成100 mol · dm^{-3},所以$K_a \cdot c < 10^{-8}$,因此 NH^{4+} 不能被标准碱直接滴定。(4) 中的 $H_2C_2O_4$,因为 $K_{a1} \gg K_{a2} \gg 10^{-8}$,浓度一般为0.1 mol · dm^{-3},所以 $K_a \cdot c > 10^{-8}$,因此 $H_2C_2O_4$ 可以准确测定。根据题意,不能用标准碱直接滴定的是(1)、(2) 和(3)。

五、训 练 题

(一) 选择题

1. 下列各物质间不是酸碱共轭对的是(　　)。

A. H_3O^+,OH^-　　B. $CH_3NH_3^+$,CH_3NH_2　　C. NH_3,NH_4^+　　D. NH_3,NH_2^-

2. pH 值为3 的 H_2SO_4 溶液和pH 值为10 的 NaOH 溶液相混合,若使混合后溶液的pH值为7,则 H_2SO_4 溶液和 NaOH 溶液的体积比为(　　)。

A. 1 ∶ 2　　B. 1 ∶ 10　　C. 1 ∶ 12　　D. 1 ∶ 20

3. 下列说法中正确的是(　　)。

A. 滴定过程中,指示剂发生颜色的改变即为化学计量点

B. 精密度越高,准确度就越高

C. 标定 NaOH 溶液时,可以用邻苯二甲氢钾作为一级标准物质

D. 新配制的 $KMnO_4$ 溶液即可进行标定

4. 用0.100 0 mol · dm^{-3} 的 NaOH 滴定0.1 mol · dm^{-3} 的 HAc 时,应选用的指示剂是(　　)。

A. 甲基橙(3.1 ~ 4.4)　　B. 甲基红(4.4 ~ 6.2)

C. 溴酚红(5.0 ~ 6.8)　　D. 酚酞(8.0 ~ 9.6)

5. 0.10 mol · dm^{-3} 的 $NH_3 \cdot H_2O$($K_b^\ominus$ 为1.8×10^{-5})40.0mL 与0.10 mol · dm^{-3} 的 HCl 20.0 mL 混合,所得溶液的 pH 值约为(　　)。

A. 9.25　　B. 2.25　　C. 4.75　　D. 6.75

6. 将 pH = 1.0 和 pH = 4.0 的两种盐酸溶液等体积混合,所得溶液的 pH 值为(　　)。

A. 2.5　　B. 1.25　　C. 2.0　　D. 1.3

7. 下列 Lewis 碱强度由大到小排序正确的是(　　)。

A. CH_3NH_2,NH_3,NH_2OH　　B. NH_2OH,NH_3,CH_3NH_2

C. NH_3,CH_3NH_2,NH_2OH　　D. NH_3,NH_2OH,CH_3NH_2

8. 两种酸 H_xRO_m 和 H_yRO_n 的相对分子质量分别为 M_1 和 M_2,若用等量的碱分别中和这两种酸,则消耗 H_xRO_m 和 H_yRO_n 的质量比为(　　)。

A. y/x　　B. M_2/M_1　　C. $(xM_2)/(yM_1)$　　D. $(yM_1)/(xM_2)$

9. 在0.001 mol · kg^{-3} 的 Na_2S 溶液中,水解度为(　　)。

已知:$K_{a1}^\ominus = 9.1 \times 10^{-8}$,$K_{a2}^\ominus = 1.0 \times 10^{-19}$

A. 95%　　B. 85%　　C. 75%　　D. 65%

10. 下列措施中,可以使弱酸强碱盐和弱碱强酸盐的水解度都增大的是(　　)。

A. 升高温度　　B. 降低温度

C. 增加盐的浓度　　D. 升高溶液的 pH 值

(二) 填空题

1. 根据质子理论,强酸与强碱作用生成_________。

2. 缓冲溶液的 pH 值首先决定于_________和_________的大小,其次才与_________有关。缓冲溶液的缓冲容量一般表示为_________和_________。当_________时,缓冲溶液具有最大的缓冲容量。若在一定的范围内稀释缓冲溶液,则_________无变化。

3. 向 $0.1\ mol \cdot dm^{-3}$ 的 NaAc 溶液中加入 1 滴酚酞试液时,溶液呈_________色;当把溶液加热至翻腾时,溶液的颜色将_________,这是因为_________。

4. NaOH 标准溶液吸收了空气中的 CO_2,当将其用于滴定强酸时,将使滴定结果_________。

5. 写出 $HCO_3^-(K_{a2}^{\ominus} = 5.6 \times 10^{-11})$、$H_2PO_4^-(K_{a2}^{\ominus} = 2.6 \times 10^{-7})$、$HF(K_{a1}^{\ominus} = 3.5 \times 10^{-4})$ 的共轭碱并将它们按碱性从强到弱的顺序排列_________。

6. 将 $0.1\ mol \cdot dm^{-3}$ 的 HAc 与 $0.1\ mol \cdot dm^{-3}$ 的 NaAc 混合溶液加水稀释至原体积的 2 倍时,其 $c(H^+)$ 和 pH 值的变化分别为_________和_________。

7. 某难溶电介质 A_3B_2 在水中的溶解度 $S = 1.0 \times 10^{-6}\ mol \cdot dm^{-3}$,则在其饱和水溶液中 $c(A^{2+})$ 为_________,$c(B^{3-})$ 为_________,$K_{sp}^{\ominus}(A_3B_2)$ 为_________。(假设 A_3B_2 溶解后完全离解,且无副反应发生。)

8. 相同浓度的 NH_4Ac、$NaHCO_3$、NaH_2PO_4 和 NH_4Cl 水溶液中,pH 值最大的是_________。

9. 现有 $BaSO_4$ 多相平衡体系,如加入 $BaCl_2$ 溶液,则由于_________效应,溶解度将_________,如加入 NaCl 溶液,则由于_________效应,溶解度将_________。

10. 对同一类型的难溶电介质,在被沉淀离子浓度_________的情况下,溶解度_________的首先析出沉淀,然后才是溶解度_________的析出沉淀。

11. 向浓度均为 $0.01\ mol \cdot dm^{-3}$ 的 KBr、KCl、K_2CrO_4 的混合溶液中逐滴加入 $0.01\ mol \cdot dm^{-3}$ 的 $AgNO_3$ 溶液,析出沉淀的先后顺序为_________。

(三) 判断题

1. 凡是多元弱酸,其酸根的浓度近似等于其最后一级电离常数。(　　)

2. 在 $0.1\ mol \cdot dm^{-3}$ 的 HCl 溶液中通入 H_2S 至饱和,溶液中 $c(S^{2-}) = K_{a2}^{\ominus}$。(　　)

3. 中和等体积、相同 pH 值的 HCOOH 及 CH_3COOH 溶液所需相同浓度的标准 NaOH 溶液的量相同。(　　)

4. 已知 H_3PO_4 的 $K_{a1}^{\ominus} = 7.5 \times 10^{-3}$,$K_{a2}^{\ominus} = 6.2 \times 10^{-8}$,$K_{a3}^{\ominus} = 2.2 \times 10^{-13}$,由总浓度一定的 HPO_4^{2-}—PO_4^{3-} 缓冲对组成的缓冲溶液,缓冲能力最大的 pH 值为 12.2 ±1。(　　)

5. 常温下测得 $0.1\ mol \cdot dm^{-3}$ 的甲酸溶液的 pH 值为 4.30,则甲酸的解离度为 0.50%。(　　)

6. 体积相等的0.1 $mol \cdot dm^{-3}$ 的 NaOH 和0.2 $mol \cdot dm^{-3}$ 的 HA($K_a^\ominus = 10^{-5}$) 混合，pH < 5。(　　)

7. 溶液中若不存在同离子效应，也就不会构成缓冲溶液。(　　)

8. 在 Na_2CO_3 溶液中通入 CO_2 气体，便可得到一种缓冲溶液。(　　)

9. 在 HAc—Ac^- 共轭碱对中，HAc 是弱酸，Ac^- 是强碱。(　　)

10. 三元弱酸溶液中，弱酸酸根离子的浓度在数值上不等于 $K_{a3(H_3A)}^\ominus$。(　　)

(四) 问答题

1. 氢硫酸的酸性比氨强，那么它们共轭碱的强度如何?

2. 如何配制 1 L pH = 5.0，且具有一定缓冲作用的缓冲溶液?

3. 简述质子理论要点。

4. 沉淀转化的条件是什么? 为什么 $BaSO_4$ 沉淀可以转化为 $BaCO_3$ 沉淀?

5. 产生共沉淀的原因有哪些? 如何减小共沉淀?

(五) 计算题

1. (1) 计算 c(HAc) = 0.80 $mol \cdot dm^{-3}$ 的醋酸溶液中醋酸的解离度。

(2) 计算 0.80 $mol \cdot dm^{-3}$ 的 HAc - 0.10 $mol \cdot dm^{-3}$ NaAc 溶液中醋酸的解离度。

2. 已知 HAc 溶液的浓度为 0.20 $mol \cdot dm^{-3}$,

(1) 求该溶液中的 $c(H^+)$，pH 值和解离度;

(2) 在上述溶液中加入 NaAc 晶体，使其溶解的 NaAc 的浓度为 0.20 $mol \cdot dm^{-3}$，求所得溶液中 $C(H^+)$，pH 值和 HAc 解离度;

(3) 比较上述(1)(2) 两小题得计算结果，说明什么问题?

3. 现有 125 cm^3 1.0 $mol \cdot dm^{-3}$ NaAc 溶液，欲配制 250 cm^3 pH 值为 5.0 的缓冲溶液，需加入 6.0 $mol \cdot dm^{-3}$ HAc 溶液多少 cm^3?

4. 将 $Pb(NO_3)_2$ 溶液与 NaCl 溶液混合，设混合液中 $Pb(NO_3)_2$ 的浓度为 0.20 $mol \cdot dm^{-3}$，问

(1) 当在混合溶液中 Cl^- 的浓度等于 5.0×10^{-4} $mol \cdot dm^{-3}$ 时，是否有沉淀生成?

(2) 当在混合溶液中 Cl^- 的浓度等于多少时，开始生成沉淀?

(3) 当在混合溶液中 Cl^- 的浓度等于 6.0×10^{-2} $mol \cdot dm^{-3}$ 时，残留于溶液中 Pb^{2+} 的浓度为多少?

5. (1) 在 10 cm^3、1.5×10^{-3} $mol \cdot dm^{-3}$ $MnSO_4$ 溶液中，加入 5.0 cm^3 0.15 $mol \cdot dm^{-3}$ 氨水溶液，能否生成 $Mn(OH)_2$ 沉淀?

(2) 若在原 $MnSO_4$ 溶液中，先加入 0.495g $(NH_4)_2SO_4$ 固体(忽略体积变化)，然后再加入上述氨水 5.0 cm^3，能否生成 $Mn(OH)_2$ 沉淀?

6. 引发剂的分解反应为一级反应。现用苯乙烯的甲苯溶液，以偶氮二异丁氰为引发剂，在 70 ℃ 下进行聚合。已知该反应的速率常数 $k_2 = 4.0 \times 10^{-5} s^{-1}$，反应活化能 E_a = 121.3 $kJ \cdot mol^{-1}$。试求:(1)50 ℃ 下聚合反应的速率常数 k_1;(2)50 ℃ 和 70 ℃ 时引发剂的半衰期 $t_{1/2}$。

六、参考答案

（一）选择题

1. A　2. B　3. C　4. D　5. A　6. D　7. A　8. D　9. A　10. A

（二）填空题

1. 弱酸与弱碱

2. pK_a　pK_b　$c_{酸}/c_{盐}$和$c_{碱}/c_{盐}$　$pK_a \pm 1$　$pK_b \pm 1$　$c_{酸}/c_{盐}$(或$c_{碱}/c_{盐}$) = 1　pH值

3. 浅红　变深　温度升高，水解加剧，碱性增大

4. 偏大

5. CO_3^{2-}，HPO_4^{2-}，F^-

6. 不变　不变

7. $3.0 \times 10^{-6}\ mol \cdot dm^{-3}$，$2.0 \times 10^{-2}\ mol \cdot dm^{-3}$，$1.08 \times 10^{-28}$

8. $NaHCO_3$

9. 同离子　减小　盐　增大

10. 相同　较小　较大

11. KBr、KCl、K_2CrO_4。

（三）判断题

1. ×　2. ×　3. ×　4. ×　5. ✓　6. ✓　7. ✓　8. ✓　9. ✓　10. ✓

（四）问答题

1. 根据质子理论，存在如下共轭酸碱对

酸　　共轭碱

$$H_2S \rightleftharpoons H^+ + HS^-$$

$$NH_3 \rightleftharpoons H^+ + NH_2^-$$

当H_2S的酸性比NH_3强时，根据共轭酸越强，其共轭碱越弱的原则，H_2S的共轭碱HS^-就比NH_3的共轭碱NH_2^-碱性弱。

2. 配制缓冲溶液时，应考虑经济、适用、方便等因素。

(1) 选择pK_a值接近5.0的弱酸及其盐，由于HAc的pK_a值为4.74，所以可选用HAc—NaAc缓冲体系；

(2) 该体系应具有一定的缓冲能力，因此缓冲对的浓度不应太低，且浓度差别不应太大。

$$[Ac^-]/[HAc] = K_a/[H^+] = 1.8$$

(3) 若选用浓度分别为$0.10\ mol \cdot dm^{-3}$的HAc和NaAc溶液配制，则

$$[Ac^-]/[HAc] = V_{NaAc}/V_{HAc} = 1.8$$

又

$$V_{NaAc} + V_{HAc} = 1\,000$$

求得

$$V_{NaAc} = 642.9\ cm^3 \quad V_{HAc} = 357.1\ cm^3$$

3. 酸碱质子理论认为，凡是能给出质子的物质（分子或离子）就是酸，凡是能接受质子的物质就是碱。

4. 在含有沉淀的溶液中，加入相应试剂使一种沉淀转化为另一种沉淀的过程，称为沉

淀的转化。条件是 $K_{sp}(BaCO_3) < K_{sp}(BaSO_4)$。

5. 两种沉淀的 K_{sp} 相近时，可产生共沉淀。加入另一种物质拉大 K_{sp} 之间的差别可减小共沉淀。

(五) 计算题

1. **解** (1) $HAc \rightleftharpoons H^+ + Ac^-$，设已解离的醋酸浓度为 $x\ mol \cdot dm^{-3}$，则

$$x^2/(0.8 - x) = 1.8 \times 10^{-5}$$

解方程得

$$x = 3.8 \times 10^{-3}$$

所以

$$\alpha = x/c(HAc) = 3.8 \times 10^{-3}/0.80 = 0.48\%$$

(2) 设已解离的醋酸为 $x\ mol \cdot dm^{-3}$，则

$$x(x + 0.10)/(0.80 - x) = 1.8 \times 10^{-5}$$

解方程得

$$x = 1.4 \times 10^{-4}$$

所以

$$\alpha = x/c(HAc) = 1.4 \times 10^{-4}/0.80 = 0.018\%$$

2. **解** (1) $c/K_a = 0.20/(1.75 \times 10^{-5}) = 1.14 \times 10^4 > 380$

$$\alpha = (K_a/c)^{1/2} = 0.009\ 4$$

$$c(H^+)/(mol \cdot dm^{-3}) = c\alpha = 0.20 \times 0.009\ 4 = 1.9 \times 10^{-3}$$

$$pH = 2.72$$

(2) $c(Ac^-) = 0.2\ mol \cdot dm^{-3}$

$$K_a = [c(H^+)c(Ac^-)/c(HAc)] = c(H^+) = 1.75 \times 10^{-5}$$

$$pH = 4.86$$

$$\alpha = [c(H^+)/c] = 0.008\ 75\%$$

(3) 比较上述(1)、(2) 两小题得计算结果，说明同离子效应影响很大。

3. **解**

$$pH = pK_a - \frac{c(酸)}{c(盐)}$$

$$5.0 = 4.76 - \lg(6V/125)$$

$$V = 12\ cm^3$$

4. **解** (1) $Pb(NO_3)_2 + 2NaCl \rightleftharpoons PbCl_2\downarrow + 2NaNO_3$

$$PbCl_2 \rightleftharpoons Pb^{3+} + 2Cl^-$$

$$Q = 0.2 \times (5.0 \times 10^{-4}) = 5 \times 10^{-8} < 1.75 \times 10^{-5}$$

即 $Q < K_{sp}$

所以无沉淀生成。

(2) $Q = 0.2 \times c(Cl^-)^2 = K_{sp} = 1.75 \times 10^{-5}$

$$c(Cl^-) = 9.2 \times 10^{-3}\ mol \cdot dm^{-3}$$

(3) $K_{sp} = c(Pb^{2+})(c(Cl^-))^2$

$$c(Pb^{2+})(6.0 \times 10^{-2}) = 1.75 \times 10^{-5}$$

$$c(Pb^{2+}) = 4.7 \times 10^{-3}\ mol \cdot dm^{-3}$$

5. 解　(1) 设溶液混合后 NH_4OH 电离的 $c(OH^-)$ 为 $X\ mol \cdot dm^{-3}$，则

$$NH_4OH \rightleftharpoons NH_4^+ + OH^-$$

$$K_b = X^2/0.05 = 1.74 \times 10^{-5}$$

$$X = 9.3 \times 10^{-4}$$

$$Q = c(Mn^{2+})c(OH^-)^2 = 8.65 \times 10^{-10} > 5.6 \times 10^{-2}$$

即

$$Q > K_{sp}$$

所以有沉淀生成。

(2) 加入的 NH_4^+ 浓度为

$$c(NH_4^+) = 0.495 \times 2/(132 \times 0.015) = 0.5\ mol \cdot dm^{-3}$$

设溶液混合后 NH_4OH 电离的 $c(OH^-)$ 为 $x\ mol \cdot dm^{-3}$，则

$$NH_4OH \rightleftharpoons NH_4^+ + OH^-$$

$$K_b = 0.5x/0.05 = 1.74 \times 10^{-5}$$

$$x = 1.74 \times 10^{-6}\ mol \cdot dm^{-3}$$

$$Q = c(Mn^{2+})c(OH^-)^2 = 3.02 \times 10^{-15} < 5.6 \times 10^{-2}$$

即

$$Q < K_{sp}$$

所以无沉淀生成。

6. 解　(1) 变换温度　(70 + 273) K = 343 K，　(50 + 273) K = 323 K

根据计算公式　$\lg(k_2/k_1) = [E_a/(2.303R)][(T_2 - T_1)/(T_2 \cdot T_1)]$

代入有关数据可解得　　$k_1 = 2.88 \times 10^{-6} s^{-1}$

(2) $t_{1/2} = 0.693/k$

50℃ 时　$t_{1/2} = 0.693/(2.88 \times 10^{-6}) = 240\ 625\ s = 66.84\ h$

70℃ 时　$t_{1/2} = 0.693/(4.0 \times 10^{-5}) = 17\ 325\ s = 48.13\ h$

(六) 课后习题答案

1. 解　HCO_3^-　H_2S　H_3O^+　$H_2PO_4^-$　HS^-　$[Al(H_2O)_6]^{3+}$

2. 解　$H_2PO_4^-$　Ac^-　S^{2-}　NO_3^-　ClO^-　HCO_3^-　$[Zn(OH^-)(H_2O)_5]^+$

3. 解　(1) 因为$HClO_4$ 为弱酸，$c(H^+) = 0.2\ mol \cdot L^{-1}$

所以 $pH = -\lg c(H^+) = 0.7$

(2) $c(OH^-) = 8 \times 10^{-3}$，$c(H^-) = \dfrac{10^{-14}}{8 \times 10^{-3}} = 1.25 \times 10^{-12}\ mol \cdot L^{-1}$

$$pH = 11.9$$

(3) $c(OH^-) = \sqrt{0.02 \times 1.7 \times 10^{-5}} = \sqrt{34} \times 10^{-4}$

$c(H^+) = \dfrac{10^{-14}}{\sqrt{34} \times 10^{-4}} = \dfrac{1}{\sqrt{34}} \times 10^{-10}\ mol \cdot L^{-1}$，$pH = 10.8$

(4) $c(H^+) = \dfrac{10^{-6}V + 10^{-4}V}{2V} = \dfrac{1.01 \times 10^{-4}}{2} = 3.05 \times 10^{-5}\ mol \cdot L^{-1}$

$pH = -\lg(OH^-) = 4.3$，$pH = 14 - 4.3 = 9.7$

(5) $c(OH^-) = \frac{0.1V - 10^{-2}V}{2V} = 0.045\ mol \cdot L^{-1}$

$p(OH) = 1.35, pH = 14 - 1.35 = 12.65$

(6) $K_h = \frac{K_w}{K_a} = 5.68 \times 10^{-10}$

$$Ac^- \quad + \quad H_2O \rightleftharpoons HAc + OH^-$$

$$初 \quad 0.3 \qquad 0 \qquad 0$$

$$平 \quad 0.3 - x \qquad x \qquad x$$

$$\frac{c}{K_h} = \frac{0.3}{5.68 \times 10^{-10}} > 380$$

$$\frac{x^2}{0.3} = 3.68 \times 10^{-10}$$

$$x = 1.31 \times 10^{-6} \quad p(OH) = 4.88$$

$$pH = 14 - 4.88 = 9.12$$

(7) $$K_h = \frac{K_w}{K_b} = 5.68 \times 10^{-10}$$

$$NH_4^+ + H_2O \rightleftharpoons NH_3 \cdot H_2O \quad + \quad H^+$$

$$初 \quad 0.2 \qquad 0 \qquad 0$$

$$平 \quad 0.2 - x \qquad x \qquad x$$

$$\frac{c}{K_h} = \frac{0.2}{5.68 \times 10^{-10}} > 380$$

因为$\frac{x^2}{0.2} = K_h, x = 1.07 \times 10^{-3}$,所以 $pH = -\lg x = 4.97$

4.解 $$HA \rightleftharpoons H^+ + A^-$$

$$K_a = \frac{c(H^+) \cdot c(A^-)}{c(HA)} = \frac{10^{-2.77} \cdot 10^{-2.77}}{0.1} = 10^{-4.54}$$

$$\alpha = \sqrt{\frac{K_a}{c}} = \sqrt{\frac{10^{-4.54}}{0.1}} = \sqrt{10^{-3.54}} \approx 10^{-1.7}$$

5.解 (1) 设电解 HAc 浓度为 x

$$HAc \rightleftharpoons H^+ + Ac^-$$

$$0.2 - x \qquad x \qquad x$$

$$K_a = \frac{c(H^+) \cdot c(Ac^-)}{c(HAc)} = \frac{x^2}{0.2 - x} = 1.75 \times 10^{-5} x = 0.001\ 86$$

$$c(H^+) = 0.00186\ mol \cdot L^{-1}$$

所以

$$pH = -\lg(H^+) = 2.73, \alpha = \frac{0.001\ 86}{0.2} \times 100\% = 0.93\%$$

(2) $$K_a = \frac{c(H^+) \cdot c(Ac^-)}{c(HAc)}$$

$$HAc \rightleftharpoons H^+ + Ac^-$$
$$0.2 - x \qquad x \qquad x + 0.2$$

即

$$K_a = \frac{x \cdot (0.2 + x)}{0.2 - x} = 1.75 \times 10^{-5}$$
$$c(H^+) = 1.75 \times 10^{-5}\ mol \cdot l^{-1}$$
$$pH = -\lg c(H^+) = 4.7$$
$$\alpha = \frac{c(H^+)}{0.2} = \frac{1.75 \times 10^{-5}}{0.2} = 8.75 \times 10^{-5} = 0.008\ 8\%$$

通过(1)(2) 计算结果可知,具备同离子效应。

6.解 $NaNO_2$ $NO_2^- + H_2O \rightleftharpoons HNO_2 + OH^-, pH > 7$

NaF $F^- + H_2O \rightleftharpoons HF + OH^-, pH > 7$

Na_2S 一级 $S^{2-} + H_2O \rightleftharpoons HS^- + OH^-$

二级 $HS^- + H_2O \rightleftharpoons H_2S + OH^-, pH > 7$

NH_4HCO_3 $NH_4^+ + H_2O \rightleftharpoons NH_3 \cdot H_2O + H^-$

$HCO_3^- + H_2O \rightleftharpoons H_2CO_3 + OH^-, pH > 7$

$SbCl_3$ $SbCl_3 + H_2O \rightleftharpoons SbOCl + 2HCl, pH < 7$

7.解 $pH = pK_a - \lg \frac{c_{酸}}{c_{盐}}$

$$5.25 = pK_a - \lg \frac{\frac{0.1\ mol \cdot L^{-1} \times 30\ mL}{100}}{\frac{0.1\ mol \cdot L^{-1} \times 20\ mL}{100}}$$

解得:$pK_a = 5.43$,所以 $\lg K_a = -5.43, K_a = 10$

所以一元二酸的解离常数为$10^{-5.43}$。

8.解
$$pH = pK_a + \lg \frac{c_{盐}}{c_{酸}}$$
$$5 = 4.75 + \lg \frac{c_{盐}}{c_{酸}}$$

所以

$$\lg \frac{c_{盐}}{c_{酸}} = 0.25$$
$$\frac{n_{盐}}{n_{酸}} = 10^{0.25} = 1.778$$

即

$$n_{酸} = \frac{n_{盐}}{1.778} = \frac{0.125}{1.778} = 0.07\ mL$$

所以

$$v = \frac{n}{c} = \frac{0.07\ mL}{6\ mol \cdot L^{-1}} = 11.7\ mL$$

9. **解**　(1) 根据缓冲溶液的配制原理,有

$$pH = pK_a \pm 1.00$$

对$(CH_3)AsO_2H$　$pH - pK_a = 2.69 > 1$

对 $ClCH_2COOH$　$pH - pK_a = 1.65 > 1$

对 CH_3COOH　$pH - pK_a = 1.75 > 1$

所以用 $ClCH_2COOH$ 最好。

(2) 由 $pH = pK_a - \frac{\lg_{(酸)}}{\lg_{(盐)}}$,得 $pH = 4.85$

设镭 x g,NaOH 为 y g

$$\frac{x}{94.5} - \frac{y}{40} = 10^{-4.85}$$

10. **解**　(1)
$$NH_3 \cdot H_2O \rightleftharpoons NH_4^+ + OH^-$$

$$K_b = \frac{c(NH_4^+) \cdot c(OH^-)}{c(NH_3 \cdot H_2O)}$$

所以

$$c(OH^-) = \frac{K_b \cdot c(NH_3 \cdot H_2O)}{c(NH_4^+)} = 1.74 \times 10^{-5}\ mol \cdot L^{-1} p(OH) = -\lg c(OH^-) = 4.75$$

所以

$$pH = 14 - p(OH) = 14 - 4.75 = 9.25$$

(2) $c(H^+) = \sqrt{K_h \cdot c(NH_4^+)} = \sqrt{\frac{K_w}{K_b} \cdot c(NH_4^+)} = \sqrt{\frac{10^{-14}}{1.74 \times 10^{-5}} \times 0.05} = 5.361 \times 10^{-6}$

$$pH = -\lg c(H^+) = 5.27$$

(3)
$$n(H^+) = 0.1 \times (30 - 20) \times 10^{-3} = 10^{-3}\ mol$$

$$c(H^+) = \frac{n(H^+)}{v} = \frac{10^{-3}}{50 \times 10^{-3}} = 0.02\ mol \cdot L^{-1}$$

所以

$$pH = -\lg c(H^+) = 1.7$$

11. **解**　(1)
$$K_{sp}(PbI_2) = 9.8 \times 10^{-9}$$

$$PbI_2(s) \rightleftharpoons Pb^{2+}(aq) + 2I^-(aq)$$

$$c(Pb^{2+}) \cdot c^2(I^-) = K_{sp} = s \cdot (2s)^2$$

所以

$$4s^2 = 9.8 \times 10^{-9}, s = 1.35 \times 10^{-3}\ mol \cdot L^{-1}$$

(2) 由(1) 知

$$c(Pb^{2+}) = 1.35 \times 10^{-3}\ mol \cdot L^{-1}$$

$$c(I^-) = 2c(Pb^{2+}) = 2.7 \times 10^{-3}\ mol \cdot L^{-1}$$

(3)
$$PbI_2(s) \rightleftharpoons Pb^{2+}(aq) + 2I^-(aq)$$

初：　0　　0.01

末：　x　　$0.01 + 2x$

$$K_{sp} = x(0.01 + 2x) = 9.8 \times 10^{-9}$$

得
$$x = 9.8 \times 10^{-7}$$
$$c(Pb^{2+}) = 9.8 \times 10^{-7}\ mol \cdot L^{-1}$$
$$c(I^-) = 0.01\ mol \cdot L^{-1}$$

(2) 与(3) 相同

$$K_{sp} = (0.01 + x) \cdot 2x = 9.8 \times 10^{-9}$$

解得 $x = 4.9 \times 10^{-7}$

$$c(Pb^{2+}) = 0.01 + 4.9 \times 10^{-7} \approx 0.01\ mol \cdot L^{-1}$$
$$c(I^-) = 2x = 9.8 \times 10^{-7}\ mol \cdot L^{-1}$$

所以溶解度为 $9.8 \times 10^{-7}\ mol \cdot L^{-1}$

12. 解　(1)
$$PbCl_2(s) \rightleftharpoons Pb + 2Cl^-$$
$$K_{sp}(PbCl_2) = 1.17 \times 10^{-5}$$
$$Q = c^2(Cl^-) \cdot c(Pb^{2+}) = (5.0 \times 10^{-4})^2 \times 0.2 = 5.0 \times 10^{-8} < K_{sp}$$

所以无沉淀生成。

(2)
$$K_{sp} = c^2(Cl^-) \cdot c(Pb^{2+})$$
$$c(Cl^-) = \sqrt{\frac{K_{sp}}{c(Pb^{2+})}} = \sqrt{\frac{1.17 \times 10^{-5}}{0.2}} = 7.6 \times 10^{-3}\ mol \cdot L^{-1}$$

(3)
$$c(Pb^{2+}) = \frac{K_{sp}}{c^2(Cl^-)} = \frac{1.17 \times 10^{-5}}{(6.0 \times 10^{-2})^2} = 3.3 \times 10^{-3}\ mol \cdot L^{-1}$$

13. 解　(1) $c(Mn^{2+}) = \dfrac{1.5 \times 10^{-3} \times 10 \times 10^{-3}}{15 \times 10^{-3}} = 0.001\ mol \cdot L^{-1}$

$$c(NH_3 \cdot H_2O) = \frac{0.15 \times 5 \times 10^{-3}}{15 \times 10^{-3}} = 0.05\ mol \cdot L^{-1}$$
$$NH_3 \cdot H_2O \rightleftharpoons NH_4^+ + OH^-$$
$$Mn(OH)_2(s) \rightleftharpoons Mn^{2+} + 2OH^-$$
$$c(OH^-)^2 = K_b \cdot c(NH_3 \cdot H_2O) = 1.74 \times 10^{-5} \times 0.05 = 8.7 \times 10^{-7}$$
$$Q = c(OH^-)^2 \cdot c(Mn^{2+}) = 9.0 \times 10^{-10}, K_{sp} = 1.9 \times 10^{-13}$$

所以 $Q > K_{sp}$，有沉淀生成。

(2)
$$n[(NH_3)_2SO_4] = \frac{0.495\ g}{132.139\ mol \cdot L^{-1}} = 0.003\ 7\ mol$$
$$NH_3 \cdot H_2O \rightleftharpoons NH_4^+ \quad + \quad OH^-$$

$0.05 - x$　　$0.49 + x$　　x

$$K_b = \frac{x(0.49 + x)}{0.05 - x}$$

所以

$$c(OH^-) = 1.78 \times 10^{-6}\ mol \cdot L^{-1}$$

$$Q = c(OH^-)^2 \cdot c(Mn^{2+}) = 3.17 \times 10^{-15} < K_{sp}$$

所以不能生成沉淀。

14. **解** $K_{sp}[Mn(OH)_2] = c(Mn^{2+})c(OH^-)^2$

所以

$$c(OH^-) = 1.44 \times 10^{-6}\ mol \cdot L^{-1}$$

$$NH_3 \cdot H_2O \rightleftharpoons NH_4^+ + OH^-$$

初 0.05 x 0

平 $0.05 - 1.44 \times 10^{-6}$ $x + 1.44 \times 10^{-6}$ 1.44×10^{-6}

所以 $K_{b(NO_3)} = 1.8 \times 10^{-5}$，得 $x = 0.625\ mol \cdot L^{-1}$

即 $m_{(NH_4Cl)} \geqslant 0.625 \times 53.5 = 6.7\ g$

15. **解** (1) $c(OH^-)_1 = \sqrt{\dfrac{K_{sp}[Pb(OH_2)]}{c(Pb^{2+})}} = 2.8 \times 10^{-7}$

$$c(OH^-)_2 = \sqrt[3]{\frac{K_{sp}[Cr(OH)_3]}{c(Cr^{3+})}} = 3.2 \times 10^{-10}$$

所以 Cr^{3+} 先沉淀。

(2) 分离两种离子，应使 $Cr(OH)_3$ 完全沉淀，$Pb(OH)_2$ 开始沉淀，即

$$c(OH^-)_3 = \sqrt[3]{\frac{K_{sp}[Cr(OH)_3]}{1 \times 10^{-5}}} = 3.98 \times 10^{-9}\ mol \cdot L^{-1}$$

$$pOH = -\lg c(OH^-)_3 = 8.4$$

$$pH = 14 - pOH = 5.6$$

$$c(OH^-)_4 = \sqrt{\frac{K_{sp}[Cr(OH)_3]}{c(Pb^{2+})}} = \sqrt{\frac{1.2 \times 10^{-15}}{3 \times 10^{-2}}} = 2 \times 10^{-7}\ mol \cdot L^{-1}$$

$$p(OH) = -\lg c(OH^-)_4 = 6.7$$

$$pH = 14 - p(OH) = 7.3$$

所以 pH 范围应在 5.6 ~ 7.3 之间。

16. **解** 略。

第5章 氧化还原与电化学

一、中学链接

1. 氧化还原反应与化学能和电能的相互转变

电化学是研究化学能与电能相互转换的装置、过程和效率的科学。电化学研究的反应是涉及电流的一类氧化还原反应。

氧化还原反应包括原电池和电解池两个部分，原电池包括化学电池和金属的电化学腐蚀，这是化学能转变为电能，是自发进行的；电解池包括电解、电镀和电冶金，这是由电能转变为化学能，是由外界输入能量推动的。

2. 电解

电解是电解质在溶液里（或在熔融状态下）受电流的作用在阴阳两极发生氧化还原反应的过程，是最强有力的氧化还原手段。

3. 原电池与电解池的区别

	电极	电极反应	电子移动方向	能量转变
原电池	正负极由电极材料决定； 相对活泼的金属为负极； 较不活泼的金属或碳为正极	负极发生失去电子的氧化反应 正极发生得到电子的还原反应	电子由负极流出，经过外电路流向正极	化学能转化为电能，反应自发进行
电解池	阴阳两极由所连接的电源电极决定； 与直流电源负极相连接的是阴极； 与直流电源正极相连接的是阳极；	阴极：较易得电子的阳离子优先在阴极得到电子发生还原反应 阳极：金属或较易失去电子的阴离子优先失去电子，发生氧化反应	电子由直流电源的负极流出，经过导线到达电解池的阴极，发生还原反应，再通过离子移动传导电流，在阳极发生氧化反应，产生的电子从阳极经导线回到直流电源的正极	电能转变为化学能，反应由外界输入的能量推动

4. 化学电池

化学电池是直接将化学能转变为电能的装置，也是人类通过发动机之外能获得电能的一种装置。它包括一次电池、二次电池和燃料电池等几大类。电池跟其他能源相比有许多优点，因此在现代生产、生活中获得广泛应用。

5. 金属的电化学腐蚀与防护

金属腐蚀分化学腐蚀和电化学腐蚀两类。不纯金属跟电解质溶液接触时,形成原电池,比较活泼的金属因失去电子而被氧化,这种现象称为电化学腐蚀。电化学腐蚀比化学腐蚀的危害更大。金属的电化学腐蚀一般可采用牺牲阴极保护和外加电流的阴极保护两种方法。

除此之外,通过把金属制成合金,或者采用电镀、涂油漆、油脂等方法,也可以防止金属腐蚀。

二、教学基本要求

了解氧化数的概念,掌握氧化还原方程式的配平方法,了解原电池和电极电势的概念。掌握电池的电动势和化学反应吉布斯自由能变、能斯特(Nernst) 方程式、能够判断氧化剂和还原剂的相对强弱判断以及氧化还原反应进行的方向和进行的程度,掌握平衡常数和溶度积常数计算方法、了解元素电势图的主要应用,掌握未知电对的标准电极电势的计算,了解金属腐蚀及其应用。

三、内容精要

1. 氧化数

氧化数是假设把化合物中成键的电子都归给电负性更大的原子,从而求得原子所带的电荷,此电荷数即为该原子在该化合物中的氧化数。

确定元素原子氧化数的规则有:

① 单质的氧化数为零。

② 所有元素的原子,其氧化数的代数和在多原子分子中等于零;在多原子离子中等于离子所带的电荷数。

③ 氢在化合物中的氧化数一般为 +1,但在活泼金属的氢化物(如 NaH、CaH_2 等) 中,氧化数为 -1。

④ 氧在化合物中的氧化数一般为 -2,但在过氧化物(如 H_2O_2) 中,氧化数为 -1;在超氧化合物(如 KO_2) 中,氧化数为$\frac{1}{2}$(注意氧化数可以是分数);在 OF_2 中,氧化数为 +2。

根据氧化数的概念,氧化数升高的过程称为氧化;氧化数降低的过程称为还原。在化学反应过程中,元素的原子或离子在反应前后氧化数发生了变化的一类反应称为氧化还原反应。假如氧化数的升高和降低都发生在同一个化合物中,这类氧化还原反应就称为自氧化 - 还原反应。

2. 氧化还原反应方程式的配平

(1) 氧化数法

氧化数法配平氧化还原反应方程式的具体步骤是:

① 写出基本反应式。

② 找出氧化剂中原子氧化数降低的数值和还原剂中原子氧化数降低的数值。

③ 按最小公倍数原则对各氧化数的变化值乘以相应的系数，使氧化数降低值和升高值相等。

④ 将找出的系数分别乘在氧化剂和还原剂的分子式前面，并使方程式两边的原子数目相等。

⑤ 用观察法配平氧化数未变化的元素原子数目。

⑥ 最后把反应方程式的"⟶"换成"===="，方程式配平。

(2) 离子电子法

有些氧化还原反应用氧化数法配平反应式存在一定的困难，可用离子电子法配平氧化还原方程式。具体配平步骤如下：

① 用离子方程式写出反应的主要物质。

② 将这个方程式分成两个未配平的半反应式，一个代表氧化，另一个代表还原。

③ 调整计量系数并加一定数目的电子使半反应两端的原子数和电荷数相等。

④ 根据氧化剂和还原剂得失电子数必须相等的原则，将两个半反应式加合为一个配平的离子。

如果在半反应中反应物和产物中的氧原子数不同，可以依照介质的酸碱性，分别在半反应式中加 H^+、OH^- 或 H_2O，使反应方程式两边的氧原子的物质的量相等，其经验规则见表 5.1。

表 5.1　不同介质条件下配平氧原子的物质的量的经验规则

介质条件	比较方程式两边氧原子的物质的量	配平时左边应加入物质	生成物
酸性	(1) 左边 O 多 (2) 左边 O 少	H^+ H_2O	H_2O H^+
碱性	(1) 左边 O 多 (2) 左边 O 少	H_2O OH^-	OH^- H_2O
中性 (或弱碱性)	(1) 左边 O 多 (2) 左边 O 少	H_2O H_2O(中性) OH^-(弱碱性)	OH^- H^+ H_2O

3. 原电池和电极电势

(1) 原电池

原电池是利用自发的氧化还原反应产生电流的装置。在原电池中，氧化反应与还原反应分别在两个电极上自发进行。负极上，还原剂失去电子，发生氧化反应；正极上，氧化剂得到电子，发生还原反应。两极反应相加即可得到电池反应，正极或负极的反应均称为原电池的半反应。半反应式中，氧化态和相应的还原态物质构成氧化还原电对，电对符号用"氧化态／还原态"表示，如 Zn^{2+}/Zn，O_2/OH^- 等。

原电池可用化学式和符号表示。习惯上把负极写在左边，正极写在右边，用"|"表示两相之间的界面，"‖"表示盐桥。如

$$(-)Zn \mid Zn^{2+}(c_1) \parallel Fe^{3+}(c_2), Fe^{2+}(c_3) \mid Pt(+)$$

该电池对应的电极反应为

负极　　$Zn - 2e \xlongequal{} Zn^{2+}$

正极　　$Fe^{3+} + e \xlongequal{} Fe^{2+}$

电池反应为　　$Zn + 2Fe^{3+} \xlongequal{} Zn^{2+} + Fe^{2+}$

(2) 电极电势 φ

电极电势的产生可用双电层理论来解释。标准电极电势 $\varphi^{\ominus}$ 是各电极电势在标准状态下以标准氢电极的电极电势($\varphi(H^+/H_2)=0$) 作为比较标准的相对值。

(3) 电池的电动势和化学反应吉布斯自由能变

在原电池中如果非膨胀功只有电功一种,那么化学反应吉布斯自由能变和电池的电动势之间就有下列关系

$$\Delta_r G = -nFE$$

或

$$\Delta_r G_m^{\ominus} = -nFE^{\ominus}$$

式中,n 代表得失电子的物质的量;F 为法拉第常数,即 1 mol 电子所带的电量,其值等于 96 485 $C \cdot mol^{-1}$;E 代表电池的电动势。这个关系式说明电池的电能来源于化学反应。在反应中,当电子自发地从低电势区流至高电势区,即从负极流向正极,反应自由能减少转变为电能并做了电功。由 $\Delta_r G$(或 E) 或 $\Delta_r G_m^{\ominus}$(或 $E^{\ominus}$) 可判断氧化还原反应进行的方向和限度。等温、等压条件下有:

$\Delta_r G < 0, E > 0$,反应正向自发进行;

$\Delta_r G > 0, E < 0$,反应正向不自发进行,逆向自发;

$\Delta_r G = 0, E = 0$,反应达到平衡状态。

如果电池反应是在标准态下进行的,则有

$\Delta_r G_m^{\ominus} < 0, E^{\ominus} > 0$,反应正向自发进行;

$\Delta_r G_m^{\ominus} > 0, E^{\ominus} < 0$,反应正向不自发进行,逆向自发;

$\Delta_r G_m^{\ominus} = 0, E^{\ominus} = 0$,反应达到平衡状态。

(3) 能斯特(Nernst) 方程式

前面已经指出,电极电势的大小,不但取决于电极的本质,而且也与溶液中离子的浓度、气体的压力和温度等因素有关。

对于任意一电极反应 aO_x(氧化态) $+ ne \xlongequal{} b$Re(还原态),电极电势为

$$\varphi = \varphi^{\ominus}(O_x/Re) + \frac{RT}{nF}\ln\frac{[O_x]^a}{[Re]^b}$$

对于电池反应对应的电池电动势为

$$aO_{x_1} + bRe_2 \xlongequal{} cRe_1 + dO_{x_2}$$

$$E = E^{\ominus} + \frac{RT}{nF}\ln\frac{[O_{x_1}]^a[Re_2]^b}{[Re_1]^d[O_{x_2}]^c}$$

以上两式在 298.15 K 时有

$$\varphi = \varphi^{\ominus}(O_x/Re) + \frac{0.059\ 16}{n}\ln\frac{[O_x]^a}{[Re]^b}$$

$$E = E^{\ominus} + \frac{0.059\,16}{n}\ln\frac{[O_{x_1}]^a[Re_2]^b}{[Re_1]^d[O_{x_2}]^c}$$

在应用 Nernst 方程式时应注意：

① 若电极反应中有固态物质或纯液体，则其不出现在方程式中；若为气体物质，则以气体的相对分压($p/p^{\ominus}$) 来表示。

② 若电极反应有 H^+ 或 OH^- 参加反应，则 H^+ 或 OH^- 的相对浓度项也应出现在 Nernst 方程式中。

③ 若有纯液体(如 Br_2)、纯固体(如 Zn) 和水参加电极反应，它们的相对浓度为 1。

4. 电极电势的应用

(1) 判断氧化剂和还原剂的相对强弱

电极电势的高低表明得失电子的难易，也就是表明了氧化还原能力的强弱。电极电势越正，氧化态的氧化性越强，还原态的还原性越弱。电极电势越负，还原态的还原性越强，氧化态的氧化性越弱。因此，判断两个氧化剂(或还原剂) 的相对强弱时，可用对应的电极电势的大小来判断。电极电势较大的电对中的氧化态物质可以氧化电极电势较小的电对中的还原态物质。

(2) 判断氧化还原反应进行的方向和进行的程度

原电池中，电极电势高的电对总是作为原电池的正极，电极电势低的电对总是作为原电池的负极。

(3) 判断氧化还原反应进行的程度

氧化还原反应进行的程度，可由反应的标准平衡常数 $K^{\ominus}$ 的大小反映出来。$K^{\ominus}$ 越大，则反应进行得越彻底。在 298.15 K 时，有

$$\lg K^{\ominus} = \frac{nE^{\ominus}}{0.059\,2}$$

(4) 求平衡常数和溶度积常数

① 求平衡常数：氧化还原反应同其他反应，如沉淀反应和酸碱反应等一样，在一定条件下也能达到化学平衡。氧化还原反应的平衡常数可按下式求得

$$\ln K^{\ominus} = \frac{nE^{\ominus}}{RT}$$

在 298.15 K 时

$$\ln K^{\ominus} = \frac{nE^{\ominus}}{0.025\,7}$$

或

$$\lg K^{\ominus} = \frac{nE^{\ominus}}{0.059\,2}$$

② 求溶度积常数

$$K_{sp}^{\ominus} = \frac{1}{K^{\ominus}}$$

5. 元素电势图

如果某元素具有几种氧化态，可将它们从高氧化态到低氧化态的顺序排列，并在连线上注明电对的 $\varphi^{\ominus}$ 值。这种表明元素各种氧化态之间标准电极电势的关系图称为元素电

势图。物质不同,物质的存在形式、电极电位不同,根据溶液的 pH 值不同可以分为两大类:$\varphi_A^\ominus$(A 表示酸性溶液,pH = 0) 和 $\varphi_B^\ominus$(B 表示碱性溶液,pH = 14)。

元素电势图的应用主要有:

(1) 判断元素各氧化态氧化还原性的强弱

元素电势图很直观地反映了元素各氧化态的氧化还原性的强弱。

(2) 判断元素各氧化态稳定性——歧化反应是否能够进行

如果某元素具有各种高低不同的氧化态,则处于中间氧化态的物质就可能在适当条件(加热、加酸或碱) 下发生反应,一部分转化为较低氧化态,而另一部分转化为较高氧化态的反应。这种反应称之为自身氧化还原反应,它是一种歧化反应。

将某氧化态组成的两个电对设计成原电池,若 $\varphi_+^\ominus > \varphi_-^\ominus$,即 $\varphi_右^\ominus > \varphi_左^\ominus$,表示反应能自发进行,说明该氧化态不稳定,能发生歧化反应;若 $\varphi_+^\ominus < \varphi_-^\ominus$,即 $\varphi_右^\ominus < \varphi_左^\ominus$,表示该氧化态稳定,不发生歧化反应。

(3) 求算未知电对的标准电极电势

其计算公式为

$$\varphi^\ominus = \frac{n_1\varphi_1^\ominus + n_2\varphi_2^\ominus + n_3\varphi_3^\ominus + \cdots + n_i\varphi_i^\ominus}{n_1 + n_2 + n_3 + \cdots + n_i}$$

式中,$\varphi_1^\ominus,\varphi_2^\ominus,\varphi_3^\ominus,\cdots,\varphi_i^\ominus$ 分别代表依次相邻的电对的标准电极电势;$\varphi^\ominus$ 代表新电对的标准电极电势;$n_1,n_2,n_3,\cdots,n_i$ 分别代表依次相邻的电对中转移的电子数。用这种方法可以计算出难于测定的电对的标准电极电势。

6. 金属腐蚀及其应用

金属腐蚀可分为化学腐蚀和电化学腐蚀。单纯由化学作用引起的腐蚀称为化学腐蚀;金属与周围的物质发生电化学反应(原电池作用) 而产生的腐蚀,称为电化学腐蚀。

常用的金属防腐蚀方法有隔离介质法、改变金属的性质、金属钝化和电化学防护。其中电化学防护又分牺牲阳极保护法、外加电流法和缓蚀剂法。

四、典型例题

例 5.1 配平下列反应式

$$Cu + HNO_3 \longrightarrow Cu(NO_3)_2 + NO$$

解 在这个反应中,一部分 HNO_3 作为氧化剂,另一部分 HNO_3 作为介质。先把作为氧化剂的 HNO_3 根据氧化数改变值配平,然后再根据氮原子数添加 HNO_3 作为介质。

HNO_3 作为氧化剂配平得到

$$3Cu + 2HNO_3 \longrightarrow 3Cu(NO_3)_2 + 2NO$$

检查两边的氮原子数,在反应方程式的左边应添加 6 个 HNO_3 分子,即

$$3Cu + 2HNO_3 + 6HNO_3 \longrightarrow 3Cu(NO_3)_2 + 2NO$$

反应式左边多 8 个氢原子,右边应添加 4 个水分子,并将 HNO_3 合并,得配平的方程式为

$$3Cu + 8HNO_3 = 3Cu(NO_3)_2 + 2NO\uparrow + 4H_2O$$

例 5.2 配平下列反应式

$$CrI_3 + Cl_2 \longrightarrow CrO_4^{2-} + IO_4^- + Cl^- \quad (碱性溶液)$$

解 先注出有关原子的氧化数

$$\overset{+3}{Cr}\overset{-1}{I}_3 + \overset{0}{Cl_2} \longrightarrow \overset{+6}{Cr}O_4^{2-} + \overset{+7}{I}O_4^- + \overset{-1}{Cl^-}$$

这个例子是一种较复杂的情况,反应中有两种原子被氧化,即铬原子的氧化数由 + 3 变到 + 6,碘原子的氧化数由 − 1 变到 + 7;一种原子被还原,即氯原子的氧化数由 0 变到 − 1。1 mol CrI^3 可以氧化成 1 mol CrO_4^{2-} 和 3 mol IO_4^-;1 mol Cl_2 可以还原成 2 mol Cl^-。由此计算氧化数的改变并找出基本系数

(+24)×2= +48

(+3)×2 = +6

$$\overset{+3}{Cr}\overset{-1}{I}_3 + \overset{0}{Cl_2} \longrightarrow \overset{+6}{Cr}O_4^{2-} + 3\overset{+7}{I}O_4^- + 2\overset{-1}{Cl^-}$$

(−2)×27 = −54

所以 CrI_3 的系数是2,而 Cl_2 的系数是27,这样也可以确定 CrO_4^{2-}、IO_4^- 和 Cl^- 的系数为

$$2CrI_3 + 27Cl_2 \longrightarrow 2CrO_4^{2-} + 6IO_4^- + 54Cl^-$$

检查两边的氧原子数,方程式的左边还应该添加 32 mol OH^-,但还要配平氢原子,方程式的右边应生成水,因此配平后的方程式为

$$2CrI_3 + 27Cl_2 + 64OH^- = 2CrO_4^{2-} + 6IO_4^- + 54Cl^- + 16H_2O$$

例 5.3 根据标准电极电势,判断下列还原剂的还原能力的大小并将其排序。

$$Sn^{2+}, Sn, Fe, Cl^-, Br^-, I^-$$

解 由标准电极电位应用可得,电极电位氧化态氧化性以及还原态的还原性的强弱与标准电极电位的大小有关,则通过标准电极电位的比较,电极反应式还原态还原能力大小为

$$Fe > Sn > Sn^{2+} > I^- > Br^- > Cl^-$$

$Fe^{2+} + 2e = Fe$ $\quad \varphi^{\ominus}(Fe^{2+}/Fe) = -0.447\ V$

$Sn^{2+} + 2e = Sn$ $\quad \varphi^{\ominus}(Sn^{2+}/Sn) = -0.137\ 7\ V$

$Sn^{4+} + 2e = Sn^{2+}$ $\quad \varphi^{\ominus}(Sn^{4+}/Sn^{2+}) = 0.151\ V$

$I_2 + 2e = 2I^-$ $\quad \varphi^{\ominus}(I_2/I^-) = 0.535\ 3\ V$

$Br_2 + 2e = 2Br^-$ $\quad \varphi^{\ominus}(Br_2/Br^-) = 1.066\ V$

$Cl_2 + 2e = 2Cl^-$ $\quad \varphi^{\ominus}(Cl_2/Cl^-) = 1.358\ V$

例 5.4 写出下列各原电池的电极反应式和电池反应式,并计算各原电池的电动势(298 K):

(1) $Sn \mid Sn^{2+}(1\ mol \cdot dm^{-3}) \parallel Pb^{2+}(1\ mol \cdot dm^{-3}) \mid Pb$

(2) $Sn \mid Sn^{2+}(1\ mol \cdot dm^{-3}) \parallel Pb^{2+}(0.1\ mol \cdot dm^{-3}) \mid Pb$

(3) $Sn \mid Sn^{2+}(0.1\ mol \cdot dm^{-3}) \parallel Pb^{2+}(0.01\ mol \cdot dm^{-3}) \mid Pb$

解 电极反应式为

正极 $\quad Pb^{2+} + 2e = Pb$

负极 $Sn - 2e = Sn^{2+}$

电池反应式 $Pb^{2+} + Sn = Pb + Sn^{2+}$

(1) $E^{\ominus} = \varphi^{\ominus}(Pb^{2+}/Pb) - \varphi^{\ominus}(Sn^{2+}/Sn) = 0.126\,4 - (-0.137\,7) = 0.011\,3\ \text{V}$

(2) $E = E^{\ominus} - \dfrac{RT}{nF}\ln\dfrac{c(Sn^{2+})}{c(Pb^{2+})} = -0.018\,3\ \text{V}$

(3) $E = E^{\ominus} - \dfrac{RT}{nF}\ln\dfrac{c(Sn^{2+})}{c(Pb^{2+})} = -0.018\,3\ \text{V}$

例 5.5 计算下列反应在 298.15 K 时的平衡常数 $K^{\ominus}$。

$$\frac{1}{2}O_2(p^{\ominus}) + H_2(p^{\ominus}) \rightleftharpoons H_2O(l)$$

解 当温度为 298.15 K 时:

$$\lg K^{\ominus} = \frac{nE^{\ominus}}{0.059\,2}$$

$$E^{\ominus} = \varphi^{\ominus}(O_2/OH^-) - \varphi^{\ominus}(H^+/H_2) = 0.4 - 0 = 0.4\ \text{V}$$

所以 $\lg K^{\ominus} = \dfrac{2 \times 0.4}{0.059\,2}$, $K^{\ominus} = 3.3 \times 10^{41}$

例 5.6 已知 298 K 时, $\varphi^{\ominus}(PbSO_4/Pb^{2+}) = -0.356\ \text{V}$, $\varphi^{\ominus}(Pb^{2+}/Pb) = -0.126\ \text{V}$,求 $PbSO_4$ 溶度积 $K_{sp}^{\ominus}$。

解 $E^{\ominus} = \varphi^{\ominus}_{(Pb^{2+}/Pb)} - \varphi^{\ominus}_{(PbSO_4/Pb^{2+})} = -0.126 - (-0.359) = 0.23\ \text{V}$

$$\lg K^{\ominus} = \frac{2E^{\ominus}}{0.059\,2} = 7.77,\quad K_{sp}^{\ominus} = \frac{1}{K^{\ominus}} = 1.6 \times 10^{-8}$$

五、训 练 题

(一) 选择题

1. 对标准氢电极的规定是( )。

A. 298 K, $p(H_2) = 101\,325$ Pa, $a_{H,+} = 1$ 时,氢电极电势 = 0

B. 任意温度, $p(H_2) = 101\,325$ Pa, $a_{H,+} = 1$ 时,氢电极电势 = 0

C. 298 K, $p(H_2)$ 为任意值, $a_{H,+} = 1$ 时,氢电极电势 = 0

D. 298 K 时氢电极电势 = 0

2. 通过电动势的测定,可以求难溶盐的活度积,今欲求 AgCl 的活度积,则应设计的电池为( )。

A. Ag, AgCl | HCl(aq) ‖ $Cl_2(p)$, Pt

B. Pt, $Cl_2(p)$ | HCl(aq) ‖ $AgNO_3(aq)$ | Ag

C. Ag | $AgNO_3(aq)$ ‖ HCl(aq) | AgCl, Ag

D. Ag, AgCl | HCl(aq) ‖ $AgNO_3(aq)$ | Ag

3. 298 K 时,要使下列电池成为自发电池

$$Na(Hg)(a_1) \mid Na^+(aq) \mid Na(Hg)(a_2)$$

则必须使两个活度的关系为( )。

A. $a_1 < a_2$　　B. $a_1 = a_2$　　C. $a_1 > a_2$　　D. a_1、a_2 可取任意值

4. 下列电池中 E 最大的是(　　)。

A. $(-)Pt \mid H_2(p) \mid H^+(a=1) \parallel H^+(a=0.5) \mid H_2(p) \mid Pt(+)$

B. $(-)Pt \mid H_2(2p) \mid H^+(a=1) \parallel H^+(a=1) \mid H_2(p) \mid Pt(+)$

C. $(-)Pt \mid H_2(p) \mid H^+(a=1) \parallel H^+(a=1) \mid H_2(p) \mid Pt(+)$

D. $(-)Pt \mid H_2(p) \mid H^+(a=0.5) \parallel H^+(a=1) \mid H_2(2p) \mid Pt(+)$

5. 298 K 时,若要使电池 $Pb(Hg)(a_1) \mid Pb(NO_3)_2(aq) \mid Pb(Hg)(a_2)$ 的电池电动势 E 为正值,则 Pb 在汞齐中的活度必定是(　　)。

A. $a_1 > a_2$　　B. $a_1 = a_2$　　C. $a_1 < a_2$　　D. a_1、a_2 可取任意值

6. 不能用于测定溶液 PH 值的电极是(　　)。

A. 氢电极　　B. 醌氢醌电极

C. 玻璃电极　　D. $Cl^- \mid AgCl(s) \mid Ag$ 电极

7. 298 K 时有如下两个电池:

(1) $Cu(s) \mid Cu^+(a_1) \parallel Cu^+(a_1), Cu^{2+}(a_2) \mid Pt$

(2) $Cu(s) \mid Cu^{2+}(a_2) \parallel Cu^+(a_1), Cu^{2+}(a_2) \mid Pt$

这两个电池的电池反应都可写成

$$Cu(s) \mid Cu^{2+}(a_2) = 2Cu^+(a_1)$$

则这两个电池的 $E^{\ominus}$ 和 $\Delta_r G$ 之间的关系为(　　)。

A. $\Delta_r G$ 和 $E^{\ominus}$ 都相同　　B. $\Delta_r G$ 相同,$E^{\ominus}$ 不同

C. $\Delta_r G$ 和 $E^{\ominus}$ 都不相同　　D. $\Delta_r G$ 不同,$E^{\ominus}$ 相同

8. A、B、C、D 四种金属,将 A、B 用导线连接,浸在稀硫酸中,在 A 表面上有氢气放出,B 逐渐溶解;将含有 A、C 两种金属的阳离子溶液进行电解时,阴极上先析出 C;把 D 置于 B 的盐溶液中有 B 析出。这四种金属还原性由强到弱的顺序是(　　)。

A. A,B,C,D　　B. D,B,A,C

C. C,D,A,B　　D. B,C,D,A

9. 用 Nerst 方程式 $\varphi = \varphi^{\ominus} + \frac{0.059\ 1}{z}\lg\frac{[\text{氧化剂}]}{[\text{还原剂}]}$,计算 Mn^{4-}/Mn^{2+} 的电极电势 φ,下列叙述不正确的是(　　)。

A. 温度应为 298 K　　B. Mn^{2+} 浓度增大则 φ 减小

C. H^+ 浓度的变化对 φ 无影响　　D. MnO_4^- 浓度增大,则 φ 增大

10. 已知 H_2O_2 的电势图如下,说明 H_2O_2 的歧化反应(　　)。

酸性介质中　O_2　0.67 V　H_2O_2　1.77 V　H_2O

碱性介质中　O_2　−0.68 V　H_2O_2　0.87 V　$2OH^-$

A. 只在酸性介质中发生　　B. 只在碱性介质中发生

C. 在酸碱性介质中都发生　　D. 在酸碱性介质中都不发生

(二) 问答题

1. 恒温、恒压下 $\Delta G > 0$ 的反应不能自发进行,你认为是否正确?

2. 电池(1)Ag | AgBr(s) | KBr(aq) | Br_2 | Pt,电池(2)Ag | $AgNO_3$(aq) ‖ KBr(aq) | AgBr(s) | Ag 的电池电动势 E_1、E_2 都与 Br^- 浓度无关吗?

3. 对于电池 Zn | $ZnSO_4$(aq) ‖ $AgNO_3$(aq) | Ag,其中的盐桥可以用饱和KCl溶液吗?

4. 用氧化数法配平下列反应方程式

(1) $HClO_4 + H_2SO_3 \longrightarrow HCl + H_2SO_4$

(2) $Zn + HNO_3$(稀) $\longrightarrow Zn(NO_3)_2 + NH_4NO_3 + H_2O$

(3) $Cl_2 + I_2 + H_2O \longrightarrow HIO_3 + HCl$

(4) $As_2S_3 + HNO_3$(浓) $\longrightarrow H_3AsO_4 + NO + H_2SO_4$

5. 用离子 - 电子法配平下列反应式

(1) $H_2O_2 + Cr_2(SO_4)_3 + KOH \longrightarrow K_2CrO_4 + K_2SO_4 + H_2O$

(2) $KMnO_4 + KNO_2 + KOH \longrightarrow K_2MnO_4 + KNO_3 + H_2O$

(3) $PbO_2 + HCl \longrightarrow PbCl_2 + Cl_2 + H_2O$

(4) $Na_2S_2O_3 + I_2 \longrightarrow NaI + Na_2S_4O_6$

6. 下列物质:$KMnO_4$、$K_2Cr_2O_7$、$CuCl_2$、$FeCl_3$、I_2、Br_2、Cl_2、F_2,在一定条件下都可作为氧化剂,试根据标准电极电势表,把它们按氧化能力的大小排序,并写出它们在酸性介质中的还原产物。

7. 下列物质:$FeCl_2$、$SnCl_2$、H_2、KI、Mg、Al,在一定条件下都能作为还原剂,试根据标准电极电势表,把它们按还原能力的大小排序,并写出它们在酸性介质中的氧化产物。

8. 下列反应在原电池中发生,试写出原电池符号和电极反应。

(1) $Fe + Cu^{2+} \longrightarrow Fe^{2+} + Cu$　　(2) $Ni + Pb^{2+} \longrightarrow Ni^{2+} + Pb$

(3) $Cu + 2Ag^+ \longrightarrow Cu^{2+} + 2Ag$　　(4) $Sn + 2H^+ \longrightarrow Sn^{2+} + H_2$

(三) 计算题

1. 298 K 时,在 Fe^{3+}、Fe^{2+} 的混合溶液中加入 NaOH 时,有 $Fe(OH)_3$ 和 $Fe(OH)_2$ 沉淀生成(假如没有其他反应发生)。当沉淀反应达到平衡时,保持 $c(OH) = 1.0\ mol \cdot dm^{-3}$,试计算 $\varphi(Fe^{3+}/Fe^{2+})$。

2. 试计算 298 K 时下列各电对的电极电势。

(1) Fe^{3+}/Fe^{2+}, $c(Fe^{3+}) = 0.1\ mol \cdot dm^{-3}$, $c(Fe^{2+}) = 0.5\ mol \cdot dm^{-3}$

(2) Sn^{4+}/Sn^{2+}, $c(Sn^{4+}) = 1.0\ mol \cdot dm^{-3}$, $c(Sn^{2+}) = 0.2\ mol \cdot dm^{-3}$

(3) $Cr_2O_7^{2-}/Cr^{3+}$, $c(Cr_2O_7^{2-}) = 0.1\ mol \cdot dm^{-3}$, $c(Cr^{3+}) = 0.2\ mol \cdot dm^{-3}$, $c(H^+) = 2\ mol \cdot dm^{-3}$

(4) Cl_2/Cl^-, $c(Cl^-) = 0.1\ mol \cdot dm^{-3}$, $p(Cl_2) = 2 \times 10^5\ Pa$

3. 在298 K的标准状态下,MnO_2 和盐酸反应能否制得 Cl_2? 如果改用12 $mol \cdot dm^{-3}$ 的浓盐酸呢?(设其他物质仍处在标准状态)

4. 试计算 298 K 时下列电池的电动势及电池反应的平衡常数。

(1) (−)Sn | $Sn^{2+}(0.05\ mol \cdot dm^{-3})$ ‖ $H^+(1\ mol \cdot dm^{-3})$ | $H_2(10^5\ Pa)$, Pt(+)

(2) (−)Pt, $H_2(10^5\ Pa)$ | $H^+(1\ mol \cdot dm^{-3})$ ‖ $Sn^{4+}(0.5\ mol \cdot dm^{-3})$, $Sn^{2+}(0.1\ mol \cdot dm^{-3})$ | Pt(+)

六、参考答案

（一）选择题

1. B 2. C 3. C 4. B 5. A 6. D 7. B 8. B 9. C 10. C

（二）问答题

1. 不正确。恒温、恒压，$W' = 0$ 时，$\Delta G > 0$ 的反应不能自发进行。

2. 电池（2）的 E 与 Br^- 浓度有关。

3. 不可以。因 Ag^+ 与 Cl^- 反应生成 $AgCl$ 沉淀。

4. （1）

$$\overset{+7}{H}ClO_4 + \overset{+4}{H_2}SO_3 \longrightarrow \overset{-1}{H}Cl + \overset{+6}{H_2}SO_4$$

$(+2)\times 4$

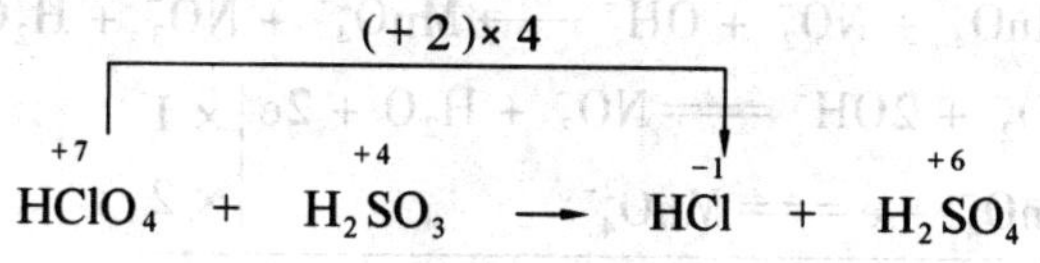

$$HClO_4 + 4H_2SO_3 =\!=\!= HCl + 4H_2SO_4$$

（2）

$$\overset{0}{Zn} + \overset{+5}{H}NO_3(稀) \longrightarrow \overset{+2}{Zn}(NO_3)_2 + \overset{-3}{N}H_4NO_3 + H_2O$$

$(+2)\times 4$

$(-8)\times 1$

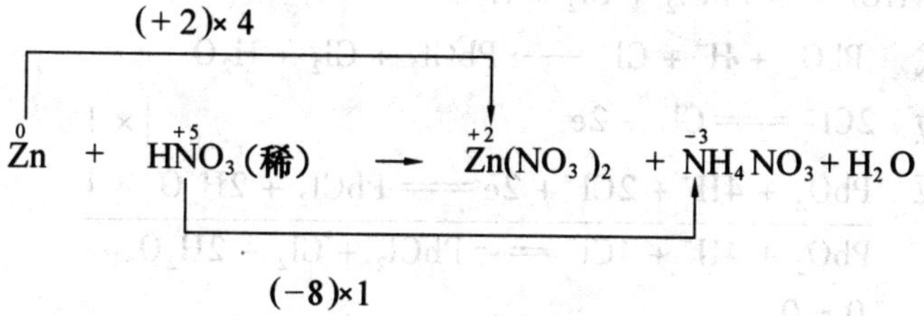

$$4Zn + 10HNO_3(稀) =\!=\!= 4Zn(NO_3)_2 + NH_4NO_3 + 3H_2O$$

（3）

$$\overset{0}{Cl_2} + \overset{0}{I_2} + H_2O \longrightarrow \overset{+5}{H}IO_3 + \overset{-1}{H}Cl$$

$(+10)\times 1$

$(-2)\times 5$

$$5Cl_2 + I_2 + 6H_2O =\!=\!= 2HIO_3 + 10HCl$$

（4）

$$\overset{+3}{As_2}\overset{-2}{S_3} + \overset{+5}{H}NO_3(浓) \longrightarrow \overset{+5}{H_3}AsO_4 + \overset{+2}{N}O + \overset{+6}{H_2}SO_4$$

$(+4+24)\times 3$

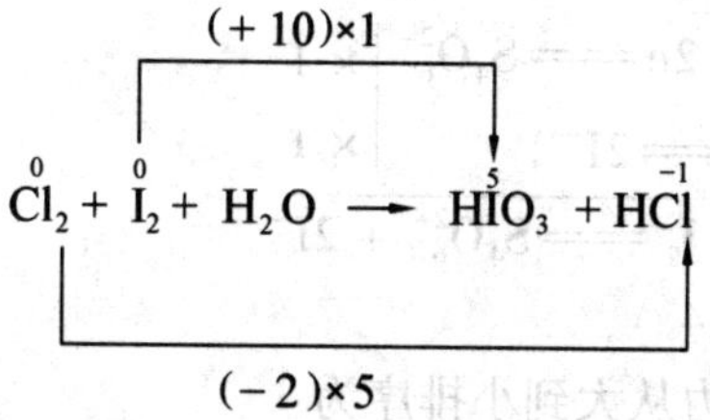

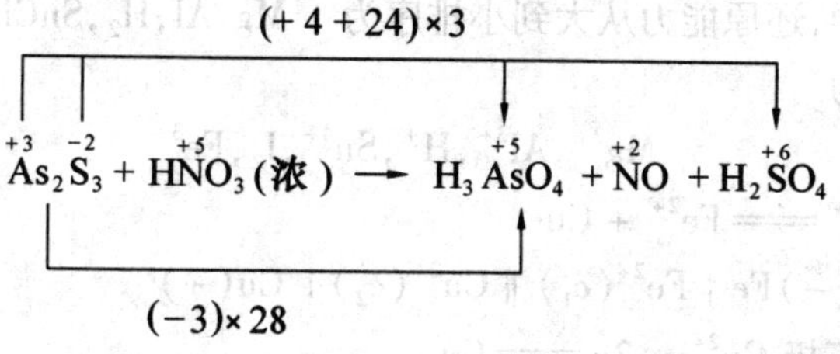

$$3As_2S_3 + 28HNO_3(\text{浓}) + 4H_2O = 6H_3AsO_4 + 28NO + 9H_2SO_4$$

5. (1) $H_2O_2 + Cr_2(SO_4)_3 + KOH \longrightarrow K_2CrO_4 + K_2SO_4 + H_2O$

离子反应式　$H_2O_2 + Cr^{3+} + OH^- \longrightarrow CrO_4^{2-} + H_2O$

还原反应式　$H_2O^{2+} + 2e = 2OH^-$　| × 3

氧化反应式　$Cr^{3+} + 8OH^- - 3e = CrO_4^{2-} + 4H_2O$　| × 2

$$2Cr^{3+} + 16OH^- + 3H_2O_2 = 2CrO_4^{2-} + 8H_2O + 6OH^-$$

化简后得　$2Cr^{3+} + 10OH^- + 3H_2O_2 = 2CrO_4^{2-} + 8H_2O$

核对　$-4 = -4$

(2) $KMnO_4 + KNO_2 + KOH \longrightarrow K_2MnO_4 + KNO_3 + H_2O$

离子反应式　$MnO_4^- + NO_2^- + OH^- \longrightarrow MnO_4^{2-} + NO_3^- + H_2O$

氧化半反应　$NO_2^- + 2OH^- = NO_3^- + H_2O + 2e$　| × 1

还原半反应　$MnO_4^- + e = MnO_4^{2-}$　| × 2

$$2MnO_4^- + NO_2^- + 2OH^- \longrightarrow 2MnO_4^{2-} + NO_3^- + H_2O$$

核对　$-5 = -5$

(3) $PbO_2 + HCl \longrightarrow PbCl_2 + Cl_2 + H_2O$

离子反应式　$PbO_2 + H^+ + Cl^- \longrightarrow PbCl_2 + Cl_2 + H_2O$

氧化半反应　$2Cl^- = Cl_2 + 2e$　| × 1

还原半反应　$PbO_2 + 4H^+ + 2Cl^- + 2e = PbCl_2 + 2H_2O$　| × 1

$$PbO_2 + 4H^+ + 4Cl^- = PbCl_2 + Cl_2 + 2H_2O$$

核对　$0 = 0$

(4) $Na_2S_2O_3 + I_2 \longrightarrow NaI + Na_2S_4O_6$

离子反应式　$S_2O_3^{2-} + I_2 \longrightarrow I^- + S_4O_6^{2-}$

氧化反应式　$2S_2O_3^{2-} - 2e = S_4O_6^{2-}$　| × 1

还原反应式　$I_2 + 2e = 2I^-$　| × 1

$$2S_2O_3^{2-} + I_2 = S_4O_6^{2-} + 2I^-$$

核对　$-4 = -4$

6. 酸性介质中,氧化能力从大到小排序为

$$F_2, KMnO_4, Cl_2, K_2Cr_2O_7, Br_2, FeCl_3, I_2, CuCl_2$$

还原产物分别为　$HF, Mn^{2+}, Cl^-, Cr^{3+}, Br^-, Fe^{2+}, I^-, Cu$

7. 在酸性介质中,还原能力从大到小排序为　$Mg, Al, H_2, SnCl_2, KI, FeCl_2$

氧化产物分别为

$$Mg^{2+}, Al^{3+}, H^+, Sn^{4+}, I_2, Fe^{3+}$$

8. (1) $Fe + Cu^{2+} = Fe^{2+} + Cu$

原电池符号　$(-)Fe \mid Fe^{2+}(c_1) \parallel Cu^{2+}(c_2) \mid Cu(+)$

电极反应　正极 $Cu^{2+} + 2e = Cu$

负极　$Fe - 2e = Fe^{2+}$

(2) $Ni + Pb^{2+} \xlongequal{} Ni^{2+} + Pb$

原电池符号　$(-)Ni \mid Ni^{2+}(c_1) \parallel Pb^{2+}(c_2) \mid Pb(+)$

电极反应　正极　$Pb^{2+} + 2e \xlongequal{} Pb$

负极　$Ni - 2e \xlongequal{} Ni^{2+}$

(3) $Cu + 2Ag^{+} \xlongequal{} Cu^{2+} + 2Ag$

原电池符号　$(-)Cu \mid Cu^{2+}(c_1) \parallel Ag^{+}(c_2) \mid Ag(+)$

电极反应　正极　$Ag^{+} + 2e \xlongequal{} 2Ag$

负极　$Cu - 2e \xlongequal{} Cu^{2+}$

(4) $Sn + 2H^{+} \xlongequal{} Sn^{2+} + H_2$

原电池符号　$(-)Sn \mid Sn^{2+}(c_1) \parallel H^{+}(c_2) \mid H_2(p) \mid Pb(+)$

电极反应　正极　$2H^{+} + 2e \xlongequal{} H_2$

负极　$Sn - 2e \xlongequal{} Sn^{2+}$

(三) 计算题

1.解　混合液中　$c(Fe^{3+})c^3(OH^-) = K_{sp}[Fe(OH)_3]$

$c(OH^-) = 1.0$ mol/L 时

$$c(Fe^{3+}) = K_{sp}[Fe(OH)_3]$$

同理

$$c(Fe^{2+}) = K_{sp}[Fe(OH)_2]$$

$$\varphi(Fe^{3+}/Fe^{2+}) = 0.77 + 0.059\,2\lg\frac{c(Fe^{3+})}{c(Fe^{2+})} = 0.771 + 0.059\,2\lg\frac{2.64\times10^{-39}}{4.87\times10^{-17}} = -0.55\ \text{V}$$

2.解　(1) 查表得　$\varphi^{\ominus}(Fe^{3+}/Fe^{2+}) = 0.771$ V

$$Fe^{3+} + e = Fe^{2+}$$

$$\varphi = \varphi^{\ominus} + 0.059\,2\lg\frac{c(Fe^{3+})}{c(Fe^{2+})} = 0.771 + 0.059\,2\lg\frac{0.1}{0.5} = 0.73\ \text{V}$$

(2) 查表得　$\varphi^{\ominus}(Sn^{4+}/Sn^{2+}) = 0.151$ V

$$Sn^{4+} + 2e = Sn^{2+}$$

$$\varphi = \varphi^{\ominus} + \frac{0.059\,2}{2}\lg\frac{c(Sn^{4+})}{c(Sn^{2+})} = 0.151 + \frac{0.059\,2}{2}\lg\frac{1}{0.2} = 0.172\ \text{V}$$

(3) 查表得　$\varphi^{\ominus}(Cr_2O_7^{2-}/Cr^{3+}) = 1.232$ V

$$Cr_2O_7^{2-} + 14H^{+} + 6e = 2Cr^{3+}7H_2O$$

$$\varphi = \varphi^{\ominus} + \frac{0.059\,2}{6}\lg\frac{c(Cr_2O_7^{2-})c^{14}(H^{+})}{c^2(Cr^{3+})} = 1.232 + \frac{0.059\,2}{6}\lg\frac{0.1\times2^{14}}{0.2^2} = 1.278\ \text{V}$$

(4) 查表得　$\varphi^{\ominus}(Cl/Cl^-) = 1.358$ V

$$Cl_2 + 2e \xlongequal{} 2Cl^-$$

$$\varphi = \varphi^{\ominus} + \frac{0.059\,2}{2}\lg\frac{p(Cl_2)/p^{\ominus}}{c^2(Cl^-)} = 1.358 + \frac{0.059\,2}{2}\lg\frac{2\times10^5/(1\times10^5)}{(0.1)^2} = 1.426\ \text{V}$$

3.解　$MnO_2 + 4HCl \xlongequal{} Cl_2 + MnCl_2 + 2H_2O$

(1) 标准状态下

正极　$MnO_2 + 4H^+ + 2e \xlongequal{} Mn^{2+} + 2H_2O, \varphi_+^{\ominus} = 1.224\ V$

负极　$2Cl^- - 2e \xlongequal{} Cl_2, \varphi_-^{\ominus} = 0.358\ V$

$$E^{\ominus} = \varphi_+^{\ominus} - \varphi_-^{\ominus} = 1.224 - 1.358 = -0.134\ (V) < 0$$

故标准状态下，MnO_2 和 HCl 反应不能制得 Cl_2。

(2)$c(HCl) = 12\ mol \cdot dm^{-3}$

$$\varphi_+ = \varphi_+^{\ominus} + \frac{0.059\ 2}{2}\lg\frac{c^4(H^+)}{c(Mn^{2+})} = 1.224 + \frac{0.059\ 2}{2}\lg 12^4 = 1.352\ V$$

$$\varphi_- = \varphi_-^{\ominus} + \frac{0.059\ 2}{2}\lg\frac{p(Cl_2)/p^{\ominus}}{c^2(Cl^-)} = 1.358 + \frac{0.059\ 2}{2}\lg\frac{1}{12^2} = 1.294\ V$$

$\varphi_+ > \varphi_-$，故用 12 mol/L 的 HCl 能制得 Cl_2。

4. **解**　(1)$\varphi(Sn^{2+}/Sn) = -0.137\ 5 + \frac{0.059\ 2}{2}\lg 0.05 = -0.176\ V$

$$E = 0 - (-0.176) = 0.176\ V$$

$$E^{\ominus} = 0.000 - (-0.137\ 5) = 0.137\ 5\ V$$

$$\lg K^{\ominus} = \frac{nE^{\ominus}}{0.059\ 2} = \frac{2 \times 0.137\ 5}{0.059\ 2} = 4.645, K^{\ominus} = 4.42 \times 10^4$$

(2)

$$\varphi(Sn^{4+}/Sn^{2+}) = 0.151 + \frac{0.059\ 2}{2}\lg\frac{0.5}{0.1} = 0.172\ V$$

$$E = 0.172 - 0.000 = 0.172\ V$$

$$E^{\ominus} = 0.151 - 0.000 = 0.151\ V$$

$$\lg K^{\ominus} = \frac{2 \times 0.151}{0.059\ 2} = 5.101, K^{\ominus} = 1.26 \times 10^5$$

（四）课后习题答案

1. **解**　(1)$2Fe^{3+} + 2I^- \xlongequal{} 2Fe^{2+} + I_2$

(2)$2MnO_4^- + 10Cl^- + 16H^+ \xlongequal{} 2Mn^{2+} + 5Cl_2 + 8H_2O$

(3)$Cr_2O_7^{2-} + 3H_2S + 8H^+ \xlongequal{} 2Cr^{3+} + 3S + 7H_2O$

(4)$3Cu_2S + 22HNO_3 \xlongequal{} 6Cu(NO_3)_2 + 3H_2SO_4 + 10NO + 8H_2O$

2. **解**　$F_2 > MnO_4^- > Cr_2O_7^{2-} > O_2 > Fe^{3+} > Sn^{4+} > Zn^{2+}$

3. **解**　$Cl^- > Br^- > I^- > Sn^{2+} > Sn > Fe$

4. **解**　(1) 由电极反应式可得

负极　$Sn - 2e^- = Sn^{2+}$

正极　$Pb^{2+} + 2e^- = Pb$

电池反应方程式

$$Sn + Pb^{2+} = Pb + Sn^{2+}$$

电动势

$$Q = \frac{C(Sn^{2+})}{C(Pb^{2+})} = 1$$

$$E^{\ominus} = \varphi^{\ominus}(Sn^{2+}) - \varphi^{\ominus}(Pb^{2+}) = (-0.126\ 4 + 0.137\ 7)\ V = 0.011\ 3\ V$$

5. **解**　(2) 由电极反应式可得

负极　$Sn - 2e^- = Sn^{2+}$

正极　$Pb^{2+} + 2e^+ = Pb$

电池反应方程式　$Sn + Pb^{2+} = Pb + Sn^{2+}$

电动势

$$Q = \frac{C(Sn^{2+})}{C(Pb^{2+})} = \frac{1}{0.10} = 10$$

$$E = E^{\ominus} - \frac{RT}{nF}\ln Q = \left(0.0113 - \frac{8.314 \times 298.15}{2 \times 96\,485} \cdot \ln 10\right) V = -0.018\,3\ V$$

(3) 由电极反应式可得

负极　$Sn - 2e^- = Sn^{2+}$

正极　$Pb^{2+} + 2e^+ = Pb$

电池反应方程式　$Sn + Pb^{2+} = Pb + Sn^{2+}$

电动势

$$Q = \frac{C(Sn^{2+})}{C(Pb^{2+})} = 10$$

$$E = E^{\ominus} - \frac{RT}{nF}\ln Q = -0.018\,3\ V$$

6. 解　能;将 $K_2Cr_2O_7$ 与浓盐酸的反应设计为原电池若使反应顺利进行,则

正极　$Cr_2O_7{}^{2-}/Cr^{3+}$

负极　Cl_2/Cl^-

那么

$$Cr_2O_7{}^{2-} + 6Cl^- + 14H^+ \xlongequal{\quad} 2Cr^{3+} + 3Cl_2 + 7H_2O$$

$$\varphi_+^{\ominus}(Cr_2O_7{}^{2-}/Cr^{3+}) = 1.47\ V$$

$$\varphi_-^{\ominus}(Cl_2/Cl^-) = 1.30\ V$$

$$E^{\ominus} = \varphi_+ - \varphi_- = 0.117\ V$$

$$E = E^{\ominus} - \frac{RT}{nF}\ln \frac{\{C(Cr^{3+})\}^2}{C(Cr_2O_7{}^{2-}) \cdot C^6(Cl^-) \cdot C^{14}(H^+)} > 0$$

7. 解

$$\varphi^{\ominus}(PbSO_4/Pb) = -0.356\ V$$

$$\varphi^{\ominus}(Pb^{2+}/Pb) = -0.126\ V$$

$$E^{\ominus} = \varphi^{\ominus}(Pb^{2+}/Pb) - \varphi^{\ominus}(PbSO_4/Pb) = 0.23\ V$$

$$\lg K^{\ominus} = \frac{nE^{\ominus}}{0.059\,2\ V} = \frac{2 \times 0.23}{0.059\,2}$$

$$K^{\ominus} = 5.89 \times 10^{-7}$$

所以

$$K_{sp} = \frac{1}{K^{\ominus}} = 1.7 \times 10^{-8}$$

8. 解　HIO 和 I_2 不稳定易发生歧化反应。

第 6 章　原子结构

一、中学链接

1. 原子核

(1) 原子核的构成:原子核(带正电) 核外电子(带负电)

原子序数 = 核电荷数 = 核内质子数 = 核外电子数

(2) 原子核:原子核体积极小只占原子体积及千亿分之一但几乎集中了整个原子的质量。

(3) 元素:具有相同核电荷数,质子数的一类原子质子数相同化学性质完全相同,若中子数不同,则为同位素。

(4) 质量数(A) = 质子数(Z) + 中子数(N)

(5) 原子量:原子的相对质量 = 一个原子的质量 /(一个^{12}C 的质量 × 1/12)

平均原子量 = $\sum$ 同位数的质量数 × 同位数原子个数百分比

2. 核外电子

核外电子运动状态 – 电子云电子质量极小为质子质量的1/1 840,运动速度快有微观粒子运动的特性。

电子云:用小黑点的疏密来形象描述电子在核。核外不同位置上出现机会的一种图像

(1) 核外电子分层排布规律

能量最低原理电子优先,进入低能量,原子轨道。

泡利不相容原理,每个原子轨道中最多有两个电子且自旋相反。

(2) 洪特规则:分站能量相同的不同轨道自旋相同时体系能量较低。

3. 化学键与晶体结构

(1) 离子键:原子间通过得失电子而形成的阴阳离子之间的强烈相互作用。

(2) 离子晶体:阴阳离子间通过离子键相互结合而成的晶体叫离子晶体。

(3) 共价健:原子间通过共用电子对,电子云重叠所形成的化学键叫共价键。

(4) 分子晶体:微粒分子间以分子间作用力结合而成的晶体叫分子晶体。

(5) 原子晶体:微粒原子间以共价键相互作用结合而成的晶体叫原子晶体。

(6) 金属键与金属晶体:金属键金属阳离子与自由电子间存在的相互作用力叫金属键。

(7) 金属晶体:微粒(金属阳离子与自由电子) 间通过金属键形成的晶体叫金属晶体。

4. 元素周期律和元素周期表

(1) 核外电子排布呈周期性变化,随着核电荷数的增加,最外层电子数从 1 个到 8 个(第一周期两个)不断重复。

(2) 原子半径呈周期性变化,同一周期从左到右随着核电荷数的增加原子半径逐渐减小。

(3) 元素主要化合价呈周期性变化,同一周期从左到右随着核电荷数的增加。最高正化合价逐渐增加负化合价逐渐减小。

(4) 元素的得失电子能力呈周期性变化,同一周期从左到右随着核电荷数的增加,失电子能力逐渐减弱得电子能力逐渐增加。

5. 元素周期表

(1) 电子层数相同的原子为同一周期元素,最外层电子数相同的原子为同一族(主族)。

(2) 元素原子的电子层数就是周期数原子最外层电子数就是族数(主族)。

二、教学基本要求

了解原子结构,主要是四个量子数的名称、符号、取值和意义。了解原子轨道、概率密度、电子云等概念。了解 s、p、d 原子轨道与电子云的形状和空间伸展方向。了解多电子原子轨道近似能级图和核外电子排布规律各类元素的电子层结构特征,原子结构与在周期表位置的对应关系。掌握分子结构与晶体结构,离子键及其特征离子晶体及其特征共价键的形成特点类型及分子几何结构,包括键能键长键角以及原子晶体的特性杂化轨道理论及其应用分子轨道理论的要点,根据该理论描述简单同核双原子分子的键合情况。了解分子间作用力的类型、特点,氢键,分子晶体的特性。

三、内容精要

1. 核外电子运动的性质

(1) 原子光谱

原子光谱是不连续的线状光谱,从长波到短波,谱线间的距离越来越小,其颜色和位置不随外界条件的变化而变化。

(2) 玻尔理论

① 原子中电子只能在核外那些满足一定量子化条件的定态轨道上运动,在定态轨道上运动的电子既不放出能量,也不吸收能量。

② 在正常情况下,原子中的电子尽可能处在离核最近的轨道上,这时的原子能量最低,即原子处于基态。若电子获得能量可以跃迁到离核较远的轨道上去,这时原子处于激发态。

③ 电子可以跃迁,电子激发吸收光或退激时发射光的能量等于两轨道间的能量差,即

$$\Delta E = E_2 - E_1 = h\nu$$

(3) 核外电子运动的波粒二象性

① 由电子的衍射实验说明电子具有波粒二象性。

② 测不准原理

$$\Delta x \cdot \Delta p_x \geqslant h$$

式中，Δx 为测定实物粒子的位置不准确程度；Δp_x 为测定实物粒子的速度不准确程度；h 为普朗克常数。

上式表明：不可能设计一种实验方法，同时准确测出某一瞬间电子运动的位置和速度。

(4) 薛定谔方程和四个量子数

① 薛定谔方程为

$$\frac{\partial^2 \psi}{\partial x^2} + \frac{\partial^2 \psi}{\partial y^2} + \frac{\partial^2 \psi}{\partial z^2} + \frac{8\pi^2 m}{h^2}(E - V)\psi = 0$$

式中，ψ 为波函数；E 为总能量；V 为势能；m 为电子质量；x、y、z 为空间坐标。

薛定谔方程把微观粒子的粒子性特征（m、E、V）与波动性特征值（ψ）有机结合起来，从而真实反映出微观粒子的运动状态。

要解出薛定谔方程的合理解，应引入四个量子数。

② 四个量子数：

（Ⅰ）主量子数 n：决定电子在核外出现几率最大区域离核的平均距离。n 是决定电子能量的主要量子数，电子能量及其电子云离核平均距离随 n 增大而增大。n 的取值为 1,2,3,4,… 这些正整数，与电子层 K、L、M、N、… 相对应。

（Ⅱ）角量子数 l：代表电子角动量大小，决定电子云形状。l 的取值受主量子数 n 的限制，可以取从 0 到 $n-1$ 的正整数。与 l 值 0,1,2,3 相对应的电子云形状用光谱符号表示为 s、p、d、f。

（Ⅲ）磁量子数 m：决定电子云在空间的伸展方向。它的取值受角量子数 l 的制约，对应于每一个 l，可取 0，±1，±2，±3，…，±l，总共可取 $2l+1$ 个值。

（Ⅳ）自旋量子数 m_s：描述电子的自旋运动状态，同一轨道中两个电子的自旋运动方向相反。可分别取值 +1/2 和 −1/2 来表示。

总之，原子中任何一组 n、l、m 三个量子数确定，就确定了一个波函数（原子轨道）；任何一组 n、l、m、m_s 四个量子数确定，就描述了核外一个电子在原子核外的运动状态。

(5) 波函数和几率密度

① 波函数：波函数 ψ 是描述微观粒子（电子）运动状态的数学函数式，三维空间坐标的函数，每个波函数都有相对应的能量值，它没有明确直观的物理意义。波函数 ψ 就是原子轨道，是指电子的一种空间运动状态。波函数 ψ 常表示为两个函数的乘积，即

$$\psi(r,\theta,\varphi) = R(r)Y(\theta,\varphi)$$

式中，$R(r)$ 称为波函数的径向部分，表示 θ、φ 一定时，波函数 ψ 随 r 变化的关系；$Y(\theta,\varphi)$ 称为波函数的角度部分，表示 r 一定时，波函数 ψ 随 θ、φ 变化的关系。据此可以作出波函数的径向分布图和角度分布图。

② 几率密度和电子云：电子在核外单位体积内出现的几率称为几率密度，可用$|\psi|^2$表示。常把电子在核外出现的几率密度大小用点的疏密来表示，得到的图像称为电子云，它是电子在核外空间各处出现几率密度的大小的形象化描绘。

2. 核外电子分布和周期系

(1) 多电子原子的近似能级

鲍林近似能级图按原子轨道能级高低的顺序[ns、$(n-2)$f、$(n-1)$d、np]排列，反映了核外电子填充的一般规律。对于出现的能级交错现象可用屏蔽效应和钻穿效应来解释。

(2) 核外电子排布原理

① 能量最低原理：电子填充原子外层轨道时，总是优先占据能量较低的轨道，再依次向能量较高的轨道上填充，从而尽可能使原子处于能量最低状态。

② 泡利不相容原理：在同一原子中，不可能有两个电子具有完全相同的四个量子数，或者说，在同一原子里没有运动状态完全相同的电子存在。因此，在同一轨道最多容纳两个自旋方向相反的电子。

③ 洪特规则：电子在同一亚层的各个轨道上分布时，尽可能占据不同的轨道，且保持自旋方向相同。

洪特规则特例：当等价轨道处于半充满、全充满或全空时也是比较稳定的。

(3) 原子的电子结构和元素周期性关系

① 原子序数

原子序数 = 核电荷数 = 核外电子总数

② 周期

原子的电子层数（主量子数 n）= 元素所处周期数

③ 族

主族元素数 = 价电子数

④ 区

根据电子排布的情况及元素原子的价电子构型将元素分为五个区：

s 区元素　价电子构型为 $ns^{1\sim2}$，包括 ⅠA、ⅡA 族。

p 区元素　价电子构型为 $ns^2np^{1\sim6}$，包括 ⅢA ~ ⅦA 族和零族。

d 区元素　价电子构型为 $(n-1)d^{1\sim8}ns^{1\sim2}$，包括 ⅢB ~ ⅦB 族和 Ⅷ 族。

ds 区元素　价电子构型为 $(n-1)d^{10}ns^{1\sim2}$，包括 ⅠB ~ ⅡB 族。

f 区元素　价电子构型为 $(n-2)f^{0\sim14}(n-1)d^{0\sim2}ns^2$，包括镧系和锕系。

(4) 原子结构与元素性质的关系

① 原子半径 r：

Ⅰ. 分类

a. 共价半径：同种元素的两个原子以共价结合时，它们核间距的一半。

b. 范德华半径：分子晶体中两个同种原子核间距离的一半。

c. 金属半径：金属晶体中相邻两金属核间距的一半。

Ⅱ. 变化规律

a. 同一元素：r（负离子）> r（原子）> r（正离子）。

b. 同一周期元素随原子序数的增加，原子半径逐渐减少，但长周期的减小较慢。

c. 同一主族元素随原子序数的增加，半径增大，副族元素的变化不明显。

② 电离能：元素的气态原子在基态时失去一个电子成为一价正离子所消耗的能量称为第一电离能 I_1，从一价气态正离子再失去一个电子成为二价正离子所需要的能量称为第二电离能 I_2，依次类推还有 I_3，I_4，…。元素的电离能可用来衡量原子失去电子的难易程度。电离能越大，原子失去电子时吸收的能量越大，原子失去电子越难；反之，电离能越小，原子失去电子越易。同一周期元素随原子序数的增加，电离能增大，但电子层结构处于全充满或半充满状态时原子的电离能较大。

③ 电子亲和能 E_A：元素的气态原子在基态时得到一个电子成为一价气态负离子所放出的能量称为电子亲和能。电子亲和能也有第一、第二等。元素的电子亲和能可用来说明元素的气态原子获得电子生成负离子的倾向大小，表示元素非金属性的强弱。

④ 电负性 X：元素的电负性是原子在分子中吸引电子的能力。元素的电负性数值越大，表示原子在分子中吸引电子的能力越强。电负性可作为判断元素金属性的重要参数。同一周期中，从左到右，电负性递增，过渡元素变化趋缓；从上到下，电负性递减，副族元素没有明显变化。

3. 化学键

(1) 离子键

由原子间发生电子转移形成正、负离子，并通过静电引力作用形成的化学键成为离子键。通过离子键作用形成的化合物称为离子型化合物。离子键的主要特征是没有方向性和饱和性。

(2) 共价键

① 形成：当两个有未成对电子，且自旋方向相反的原子相互靠近时，电子所处原子轨道重叠，核间电子密度加大，形成稳定的化学键，这种通过原子轨道重叠共用电子对所形成的化学键成为共价键。

② 特征：饱和性和方向性。共价键的键数等于未成对电子数，即一个原子有几个未成对电子，便可和几个自旋方向相反电子的原子轨道配对成键，称为共价键的饱和性。因为原子轨道在空间按一定的方向伸展，根据最大重叠原理，轨道重叠越多，电子在两核间出现的几率越大，所形成的共价键也就越稳定。因此，在成键时，必须按一定的方向发生重叠，所以共价键有方向性。

③ 类型：

Ⅰ. σ 键。两原子轨道沿键轴方向进行同号重叠，所形成的键叫 σ 键，俗称"头碰头"。σ 键原子轨道重叠部分对键轴呈圆柱形对称，其特点是重叠程度大，键强，稳定。

Ⅱ. π 键。两原子轨道沿键轴方向在键轴两侧平行同号重叠，所形成的键叫 π 键，俗称"肩并肩"。π 键原子轨道重叠部分对等地分布在包括键轴在内的对称平面上下两侧，呈镜面反对称。π 键的特点是重叠程度较小，键电子能量较高，键强度较小，化学活泼性好。

(3) 键参数

① 键能 E:在298.15 K和100 kPa下,断裂1 mol某化学键时所需的能量称为键能 E,单位为 $kJ \cdot mol^{-1}$。对于多原子分子,在上述温度、压力下,将1 mol理想气态分子离解为理想气态原子所需要的能量又称离解能 D。

对于多原子分子,键能不等同于键的离解能,它是分子中某特定化学键的离解能的平均值,但用键能的大小可以衡量化学键的强弱,通常键能越大,键越牢固,由键构成的分子也就越稳定。

② 键长 L

分子中两原子核间的平衡距离称为键长。两个原子之间的键长越短,键越牢固,分子也越稳定。

③ 键角 θ

在分子中键和键之间的夹角称为键角。键角是确定分子几何构型的重要参数。

4. 杂化轨道理论

(1) 基本要点

同一个原子中只有能量相近的原子轨道之间可以通过叠加混杂,形成成键能力更强的新轨道,即杂化轨道。原子轨道杂化时,一般使成对电子激发到空轨道而成单个电子,其所需要的能量完全由成键时放出的能量予以补偿,形成的杂化轨道成键能力大于未杂化轨道。一定数目的原子轨道杂化后可得到能量相等的相同数目的杂化轨道,但不同类型的杂化所得杂化轨道空间取向不同。

(2) 杂化类型

sp 杂化:1个s轨道与1个p轨道杂化成2个sp杂化轨道,轨道间夹角180°。

sp^2 杂化:1个s轨道与2个p轨道杂化成3个 sp^2 杂化轨道,轨道间夹角120°。

sp^3 杂化:1个s轨道与3个p轨道杂化成4个 sp^3 杂化轨道,等性 sp^3 杂化轨道夹角109°28′,不等性 sp^3(有孤对电子对)杂化轨道夹角小于109°28′。

常见的原子轨道杂化类型与分子的空间构型见表6.1。

表6.1 常见的原子轨道杂化类型与分子的空间构型

杂化轨道类型	sp	sp^2	sp^3	sp^3(不等性)	
参加杂化的轨道	1个s、1个p	1个s、2个p	1个s、3个p	1个s、3个p	
杂化轨道数	2	3	4	4	
成键轨道夹角 θ	180°	120°	109°28′	$90° < \theta < 109°28'$	
空间构型	直线形	平面三角形	(正)四面体形	三角锥形	"V"字形
实例	$BeCl_2$	BF_3	CH_4	NH_3	H_2O
	$HgCl_2$	BCl_3	$SiCl_4$	PH_3	H_2S

5. 分子轨道理论

当原子形成分子后,电子不再局限于个别原子的原子轨道,而是从属于整个分子的分子轨道。n 个原子轨道线性组合后可得到 n 个分子轨道,其中包括相同数目的成键分子轨道和反键分子轨道，或一定数目的非键分子轨道；分子轨道中电子填充顺序所遵循的规则与原子轨道填充电子顺序相同，即按能量最低原理、泡利不相容原理和洪特规则填充；原子轨道有效地组成分子轨道必须符合对称性匹配能量相近及轨道最大重叠 3 个成键原则。

6. 分子间力

（1）分子的极性

分子的极性大小用偶极矩衡量，偶极矩 $\boldsymbol{p}$ 定义为分子中电荷中心上的电荷量 δ 与正负电荷中心间距 d 的乘积，即

$$\boldsymbol{p} = \boldsymbol{\delta} \times d$$

偶极矩是个矢量，其方向规定为从正到负。分子的偶极矩是各个键距的矢量和。非极性分子的偶极矩为零，极性分子的偶极矩不为零，偶极矩越大，分子的极性越强。

（2）分子的极化

① 固有偶极：由于极性分子的正、负电荷中心不重合而产生的偶极。通常正、负电荷中心偏移越大，固有偶极越大。

② 诱导偶极：在外电场作用下，分子中正、负电荷中心发生相对位移所产生的偶极。

③ 瞬时偶极：分子中电子相对于原子核运动，在某一瞬时产生的电子云不对称分布，造成正、负电荷中心相对位移所产生的偶极。

④ 分子的极化：分子在外电场作用下产生诱导偶极的过程。

（3）分子间力

分子间力又叫范德瓦尔斯力，包括以下 3 个部分。

① 色散力：瞬间偶极之间的相互作用称为色散力。它存在于极性分子之间、极性分子与非极性分子之间、非极性分子之间。

② 诱导力：固有偶极与诱导偶极之间的相互作用称为诱导力。它存在于极性分子之间、极性分子与非极性分子之间。

③ 取向力：固有偶极与固有偶极间的相互作用称为取向力。它存在于极性分子之间，分子的偶极矩越大，分子的取向力也大。

分子间力没有方向性和饱和性，分子间力的作用范围很小，它随分子间距的增大而迅速减弱。

（4）氢键

①氢键的形成：当氢原子与电负性很大而半径很小的原子（如F、O、N）形成共价型氢化物时，由于原子间共用电子对的强烈偏移，氢原子几乎呈质子状态，可和另一个高电负性且有孤对电子的原子产生静电吸引作用，这种引力称为氢键。氢键的键能与元素的电负性及原子半径有关，元素的电负性越大，原子半径越小，形成的氢键越强。氢键不同于分子间力，它具有方向性和饱和性。

② 氢键对物质性质的影响：分子间氢键的存在可使物质的熔点、沸点、溶解度、密度等性质增大。

7. 晶体结构

(1) 晶体定义

晶体是指具有整齐规则的几何外形、各向异性、有固定的熔点的固体物质。

(2) 晶体特征

① 晶体具有一定的几何外形。

② 晶体具有固定熔点。

③ 晶体某些性质(光学性质,力学性质,导热、导电性,溶解作用)存在各向异性。

(3) 离子晶体

晶格结点上交替排列正、负离子,通过离子键结合而构成的晶体叫离子晶体。离子晶体一般具有较高的熔点和较大的硬度,延展性差,较脆。

决定离子晶体构形的主要因素有正、负离子的半径比的大小和离子的电子层构的影响。

离子晶体的晶格能 U 是指在标准状态下气态正离子和气态负离子结合成 1 mol 离子晶体时所放出的能量。晶格能越大,破坏离子晶体所需消耗的能量越多,离子晶体越稳定。可以粗略认为离子晶格能 U 与正、负离子的电荷和正、负离子的半径有关。

(4) 原子晶体

格点上排列的微粒为原子,原子之间以共价键结合构成的晶体叫原子晶体。原子晶体熔点高,硬度大,熔融时导电性差。

(5) 分子晶体

格点上排列的微粒为共价分子或单原子分子以分子间力(某些含有氢键)结合构成的晶体叫分子晶体。因为分子间作用较弱,所以分子晶体的熔点和硬度都低,不易导电。

(6) 金属晶体

格点上排列的微粒为金属原子或正离子,这些原子和正离子与从金属原子上脱落下来的自由电子以金属键结合构成的晶体叫金属晶体。绝大多数金属元素的单质和合金都属于金属晶体。

四、典型例题

例 6.1 氢原子从 $n = 5$ 的激发态辐射光子,辐射光的最短和最长波长各是多少?

解

$$E_n = -21.8 \times 10^{-19}(1/n^2)$$

$$\Delta E_{5\to4} = -21.8 \times 10^{-19} \times (1/5^2 - 1/4^2) = 4.905 \times 10^{-20}\ \text{J}$$

$$\Delta E_{5\to1} = -21.8 \times 10^{-19} \times (1/5^2 - 1/1^2) = 2.09 \times 10^{-18}\ \text{J}$$

$$\Delta E = hv = hc/\lambda$$

$$\lambda = hc/\Delta E$$

$$\lambda_{max} = hc/\Delta E_{5\to4} = 6.626 \times 10^{-34} \times 3 \times 10^8/(4.905 \times 10^{-20}) =$$

$$4.05 \times 10^{-6}\ \text{m} = 4\,050\ \text{nm}$$

$$\lambda_{\min} = hc/\Delta E_{5\to1} = 6.626 \times 10^{-34} \times 3 \times 10^{8}/(2.09 \times 10^{-18}) =$$

$$9.51 \times 10^{-8}\ \text{m} = 95.1\ \text{nm}$$

例 6.2 比较波函数角度分布图与电子云角度分布图有哪些异同之处？

解 相同点：它们都只与量子数 l 和 m 有关，而与 n 无关。

不同点：

(1) 波函数的角度分布图一般都有正、负号之分，而电子云角度分布均为正值，因为 Y 平方后便无正、负号；

(2) 除 s 轨道的电子云以外，电子云角度分布图比原子轨道的角度分布图要稍"瘦"一些，这是因为 $Y \leqslant 1$，其平方后 Y^2 除 1 不变外，其他值更小于 1。

例 6.3 量子力学的一个轨道(　　)。

A. 与玻尔理论中的原子轨道等同

B. 指 n 具有一定数值时的一个波函数

C. 指 n、l 具有一定数值时的一个波函数

D. 指 n、l、m 三个量子数具有一定数值时的一个波函数

解 选 D。

玻尔理论认为，电子在核外沿一固定的轨道作圆周运动，按照量子理论，电子等微观粒子的运动不符合经典力学，没有确定的运动轨道，量子力学的轨道只是代表原子中电子运动状态的一个函数，这两个轨道是有区别的。没一个原子轨道对应一个波函数，每组合理的 n、l、m 取值对应一个确定的波函数。

例 6.4 元素性质的周期性变化决定于(　　)。

A. 原子中核电荷数的变化　　B. 原子中价电子数目的变化

C. 原子半径的周期性变化　　D. 原子中电子分布的周期性

解 选 D。

由于原子的电子层结构具有周期性变化的规律，因此与原子结构有关的一些原子的基本性质，如原子半径、电离能、电负性等也随之呈现显著的周期性，从而元素的性质才呈现周期性。

例 6.5 已知某元素 +3 价离子的电子排布式为 $1s^22s^22p^63s^23p^63d^5$，该元素在周期表中的位置为(　　)。

A. 第 3 周期 Ⅷ 族　　B. 第 3 周期 ⅤB 族

C. 第 4 周期 Ⅷ 族　　D. 第 4 周期 ⅤB 族

解 选 C。

+3 价离子的电子数为 23 个，则元素为 26 号，原子的电子排布式为 $1s^22s^22p^63s^23p^6 3d^64s^2$。

例 6.6 下列化学键键能最大的是(　　)。

A. C—C　　B. C═C　　C. C≡C　　D. N≡N

解 选 D。

C≡C 键能 > C═C 键能 > C—C 键能。因为 N 原子半径小于 C 原子半径，故

$N\equiv N$ 键能 > $C\equiv C$ 键能。

例 6.7 下列物质中沸点最低的是(　　)。

A. HF　　B. HCl　　C. HBr　　D. HI

解 选 B。

对同类物质,随着相对分子质量的增大,分子间作用增强,其熔点和沸点升高。故沸点由高到低排序为 HI,HBr,HCl。HF 分子间由于存在氢键的相互作用,故沸点高于 HI。

例 6.8 下列说法正确的是(　　)。

A. 固体 I_2 分子间作用力大于液体 Br_2 分子间作用力

B. 分子间氢键和分子内氢键都可以使物质熔点和沸点升高

C. HCl 分子是直线形的,故 Cl 原子采用 sp 杂化轨道与 H 原子成键

D. BCl_3 分子的极性小于 $BeCl_2$ 分子的极性

解 选 A。

分子间氢键可使物质的熔、沸点升高,但分子内氢键却无此效应。如,硝酸的熔、沸点较低,酸性比其他强酸弱,都与硝酸分子内氢键有关。HCl 分子中,Cl 原子并非采用 sp 杂化轨道与 H 原子成键。而是用 3p 轨道上的一个未成对电子与一个 H 原子核外自旋方向相反的电子配对形成共价键。BCl_3 和 $BeCl_2$ 均为非极性分子。

例 6.9 下列物质中,熔点从大到小排列正确的是(　　)。

A. Na_2O,K_2O,MgO,CaO　　B. K_2O,Na_2O,CaO,MgO

C. CaO,MgO,K_2O,Na_2O　　D. MgO,CaO,Na_2O,K_2O

解 选 D。

上述 4 种均为离子型晶体,离子型晶体的熔点取决于晶格能的大小,上述 4 种物质的阴离子相同,而对于阳离子来说离子的价态越高,离子半径越小,晶格能越高,熔点越高。

五、训练题

(一) 选择题

1. 微观粒子具有的特征是(　　)。

A. 微观性　　B. 波动性　　C. 波粒两象性　　D. 穿透性

2. 用下列各组量子数来表示某一电子在核外的运动状态,其中合理的是(　　)。

A. $n=3\quad l=1\quad m=2\quad m_s=+1/2$　　B. $n=3\quad l=2\quad m=1\quad m_s=-1/2$

C. $n=2\quad l=0\quad m=0\quad m_s=0$　　D. $n=2\quad l=-1\quad m=1\quad m_s=+1/2$

3. 量子力学中的原子轨道是指(　　)。

A. 电子云　　B. 电子出现的概率密度

C. 原子中电子运动状态的波函数　　D. 原子中电子出现的概率

4. 在周期表中,第一电子亲和能具有最大值的元素是(　　)。

A. 氟　　B. 氧　　C. 溴　　D. 氯

5. 已知当氢原子的一个电子从第二能级跃迁到第一能级时,发射出光子的波长是 121.6 nm,则可计算出氢原子中电子第二能级与第一能级的能量差为(　　)。

A. 1.63×10^{-18} J　B. 3.26×10^{-18} J　C. 4.08×10^{-19} J　D. 8.15×10^{-19} J

6. 氢原子的核外电子在第四电子层上运动时的能量比它在第一轨道上运动时的能量多12.7 ev，则这个核外电子由第四轨道跃迁入第一轨道时，所发出的光的频率为(　　)。

A. 6.14×10^{15} S^{-1}　B. 1.2278×10^{16} S^{-1}　C. 3.68×10^{16} S^{-1}　D. 3.07×10^{15} S^{-1}

7. 如果一个原子的主量子数是3，下列叙述正确的是(　　)。

A. 可以有s、p和d电子　　B. 只有s、p电子

C. 有s、p、d和f电子　　D. 只有p电子

8. 影响元素电离能大小的因素是(　　)。

A. 原子的有效核电荷　　B. 原子半径

C. 原子的电子层结构　　D. A、B、C均正确

9. 在周期表中，同一短周期内，由左至右，元素的原子半径变化趋势是(　　)。

A. 基本不变　B. 无规则地变化　C. 逐渐减小　D. 先增大后减小

10. 下列说法正确的是(　　)。

A. 氢原子的2s轨道和2p轨道能量相等

B. 氦原子的2s轨道和2p轨道能量相等

C. 氦原子的2s轨道与Na原子的2s轨道能量相等

D. 以上说法均错误

11. 下列各组原子和离子半径由大到小排序不正确的是(　　)。

A. P^{3-}、S^{2-}、Cl^-、F^-　　B. K^+、Ca^{2+}、Fe^{2+}、Ni^{2+}

C. Co、Ni、Cu、Zn　　D. V、V^{2+}、V^{3+}、V^{4+}

12. 下列分子电偶极矩等于零的是(　　)。

A. $CHCl_3$　B. H_2S　C. NH_3　D. CCl_4

13. 下列分子几何构型为平面三角形的是(　　)。

A. PH_3　B. NH_3　C. BCl_3　D. PCl_3

14. 下列各晶体熔化时，只需要克服色散力的是(　　)。

A. CO_2　B. CH_3COOH　C. SiO_2　D. $CHCl_3$

15. 下列分子中键角最小的是(　　)。

A. NH_3　B. $HgCl_2$　C. H_2O　D. BF_3

16. NH_3溶于水后，分子间产生的作用力有(　　)。

A. 取向力和色散力　　B. 取向力和诱导力

C. 诱导力和色散力　　D. 取向力、色散力、诱导力和氢键

17. 在相同压力下，下列各物质中沸点最高的是(　　)。

A. C_2H_5OH　B. C_2H_5Cl　C. C_2H_5Br　D. C_2H_5I

18. 下列各物质的化学键中，同时存在σ键和π键的是(　　)。

A. C_2H_6　B. SiO_2　C. H_2O　D. N_2

19. 下列关于共价键的说法，正确的是(　　)。

A. 相同原子间双键键能是单键键能的两倍

B. 原子形成共价键的数目等于基态原子的未成对电子数目

C. 一般说来，σ 键的键能比 π 键的键能大

D. 一般说来，σ 键的键长比 π 键的键长长

20. 下列键参数能用来说明分子热稳定性的是（　　）。

A. 键长　　B. 键角　　C. 键型　　D. 键长和键能

21. 下列反应中，$\Delta_r H_m$ 为 NaF 晶格能的是（　　）。

A. $F^-(g) + Na^+(g) = NaF(g)$　　B. $NaF(s) = Na^+(g) + F^-(g)$

C. $F_2(g) + 2Na(s) = 2NaF(g)$　　D. $Na^+(g) + F^-(g) = NaF(s)$

22. 下列各组离子化合物的晶格能大小顺序中，正确的是（　　）。

A. $MgO > CaO > Al_2O_3$　　B. $LiF > NaCl > KI$

C. $RbBr > CsI > KCl$　　D. $BaS > BaO > BaCl_2$

23. 下列晶体中，熔化时只需要克服色散力的是（　　）。

A. K　　B. H_2O　　C. SiC　　D. SiF_4

24. 下列陈述正确的是（　　）。

A. 按照价键理论，两成键原子的原子轨道重叠程度越大，键的强度就越小

B. 多重键中必有一 σ 键

C. 键的极性越大，键就越强

D. 两原子间可以形成多重键，但两个以上的原子间不可能形成多重键

25. 下列说法正确的是（　　）。

A. 离子键和共价键相比，其作用范围更大

B. 所有高熔点的物质都是离子型的

C. 离子型固体的饱和水溶液都是导电性极其良好的

D. 同元素阴离子半径总是比阳离子半径大

（二）填空题

1. ________是描述微观粒子的运动的基本方程，________说明了对于两种物体需使用不同的方法来描述宏观和微观物体运动的原理。

2. 给下列各组原子轨道填充合适的量子数。

(1) n ________，$l = 2, m = 0, m_s = -1/2$

(2) $n = 2, l =$ ________，$m = -1, m_s = +1/2$

(3) $n = 4, l = 2, m = 0, m_s =$ ________

(4) $n = 2, l = 0, m =$ ________，$m_s = -1/2$

3. 在一原子中，主量子数为 n 的电子层中有________个原子轨道，角量子数为 l 的亚层中有________个原子轨道。

4. 符号 4f 电子的主量子数等于________，角量子数等于________，该电子亚层最多可能有________种空间取向，可容纳电子最多是________个。

5. 共价键的特点是具有________和________。

6. $SiCl_4$ 分子具有正四面体构型，这是因为 Si 原子以________杂化轨道与 4 个________原子分别形成________键，杂化轨道间的夹角为________。

7. BF_3 分子的空间构型是________,B 原子采用________杂化轨道成键,其键角是________,偶极矩________0(填 >、< 或 =)。

8. NH_3 的沸点比 PH_3 的高,其原因是________。

9. 晶体的四种基本类型是________、________、________、________。

10. 金刚石熔点很高,因为它是________晶体,CO_2 熔点很低,因为它是________晶体。

(三)判断题

1. 当原子中电子从高能级跃迁至低能级时,两能级间能量相差越大,则辐射出的电磁波的波长越长。( )

2. 电子具有波粒二象性,就是说它一会是粒子,一会是电磁波。( )

3. 3 个 p 轨道的能量、形状和大小都相等,不同的是在空间的取向。( )

4. 电子云的黑点表示电子可能出现的位置,疏密程度表示电子出现在该范围的机会大小。( )

5. 价电子层排布含 ns^2 的元素都是碱土金属元素。( )

6. s 轨道和 p 轨道成键时,只能形成 σ 键。( )

7. 一般说来,键长越短,键能就越强,键的强度就越弱。( )

8. 色散力仅存在于非极性分子之间。( )

9. 极性分子中的化学键一定是极性键,非极性分子中的化学键一定是非极性键。( )

10. 原子单独存在时,不会发生杂化,只有在与其他原子形成分子时,方可能发生杂化。( )

11. BH_3 与 NH_3 分子的空间构型相同。( )

12. CO_2 和 SiO_2 都是共价型化合物,所以形成同种类型晶体。( )

13. SiC 晶体中不存在独立的 SiC 分子。( )

14. 离子晶体的晶格能的代数值越大,表示该离子晶体越稳定。( )

15. 下列物质熔点由高到低排列顺序是 NaI、NaBr、NaCl、NaF。( )

(四)问答题

1. 从 Li 表面释放出一个电子所需的能量是 2.37 eV,如果用氢原子中电子从能级 $n=2$ 跃迁到 $n=1$ 时辐射出来的光照射锂时,请计算能否有电子释放出来。若有,电子的最大动能是多少?

2. 试计算电子从 $n=6$ 能级回到 $n=2$ 能级时,由辐射能量产生的谱线的频率、波长及能量。

3. 确定一个基态原子的电子构型时,应遵循哪些原则?分别指出下列各种电子排布违反了哪些原则?

(1)$1s^2 2s^2 2p_x^2 2p_y^2$

(2)$1s^2 2s^2 2p^6 3s^2 3p^6 3d^{10}$

(3)$1s^2 2s^2 2p^6 3s^2 3p^6 4s^3$

4. 什么叫等性杂化?什么叫不等性杂化?

5. 晶格结点上粒子间的作用力都是化学键吗？

6. 区别下列概念：

(1) ψ 与 $|\psi|^2$；

(2) 电子云与原子轨道；

(3) 几率与几率密度。

7. 比较下列各项性质，并予以简单解释。

(1) SiO_2、KI、$FeCl_3$、CCl_4 的熔点；

(2) NaBr、NaCl、NaI、NaF 的熔点；

(3) $SiBr_4$、$SiCl_4$、SiF_4、SiI_4 的硬度。

8. 下列分子中 H_2O、HNO_3、H_3BO_3、CH_3COOH、HCHO、PH_3、C_6H_6、H_2S 哪些可以形成氢键？哪些可以形成分子内氢键？

9. 填表题。

物　质	中心原子	杂化类型	孤对电子数	空间构型
$HgCl_2$				
H_2O				
$SiCl_4$				
PCl_5				

六、参考答案

(一) 选择题

1. C　2. B　3. C　4. D　5. A　6. D　7. A　8. D　9. C　10. A　11. C　12. C　13. C　14. A　15. C　16. D　17. A　18. D　19. C　20. D　21. D　22. B　23. D　24. B　25. D

(二) 填空题

1. 薛定谔方程　测不准关系

2. (1) ≥3 的正整数　(2) 1　(3) ±1/2　(4) 0

3. n^2　$2l+1$

4. 4　3　7　14

5. 饱和性　方向性

6. sp^3　Cl　σ　109°28′

7. 平面三角形　sp^2　120°　=

8. 氨分子间有氢键的相互作用

9. 离子晶体　原子晶体　分子晶体　金属晶体

10. 原子　分子

(三) 判断题

1. ×　2. ×　3. ✓　4. ✓　5. ×　6. ✓　7. ×　8. ×　9. ×　10. ✓　11. ×　12. ×　13. ✓　14. ×　15. ×

(四) 问答题

1. 解　氢原子的轨道能量为

$$E_n = -13.6(Z^2/n^2)$$

$$E_1 = -13.6(1^2/1^2),\quad E_2 = -13.6(1^2/2^2)$$

$$\Delta E = E_2 - E_1 = -13.6 \times (1^2/2^2 - 1^2/1^2) = 10.2 > 2.37\ \text{eV}$$

所以有电子释放,电子的最大动能为

$$E = 10.2 - 2.37 = 7.8\ \text{eV}$$

2. 解

$$\nu = 3.289 \times 10^{15} \times \left(\frac{1}{n_1^2} - \frac{1}{n_2^2}\right) = 3.289 \times 10^{15} \times \left(\frac{1}{2^2} - \frac{1}{6^2}\right) = 7.30 \times 10^{14}\ \text{s}^{-1}$$

$$\lambda = \frac{c}{v} = \frac{3 \times 10^8 \times 10^9}{7.30 \times 10^{14}} = 410.7\ \text{nm}$$

$$E = h\nu = 6.626 \times 10^{-34} \times 7.30 \times 10^{14} = 4.837 \times 10^{-19}\ \text{J}$$

3. 解　(1) 违反了洪特规则。

(2) 违反了能量最低原理。

(3) 违反了泡利不相容原理。

4. 解　轨道杂化后,若形成的每条杂化轨道的能量和成分均相同,称为等性杂化,若形成的杂化轨道的能量、成分并不都相同,则称为不等性杂化。

5. 解　晶格类型不同,则其晶格结点粒子间的作用也不同。离子晶体的晶格上的粒子是离子,它们之间的作用力是离子键;原子晶体晶格上的粒子为原子,它们之间的作用力是共价键;分子晶体晶格上的粒子是分子(或原子),它们之间的作用力为范德华力和氢键;金属晶体晶格点上的粒子为原子或离子,它们之间的作用力是金属键。

6. 解　(1) ψ 是量子力学中用来描述原子中电子运动状态的波函数,是薛定谔方程的解;$|\psi|^2$ 反映了电子中核外空间出现的几率密度。

(2) $|\psi|^2$ 在空间分布的形成化描述叫电子云,而原子轨道与波函数 ψ 为同义词。

(3) $|\psi|^2$ 表示原子核外空间某点附近单位体积内电子出现的几率,称为几率密度,某一微小体积 dV 内电子出现的几率为 $|\psi|^2 \cdot dV$。

7. 解　(1) 熔点由高到低排列顺序为 SiO_2,KI,$FeCl_3$,CCl_4。

因为 SiO_2 是典型的原子晶体,KI 为离子晶体,$FeCl_3$ 是过渡型晶体,CCl_4 是分子晶体。

(2) 熔点由高到低排列顺序为 NaF,NaCl,NaBr,NaI。

离子晶体熔点高低与晶格能有关,当离子电荷越高,正、负离子半径之和越小时,晶格能就越大,熔点就越高。上述物质中离子的电荷数相同,阴离子半径按 F^-、Cl^-、Br^-、I^- 依次增大,晶格能依次减小,熔点依次降低。

(3) 熔点由高到低排列顺序为 SiI_4、$SiBr_4$、$SiCl_4$、SiF_4。

卤化硅晶体是非极性分子,相对分子质量越高,分子中电子数越多,分子越易变形,色散力越大,分子间力越大,熔点就越高。

8. 解　可以形成氢键的物质有:H_2O、HNO_3、H_3BO_3、CH_3COOH。

可以形成分子内氢键的是 HNO_3。

9. 解

物　质	中心原子	杂化类型	孤对电子数	空间构型
$HgCl_2$	Hg	sp	0	直线型
H_2O	O	sp^3(不等)	1	V 字型
$SiCl_4$	Si	sp^3	0	正四面体
PCl_5	P	sp^3d	0	三角双锥

(五) 课后习题答案

1. 解　略

2. 解　(1) 主量子数 n　决定电子在核外出现几率最大区域离核的平均距离,取值从 1 开始的任何整数,$n = 1,2,3\cdots$

(2) 角量子数 l　描述电子运动状态和能量,代表电子角动量大小。取值受主量子数 n 的限制,可以取从 0 到 $n-1$ 的正整数。

(3) 磁量子数 m　用来描述原子轨道或电子云在空间的伸展方向。取值受 l 值的限制,它可以取从 -1 到 $+1$,包括 0 在内的整数值。

(4) 自旋量子数 m_3　表示电子的两种不同的运动状态,两种状态有不同的“自旋”角动量,其值可取正和负。

3. 解　略

4. 解　(1) 沿键轴方向重叠是 σ 键

(2) 沿键轴方向平行重叠是 π 键

(3) 正确

(4) 是 s 轴和 p 轨道上四个电子杂化形成 sp^3 杂化轨道

5. 解　(1) 不存在;l 应为小于 2 的非负整数 2 = 2

(2) 不存在;$m = 2 > l = 1$,m 应为绝对值不大于 l 的整数

(3) 存在,符合 $l < n, |m| \leqslant l, m_3 = \pm\frac{1}{2}$

(4) 存在;符合 $l < n, |m| \leqslant l, m_3 = \frac{1}{2}$

6. 解　$_{21}Sc{:}1s^22s^22p^63s^23p^64s^23d^1$

$_{42}Mo{:}1s^22s^22p^63s^23p^64s^23d^{10}4p^65s^14d^5$

$_{48}Cd{:}1s^22s^22p^63s^23p^64s^23d^{10}4p^65s^24d^{10}$

7. 解　(1)Se,21;Ga,31

(2)Se[Ar]$4s^23d^1$;Gr[Ar]$4s^23d^{10}4p^1$

8. 解　(1)$l = 1$　(2)$m = 1,0,-1$　(3)$m_s = \pm\frac{1}{2}$

9. 解　(1)$_{18}Ar$:[Ne]$3s^23p^6$　第三周期 ⅧA 族

(2)$_{26}Fe$:[Ar]$4s^23d^6$　第四周期 ⅧB 族

(3)$_{53}I$:[Kr]$5s^24d^{10}5p^5$　第六周期 ⅦA 族

(4)$_{47}Ag$:[Kr]$5s^14d^{10}$　第五周期 ⅠB 族

10. 解　(1)$4s^2$：Ca

第四周期 ⅡA 族;s 区;最高氧化值 +2; 电负性小

(2)$3s^23p^5$:Cl

第三周期 ⅦA 族;p 区;最高氧化值 +7　电负性大

(3)$3d^24s^2$:Ti

第四周期 ⅣB 族;d 区;最高氧化值 +4　电负性较小

(4)$5d^{10}6s^2$:Hg

第六周期 ⅡB 族;ds 区;最高氧化值 +2　电负性较大

11. 解　26 号 Fe[Ar]$4s^23d^6$ 失去 3 个电子为 $4s^03d^5$;

43 号 T_c[Kr]s^24d^5 失去 2 个电子为 $4d^5$

12. 解　四个能级。s 为 1 个轨道　d 为 5 个轨道　f 为 7 个轨道　最高容纳 2、6、10、14 个电子

13. 解　甲:Cl[Ne]$3s^23p^5$,17 号第 Ⅵ 副族,非金属,电负性高

14. 解　(1)Cl　(2)Be　(3)O

15. 解　(1)Cs,H　(2)F,Cs　(3)F,Cs　(4)Pb,F

16. 解　(1)sp;直线型　(2)sp^3;正四面体

(3)sp^2;平面三角形　(4)sp;直线

17. 解　(1) 色散力　(2) 色散力　(3) 取向力,氢键　(4) 诱导力,取向力,氢键　(5) 诱导力,取向力　(6) 诱导力,取向力,氢键　(7) 色散力,诱导力,取向力,氢键　(8) 取向力

18. 解　(1) 色散力　(2) 取向力,氢键　(3) 诱导力,氢键　(4) 取向力

19. 解　$\Delta_f H_m^{\ominus} = \Delta_s H_m^{\ominus}(K) + \frac{1}{2}\Delta H_m^{\ominus}(I_2) + \frac{1}{2}D^{\ominus}(I - I_1) + E_A + I_1 - U =$

$$90 + \frac{1}{2} \times 62.4 + \frac{1}{2} \times 151 + (-310.5) + 418.9 - 631.9 =$$

$$-251.3\ \text{kJ} \cdot \text{mol}^{-1}$$

20. 略

21. 解　$\frac{1}{2}N_2 + \frac{3}{2}H_2 = NH_3, \Delta H = -46.02\ \text{kJ} \cdot \text{mol}^{-1}$

(1) 设 NH 键能为 x

$$\frac{1}{2} \times 945 + \frac{3}{2} \times 436 - 3x = -46.02$$

$$x = 390.84\ \text{kJ} \cdot \text{mol}^{-1}$$

(2)$N_2 + 2H_2 = NH_2 - NH_2, \Delta H = 96.26\ \text{kJ} \cdot \text{mol}^{-1}$

设 N－N 单键的键能为 y。

$$945 + 2 \times 436 - 4 \times 390.84 - y = 96.26$$

解得 $y = 157.38$。

所以 N－N 单键的键能为 $157.38\ \text{kJ} \cdot \text{mol}^{-1}$

第7章　配位化学基础

一、中学链接

1. 了解简单配合物的成键情况

(1) 配位键:一个原子提供一对电子与另一个接受电子的原子形成的共价键。即成键的两个原子一方提供孤对电子,一方提供空轨道而形成的共价键。

(2)① 配合物:由提供孤电子对的配位体与接受孤电子对的中心原子(或离子)以配位键形成的化合物称配合物,又称络合物。

② 形成条件:a. 中心原子(或离子)必须存在空轨道;b. 配位体具有提供孤电子对的原子。

③ 配合物的组成

④ 配合物的性质:配合物具有一定的稳定性。配合物中配位键越强,配合物越稳定。当作为中心原子的金属离子相同时,配合物的稳定性与配体的性质有关。

2. 杂化轨道理论

杂化轨道——σ键和孤对电子　　未杂化轨道——π键

例如杂化方式判断:SO_2　C_2H_4

3. 配位键

一个原子单方面提供孤对电子与另一有空轨道的原子通过共用该电子对而形成的共价键叫配位键。如 NH^{4+} 中,NH_3 分子中 N 原子上的孤对电子与有空轨道的 H^+ 通过共用电子对形成配位键。

二、教学基本要求

掌握配合物的定义组成和命名规则,掌握螯合物的结构性质以及影响螯合物稳定的因素,掌握配合物价键理论的基本要点及其应用,了解配位化合物空间结构与中心离子杂化形式的关系。

三、内容精要

1. 配位化合物的定义、组成和命名

(1) 配位化合物定义

以具有接受电子对的空轨道的离子或原子为中心,电子对可以给出一定数目的离子或分子为配位体,两者以配位键相结合形成具有一定空间构型的复杂化合物,称为配位化合物,简称配合物。

(2) 配位化合物的组成

配位化合物一般由内界(配离子)和外界两部分组成,内界包含中心离子和配位体,外界离子与配离子保持电荷平衡。

① 中心离子:以过渡金属阳离子为主的中心离子具有空的价电子轨道,可以接受配位体的孤电子对而形成配位键。

② 配位体:含有孤电子对的分子或离子常作为配位体,配位体与中心离子形成配位键的原子称为配位原子。配位原子都是非金属元素。多基或多齿配位体是指含有两个以上配位原子的配位体。

③ 配位数:一个中心离子所结合的配位原子的总数称为该中心原子的配位数。

④ 配离子的电荷:配离子的电荷等于中心原子与配位体两者电荷之和。

(3) 配位化合物的命名

若配合物为配离子化合物,则命名时配阴离子在前,配阳离子在后;若为配阳离子化合物,则叫某化某或某酸某;若为配阴离子化合物,则在配阴离子与外界阳离子之间用"酸"字连接,称为某酸某。有多种配体时,配体之间用中圆点"·"分开,命名次序为:先阴离子后中性分子;同类配体按配位原子元素符号的英文字母顺序的先后命名,一些配合物的化学式和系统命名示例见表7.1。

表7.1 一些配合物的化学式和系统命名示例

类别	化学式	系统命名
配位酸	$H_2[SiF_6]$	六氟合硅(Ⅳ)酸
	$H_2[PtCl_6]$	六氯合铂(Ⅳ)酸
配位碱	$[Ag(NH_3)_2](OH)$	氢氧化二氨合银(Ⅰ)
配位盐	$[Cu(NH_3)_4]SO_4$	硫酸四氨合铜(Ⅱ)
	$[CrCl_3(H_2O)_4]Cl$	一氯化二氯·四水合铬(Ⅲ)
	$[Co(NH_3)_5(H_2O)]Cl_3$	三氯化五氨·一水合钴(Ⅲ)
	$K_4[Fe(CN)_6]$	六氰合铁(Ⅱ)酸钾
	$Na_3[Ag(S_2O_3)_2]$	二(硫代硫酸根)合银(Ⅰ)酸钠
	$K[PtCl_5(NH_3)]$	五氯·一氨合铂(Ⅳ)酸钾
	$NH_4[Cr(NCS)_4(NH_3)_2]$	四(异硫氰酸根)·二氨合铬(Ⅲ)酸铵
中性分子	$[Fe(CO)_5]$	五羰基合铁
	$[PtCl_4(NH_3)_2]$	四氯·二氨合铂(Ⅳ)
	$[Co(NO_2)_3(NH_3)_3]$	三硝基·三氨合钴(Ⅲ)

2. 螯合物

(1) 螯合物的概念

一个配体以两个或两个以上的配位原子(即多齿配体)和同一中心离子配位而形成

一种环状结构的配合物，称为螯合物。环状结构是螯合物的特点。

(2) 螯合剂

能与中心离子形成螯合物的多齿配体，称为螯合剂。螯合剂有以下一些特点：

① 含有两个或两个以上能给出孤电子对的配位原子，即一定是多齿配体。

② 这些配位原子在螯合剂的分子结构中必须处于适当的位置，即配位原子之间一般间隔两个或三个其他原子，只有这样才能形成稳定的五原子环或六原子环。

最常用的有机螯合剂是含有氨基乙二酸[$—N(CH_2COOH)_2$]基团的一类有机化合物，称为氨羧配位剂。其中应用最广泛的是乙二胺四乙酸(简称 EDTA)。

(3) 螯合物的特殊稳定性

螯合物比具有相同配位原子的非螯合物要稳定得多，在水中更难离解，其原因是生成了稳定的环状化合物(螯环)。要使螯合物完全离解为金属离子和配体，对于二齿配体所形成的螯合物，需要破坏两个键；对于三齿配体所形成的螯合物，则需要破坏三个键。因此，螯合物的稳定性随螯合物中环数的增多而增强。此外，螯环的大小也会影响螯合物的稳定性。一般具有五原子环或六原子环的螯合物最稳定。

3. 配位化合物的价键理论

(1) 价键理论的要点

价键理论认为：中心离子(或原子)与配体形成配合物时，中心离子(或原子)以空的杂化轨道，接受配体中配位原子提供的孤对电子，形成配位共价键，这是一种特殊的共价键，共用电子对由单一原子提供。中心离子(或原子)杂化轨道的类型与形成的配离子的空间结构密切相关，也决定配位键型(内轨或外轨配键)。

(2) 外轨配键和内轨配键

中心离子仍保持其自由离子状态的电子结构，配位原子的孤对电子仅进入外层空轨道而形成的配键，称为外轨配键。

中心离子的电子结构改变，未成对的电子重新配对，从而在内层腾出空轨道来形成的配键称为内轨配键。

(3) 配位化合物的空间结构

配位化合物的空间结构取决于中心离子杂化轨道的类型。

(4) 配位化合物的磁性

物质表现为顺磁性或反磁性，取决于组成物质的分子、原子或离子中电子的运动状态。如果物质中所有电子都已配对，无单电子，则该物质无磁性，称为反磁性；相反，如物质中有未成对电子，则该物质表现为顺磁性。

物质磁性的强弱可用磁矩(μ)来表示。

$$\mu/(\mathrm{B.M}) = \sqrt{n(n+2)}$$

式中，n 是未成对电子数；B. M 是磁矩的单位玻尔磁子。

4. 配位平衡

(1) 配位平衡和平衡常数

形成配离子的配位平衡可以用标准累积稳定常数或标准总稳定常数 $\beta^{\ominus}$ 来表示。中心离子与配位体发生配位反应，是分步进行的，且每一步都有相应的稳定常数 $K_1^{\ominus}$，称为逐级稳定常数。逐级稳定常数的乘积就是该配离子的稳定常数,即 $K_1^{\ominus}K_2^{\ominus}\cdots K_n^{\ominus}=\beta_n^{\ominus}$。配离子的稳定性还可用累积不稳定常数或离解常数 $\beta_n^{\ominus''}$ 来表示。不稳定常数是配离子的离解过程(即配位的逆过程)的平衡常数。在相同条件下,同一种配离子的稳定常数与不稳定常数互为倒数,即

$$\beta^{\ominus'}=1/\beta^{\ominus}$$

(2) 配位平衡的移动

配位平衡的移动符合化学平衡移动的一般规律。若在某一个配位平衡的体系中加入某种化学试剂(如酸、碱、沉淀剂或氧化还原剂等),会导致该平衡的移动,也即原平衡的各组分的浓度发生了改变。

5. 配位化合物的应用

(1) 配位化合物在分析化学中的应用

① 离子鉴定和分离。

② 配位滴定。

③ 掩蔽干扰。

(2) 配位化合物在工业上的应用

(3) 配位化合物在生物、医药等方面的应用

四、典型例题

例 7.1 在 $[Ag(NH_3)_2]^+$ 加入 $Na_2S_2O_3$,判断反应进行的方向。已知

$$K^{\ominus}_{稳,[Ag(S_2O_3)_2]^{3-}}=2.88\times10^{13}$$

$$K^{\ominus}_{稳,[Ag(NH_3)_2]^{+}}=1.67\times10^{7}$$

$$[Ag(NH_3)_2]^++2S_2O_3{}^{2-}\rightleftharpoons[Ag(S_2O_3)_2]^{3-}+2NH_3$$

其平衡常数为

$$K^{\ominus}=\frac{[Ag(S_2O_3)_2{}^{3-}][NH_3]^2}{[S_2O_3{}^{2-}]^2[Ag(NH_3)_2{}^+]}=\frac{[Ag(S_2O_3)_2{}^{3-}][NH_3]^2[Ag^+]}{[S_2O_3{}^{2-}]^2[Ag(NH_3)_2{}^+][Ag^+]}=\frac{2.88\times10^{13}}{1.67\times10^{7}}=1.72\times10^{6}$$

因为反应的 $K^{\ominus}$ 值很大,故反应正向进行,且反应进行程度较大。

例 7.2 计算溶液中与 $1.0\times10^{-3}\ mol\cdot dm^{-3}$ 的 $[Cu(NH_3)_4]^{2+}$ 和 $1.0\ mol\cdot dm^{-3}$ 的 NH_3 处于平衡状态时游离 Cu^{2+} 的浓度。

解 设平衡时 $c(Cu^{2+})=x\ mol\cdot dm^{-3}$,反应为

$$Cu^{2+}+4NH_3\rightleftharpoons[Cu(NH_3)_4]^{2+}$$

平衡浓度/($mol\cdot dm^{-3}$)　x　1.0　1.0×10^{-3}

已知 $[Cu(NH_3)_4]^{2+}$ 的 $K_f^{\ominus}=2.09\times10^{13}$,将上述各项代入累积稳定常数表示式,得

$$K_f^{\ominus}=\frac{c\{[Cu(NH_3)_4]^{2+}\}/c^{\ominus}}{[c(Cu^{2+})/c^{\ominus}][c(NH_3)/c^{\ominus}]^4}=\frac{10\times10^{3}}{x(1.0)^4}=2.09\times10^{13}$$

解得 $$x=\frac{1.0\times10^{-3}}{1\times2.09\times10^{13}}=4.8\times10^{-17}\ \text{mol}\cdot\text{dm}^{-3}$$

例 7.3 向含有$[Ag(NH_3)_2]^+$的溶液中加入 KCN,此时可能发生下列反应

$$[Ag(NH_3)_2]^+ + 2CN^- \rightleftharpoons [Ag(CN)_2]^- + 2NH_3$$

试通过计算判断$[Ag(NH_3)_2]^+$是否可能转化为$[Ag(CN)_2]^-$。

解 根据平衡常数表示式可写出

$$K^\ominus=\frac{c\{[Ag(CN)_2]^-\}\cdot c^2(NH_3)}{c\{[Ag(NH_3)_2]^+\}\cdot c^2(CN^-)}$$

分子分母同乘$c(Ag^+)$后可得

$$K^\ominus=\frac{c\{[Ag(CN)_2]^-\}\cdot c^2(NH_3)\cdot c(Ag^+)}{c\{[Ag(NH_3)_2]^+\}\cdot c^2(CN^-)\cdot c(Ag^+)}=\frac{K_f^\ominus\{[Ag(CN)_2]^-\}}{K_f^\ominus\{[Ag(NH_3)_2]^-\}}$$

已知$[Ag(NH_3)_2]^+$和$[Ag(CN)_2]^-$的$K_f^\ominus$分别为1.12×10^7和1.26×10^{21}

则 $$K^\ominus=(1.26\times10^{21})/(1.12\times10^7)=1.13\times10^{14}$$

$K^\ominus$值之大说明转化反应能进行完全,$[Ag(NH_3)_2]^+$可以完全转化为$[Ag(CN)_2]^-$。

配离子的转化具有普遍性,金属离子在水溶液中的配合反应,也是配离子之间的转化。

例 7.4 已知$E^\ominus(Au^+/Au)=1.83\ V$,$[Au(CN)_2]^-$的$K_f^\ominus=1.99\times10^{38}$,试计算$E^\ominus\{[Au(CN)_2]^-/Au\}$值。

解 首先计算$[Au(CN)_2]^-$在标准状态下平衡时解离出的Au^+的浓度。反应为

$$[Au(CN)_2]^- \rightleftharpoons Au^+ + 2CN^-$$

根据题意,配离子和配体的浓度均为 $1\ \text{mol}\cdot\text{dm}^{-3}$,则

$$c(Au^+)=1/K_f^\ominus\{[Au(CN)_2]^-\}\cdot c^\ominus=5.02\times10^{-39}\ \text{mol}\cdot\text{dm}^{-3}$$

将$c(Au^+)$代入能斯特方程式得

$$E^\ominus\{[Au(CN)_2]^-/Au^+\}=E^\ominus(Au^+/Au)+\{0.059\,2\lg[c(Au^+)/c^\ominus]\}=$$
$$(+1.83+0.059\,2\ \lg10^{-38.3})=$$
$$(+1.83-2.27)=-0.44\ V$$

由此例可以看出,当Au^+形成配离子以后

$$E^\ominus\{[Au(CN)_2]^-/Au^+\}<E^\ominus(Au^+/Au)$$

在有配体CN^-存在时,单质金的还原能力增强,易被氧化为$[Au(CN)_2]^-$。

五、训 练 题

(一) 选择题

1. 配合物中心离子的配位数等于(　　)。

A. 配位体数　　B. 配位体中的原子数

C. 配位原子数　　D. 配位原子中的孤对电子数

2. EDTA 中可提供的配位原子数为(　　)。

A. 2　　B. 4　　C. 6　　D. 8

3. 在溶液中$[Zn(NH_3)_4]^{2+}$比$[Zn(H_2O)_4]^{2+}$稳定，这意味着$[Zn(NH_3)_4]^{2+}$的(　　)。

A. 酸性较强　　B. 不稳定常数较大

C. 稳定常数较大　　D. 电离平衡常数较大

4. 反应$[Cu(CN^-)_4]^{2-} + 4H^+ \rightleftharpoons 4HCN + Cu^{2+}$在298.15 K，标准状态下自发进行的方向应为(　　)。

(已知298.15 K时，$K_f^\ominus[Cu(CN^-)_4]^{2-} = 2.0 \times 10^9$，$K_a^\ominus(HCN) = 4.93 \times 10^{-10}$)

A. 正向　　B. 逆向　　C. 平衡　　D. 三种情况都可能

5. 已知AgCl的$K_{sp}^\ominus = 1.7 \times 10^{-10}$，$Ag[EDTA]^{3-}$的$K_f^\ominus = 2.1 \times 10^7$，则反应$AgCl + EDTA^{4-} = [Ag(EDTA)]^{3-} + Cl^-$的平衡常数$K^\ominus$为(　　)。

A. 8.1×10^{-18}　　B. 3.6×10^{-3}　　C. 3.6×10^3　　D. 1.2×10^{17}

6. 向$[Cu(NH_3)_4]^{2+}$水溶液中通入氨气，则(　　)。

A. $K_f^\ominus[Cu(NH_3)_4]^{2+}$增大　　B. $K_f^\ominus[Cu(NH_3)_4]^{2+}$减小

C. $[Cu^{2+}]$增大　　D. $[Cu^{2+}]$减小

7. 下列各物质，能在强酸性溶液中稳定存在的是(　　)。

A. $[HgI_4]^{2-}$　　B. $[Zn(NH_3)_4]^{2+}$　　C. $[Fe(C_2O_4)_3]^{3-}$　　D. $[Ag(S_2O_3)_2]^{3-}$

8. 下列配合物中属于内轨型的是(　　)。

A. $[Fe(CN)_6]^{3-}$　　B. $[FeF_6]^{3-}$　　C. $[Fe(H_2O)_6]^{2+}$　　D. $[Fe(H_2O)_6]^{3+}$

9. 下列描述$[CoF_6]^{3-}$和$[Co(CN)_6]^{3-}$的磁性，正确的是(　　)。

A. 顺磁、顺磁　　B. 顺磁、反磁　　C. 反磁、反磁　　D. 反磁、顺磁

10. 下列各配离子中，几何构型为四面体的是(　　)。

A. $PtCl_4^{2-}$　　B. $[Pt(C_2H_4)Cl_3]^-$　　C. $Zn(NH_3)_4^{2+}$　　D. $CuCl_4^{2-}$

11. 当M与L生成ML_n逐级络合物，下列关系正确的是(　　)。

A. $[ML_n] = [M][L]^n$　　B. $[ML_n] = k_n[M][L]$

C. $[ML_n] = \beta_n[M][L]^n$　　D. $[ML_n] = k_n[M][L]^n$

12. 下列配合物中，磁矩近似为4.9的是(　　)。

A. $Co(H_2O)_6^{2+}$　　B. CoF_6^{3-}　　C. $Fe(H_2O)_6^{3+}$　　D. FeF_6^{3-}

(二) 填空题

1. 配合物$[Cr(OH)_3(H_2O)(en)]$的名称为＿＿＿＿＿。

2. 正三价轻稀土离子(Ln^{3+})和二苯基-18-冠-6($C_{20}H_{24}O_6$)生成的$Ln(NO_3)\cdot C_{20}H_{24}O_6$型螯合物中，配位原子是＿＿＿＿＿原子，$Ln^{3+}$周围共有＿＿＿＿＿个＿＿＿＿＿元环，配合物中$Ln^{3+}$的配位数是＿＿＿＿＿。

3. Co^{2+}与配体NO_3^-能形成一种配离子，其化学式为＿＿＿＿＿，Co(Ⅱ)的配位数为＿＿＿＿＿。UO_3溶于硝酸生成硝酸铀酰，其化学式为＿＿＿＿＿，二水合硝酸铀酰的化学式为＿＿＿＿＿，中心原子的配位数为＿＿＿＿＿，它的空间结构可以看成是＿＿＿＿＿面体，赤道平面上有＿＿＿＿＿个氧原子，它们分别来自＿＿＿＿＿，垂直于

赤道平面应是直线型的_________基团。

4. $[Ni(CN)_4]^{2-}$ 配离子中心原子的杂化轨道类型为_________，其空间构型为_________。

5. _________型配合物 $Zn(NH_3)_4^{2+}$ 中，中心离子采用_________杂化轨道成键，配离子空间构型为_________。因分子中含有_________个单电子，故属于_________磁性性质。

6. 氨分子中，氮原子以_________轨道与氢原子键合。氨之所以能作为配位体参加配合反应，是由于_________的缘故。在内轨型配离子六氨合钴（Ⅲ）中，中心离子价层电子排布图为_________，其以_________轨道同配位原子键合。

7. 已知配合物 $K_3[Fe(CN)_6]$ 磁矩的测定值 $\mu = 1.78$ BM，根据价键理论，该配合物中心离子采用_________杂化轨道成键，其空间构型为_________，其配合物的命名为_________。

8. 已知 $[Ag(CN_2)]^-$，$[Ag(NH_3)_2]^+$，$[Co(NH_3)_6]^{3+}$ 的 $K_f^{\ominus}$ 分别为 1.25×10^{21}，1.6×10^7，3.23×10^{32}，上述三种配离子中最不稳定的是_________，最稳定的是_________。

9. $K_f^{\ominus}[Zn(en)_2]^{2+}$ 大于 $K_f^{\ominus}[Zn(NH_3)_4]^{2+}$，是因为 $[Zn(en)_2]^{2+}$ 具有_________。

10. $[Ag(S_2O_3)_2]^{3-}$ 水溶液中存在的配位平衡为_________，加入 KCN，由于_________，平衡向_________移动。

（三）判断题

1. 在 $[Cu(en)_2]^{2+}$ 配合物中，Cu^{2+} 的配位数是4。（　　）

2. 同类型配离子的 $K_f^{\ominus}$ 值越小，该配离子的稳定性越差。（　　）

3. 配位数就是配位体的数目。（　　）

4. 多齿配体与中心原子生成的配合物一定成环，所以，它生成的配合物都是螯合物。（　　）

5. Li^+、Na^+、K^+、Rb^+、Cs^+ 等碱金属离子不易形成一般的配合物，但可与某些螯合剂形成稳定的螯合物。（　　）

6. 在羰基配合物中，配体 CO 的配位原子一定是碳。（　　）

7. 螯合物中配位原子之间相隔两个或三个其他原子时，形成的五原子或六原子螯环最稳定。（　　）

8. 对同类型配离子，$K_f^{\ominus}$ 小的配离子可转化为 $K_f^{\ominus}$ 值大的配离子。（　　）

9. 配位键是稳定的化学键，配位键越稳定，配位物的稳定常数越大。（　　）

10. 可用晶体场理论说明 $Co(C_5H_3)_2$ 易被氧化成 $Co(C_5H_3)^{2+}$ 的理由。（　　）

（四）问答题

1. 什么是离子缔合物？什么是三元混配络合物？

2. 用硝酸或盐酸均不能溶解 Pt、Au 等贵金属，但用王水则可以，为什么？

3. 已知 Fe^{3+} 与EDTA的配合物的 $\lg K_{FeY} = 25.1$，若在 $pH = 6.0$ 时，用EDTA滴定 Fe^{3+}，考虑 $\alpha_{Y(H)}$ 和 $\alpha_{Fe(OH)_3}$ 后，$\lg K'_{FeY} = 25.1$，完全可以准确滴定，但实际上一般是在 $pH = 1.5$ 的条件下滴定 Fe^{3+}，为什么？

4. pH = 5.0时，镁和EDTA配合物的条件稳定常数为多少？此时镁能否用EDTA直接滴定？

5. 解释 FeF_6^{3-} 的形成，并用轨道变化图表示。

6. 在用生成蓝色 $Co(SCN)_4^{2-}$ 配离子方法来测定 Co^{2+} 的存在及其浓度时，为什么要用浓 NH_4SCN 溶液并加入一定量的丙酮？

(五) 计算题

1. 在1.0 L浓度为0.10 mol · dm^{-3} 的 $CuSO_4$ 溶液中加入浓度为6.0 mol · dm^{-3} 的1.0 L的 $NH_3 \cdot H_2O$ 溶液，求平衡时溶液中 Cu^{2+} 的浓度($K_{稳} = 2.09 \times 10^{13}$)。

2. 一溶液含有 Fe^{2+} 和 Fe^{3+}，它们的浓度都是0.050 mol · dm^{-3}。如果要求 Fe^{3+} 离子沉淀完全而 Fe^{2+} 离子不生成沉淀，须控制 pH 值为多少？($K_{sp}^{\ominus}[Fe(OH)_3] = 2.64 \times 10^{-39}$，$K_{sp}^{\ominus}[Fe(OH)_2] = 4.87 \times 10^{-17}$)

3. 称取含铝试样 0.200 0 g，溶解后加入 0.020 62 mol · dm^{-3}EDTA 标准溶液 30.00 mL，控制条件使 Al^{3+} 与 EDTA 络合完全，然后以0.020 12 mol · dm^{-3} 的 Zn^{2+} 标准溶液滴定，消耗 Zn^{2+} 溶液7.10 mL，计算试样中 Al_2O_3 的质量分数。

4. 一配合物组成为 $CoCl_3(en)_2H_2O$，摩尔质量为330 g · mol^{-1}，取83.5 mg该配合物溶于水，再倾入氢型阳离子交换柱中，交换出的酸需0.05 mol · dm^{-3} 的 NaOH 11.0 mL才能中和，试写出配合物的结构式。

六、参考答案

(一) 选择题

1. C　2. C　3. C　4. A　5. B　6. D　7. A　8. A　9. B　10. C　11. C　12. B

(二) 填空题

1. 三羟基 · 一水 · 一乙二胺合铬(Ⅲ)

2. 氧　六　五　六

3. $Co(NO_3)_4^{2-}$，8，$UO_2(NO_3)_2$，$UO_2(NO_3)_2 \cdot 2H_2O$，8，12，6

两个 NO_3^- 和两个 H_2O，O – U – O

4. dsp^2　平面四方形

5. 外轨　sp^3　正四面体　0　反磁性

6. 不等性 sp^3 杂化　N原子上具有一孤对电子　$3d^64s4p$　d^2sp^3 杂化

7. d^2sp^3　八面体　六氰合铁(Ⅲ)酸钾

8. $[Ag(NH_3)_2]^+$　$[Ag(CN_2)]^-$

9. 螯合效应

10. $Ag + 2S_2O_3^{2-} \rightleftharpoons [Ag(S_2O_3)_2]^{3-}$，生成 $[Ag(CN)_2]^-$，左

(三) 判断题

1. ✓　2. ×　3. ×　4. ×　5. ✓　6. ✓　7. ✓　8. ✓　9. ✓　10. ×

(四) 问答题

1. 金属离子首先与络合剂生成络阴离子或络阳离子，然后再与带相反电荷的离子生

成离子缔合物。三元混配络合物是指金属离子与一种络合剂形成未饱和络合物,然后与另一种络合剂结合,形成三元混合配位络合物。

2. 由于高浓度 Cl^- 的存在,金属离子能形成稳定的 $[AuCl_4]^-$、$[PtCl_6]^{2-}$。Pt^{4+}、Au^{3+} 的浓度大大降低,从而促进 Pt、Au 被氧化。

3. 根据滴定分析的要求,要使终点误差小于 ±0.1%,则要求 $\lg K'_{MY} \geqslant 8$,从酸效应曲线上查得 $pH \geqslant 1.0$。而且 Fe^{3+} 容易水解生成 $Fe(OH)_3$ 的沉淀,妨碍滴定反应,可根据氢氧化物溶度积求出滴定 Fe^{3+} 的最低酸度,即 $pH \leqslant 2.1$,所以滴定 Fe^{3+} 的酸度范围为 pH 在 1.0 ~2.0,一般选择 pH = 1.5 较合适。

4. 查表得 $\lg K_{MgY} = 8.69$。因 pH = 5.0 时,EDTA 的 $\lg \alpha_{Y(H)} = 6.45$,所以 $\lg K'_{MgY} = \lg K_{MgY} - \lg \alpha_{Y(H)} = 8.69 - 6.54 = 2.24$,$K'_{MgY} = 10^{2.24}$,pH = 5.0 时,$\lg K'_{MgY} = 2.24$,说明此时 MgY 不稳定,不能用 EDTA 直接滴定。

5. Fe^{3+} 离子的价电子层结构是 $3d^54s^04p^0$,在与 F^- 离子配位时,Fe^{3+} 离子的 1 个 4s、3 个 4p 和 2 个 4d 空轨道杂化形成 6 个等价的 sp^3d^2 杂化轨道,分别接受 6 个 F^- 离子提供的孤对电子,形成 6 个配位键。因而形成外轨型配离子,呈正八面体构型。轨道变化图略。

6. 提高配离子 $Co(SCN)_4^{2-}$ 的稳定性。

(五) 计算题

1. **解** $Cu^{2+} + 4NH_3 \longrightarrow [Cu(NH_3)_4]^{2+}$

因 $NH_3 \cdot H_2O$ 过量,假设 Cu^{2+} 全部形成 $[Cu(NH_3)_4]^{2+}$,则

$$[Cu^{2+}]_{起始} = 0.050\ mol \cdot dm^{-3}$$

所以 $$[Cu(NH_3)_4]^{2+}_{起始} = 0.050\ mol \cdot dm^{-3}$$

$$[NH_3 \cdot H_2O]_{未反应} = (6.0 - 0.10 \times 4)/2 = 2.8\ mol \cdot dm^{-3}$$

设 $$[Cu^{2+}]_{平衡} = x\ mol \cdot dm^{-3}$$

	$[Cu(NH_3)_4]^{2+} \longrightarrow$	Cu^{2+}	$+ 4NH_3$
起始浓度	0.050	0	2.8
平衡浓度	$0.050 - x$	x	$2.8 + 4x$

因 x 很小,则

$$0.050 - x \approx 0.050, 2.8 + 4x \approx 2.8$$

$$K_{稳} = [Cu(NH_3)_4^{2+}]/\{[Cu^{2+}][NH_3]^4\}$$

$$2.09 \times 10^{13} = 0.050/(x \times 2.8^4)$$

求得 $$x = 3.9 \times 10^{-17}$$

2. **解** Fe^{3+} 完全沉淀时有

$$[OH^-] = (K_{sp}^{\ominus}[Fe(OH)_3]/(1 \times 10^{-5})^{1/3} = 4.8 \times 10^{-11}\ mol \cdot dm^{-3}$$

$$pH = 14 - pOH = 3.7$$

Fe^{2+} 开始沉淀时有

$$[OH^-] = (K_{sp}^{\ominus}[Fe(OH)_2]/0.050)^{1/2} = 5.7 \times 10^{-7}$$

$$pH = 14 - pOH = 7.8$$

3. 解　络合反应方程式为

$$Al^{3+} + H_2Y^{2-} \rightleftharpoons AlY^- + 2H^+$$

$n_{Al_2O_3}$ 中有 $2n_{Al_2O_3}$Al 即

$$n_{Al} = 2n_{Al_2O_3}, n_{Al_2O_3} = \frac{n_{Al}}{2}$$

$$n_{Al} = n_{H_2Y^{2-}} \quad M_{Al_2O_3} = 102.0\ g \cdot mol^{-1}$$

$$W_{Al_2O_3} = \frac{n_{Al_2O_3}M_{Al_2O_3}}{m_{试}} = \frac{\frac{n_{Al}}{2}M_{Al_2O_3}}{m_{试}} =$$

$$\frac{\frac{1}{2}(0.020\ 62 \times 30.00 - 0.020\ 12 \times 7.10 \times 10^{-3}) \times 102.0}{0.200\ 0} = 0.121\ 3$$

4. 解　与阳离子树脂进行交换的是配阳离子，所以配合物的量为

$$83.5 \times 10^{-3}/330 = 0.000\ 275\ mol$$

交换出的 H^+ 量为　$0.05 \times 11 \times 10^{-3} = 0.000\ 55\ mol$

即 1 mol 配合物可以交换 2 mol 的 H^+，所以配阳离子的电荷为 +2。

配合物的结构式应为 $[CoCl(en)_2(H_2O)]Cl_2$。

（六）课后习题答案

1. 解　六氰合铬（Ⅲ）酸钾、硝酸一氢氧根·三水合锌（Ⅱ）、四氰合镍（Ⅲ）酸氨、四氯合铂（Ⅱ）酸四氨合铜（Ⅱ）

2. 解（1）$Cu(NSO_4)$

（2）$NH_4[Cr(N)S]$

（3）$[Al(H_2O)]^+$

（4）K_2SiF_6

3. 解　（1）外轨型，正八面体，小；（2）内轨型，正八面体，大。

4. 解　外轨型 正八面体构型；外轨型 正四面体构型；内轨型 正八面体。

5. 解　略。

6. 解　$K^{\ominus} = \dfrac{\{C(C_2O_4{}^2)/C^{\ominus}\}^3\{C([Fe(CN)_6]^{3-})/C^{\ominus}\}}{\{C([Fe(C_2O_4)_6]^{3-}\}\ \{C(CN^-)/C^{\ominus}\}^6} =$

$$\frac{\beta_2^{\ominus}}{\beta_1^{\ominus}} = \frac{1 \times 10^{31}}{1.59 \times 10^{20}} = 6.3 \times 10^{10}$$

$$K^{\ominus} = \frac{\{C([Ag(S_2O_3)_2]^{3-}/C^{\ominus}\}\ \{C(NH_3)/C^{\ominus}\}^2}{\{C([Ag(NH_3)_2]^+/C^{\ominus}\}\ \{C(S_2O_3{}^{2-})/C^{\ominus}\}^2} =$$

$$\frac{\beta_2^{\ominus}}{\beta_1^{\ominus}} = \frac{2.38 \times 10^{13}}{1.62 \times 10^7} = 1.5 \times 10^6$$

7. 解　略。

8. 解　$\beta^{\ominus}([Ag(NH_3)_2]^+) = 1.12 \times 10^7$

$$c(Ag^+) = \sqrt{K_{sp}^{\ominus}(AgBr)} = \sqrt{5.35 \times 10^{-13}} = 7.31 \times 10^{-7}\ mol \cdot L^{-1}$$

$$c(NH_3) = 1\ mol \cdot L^{-1}$$

$$c(Ag^+) \cdot c^2(NH_3) = 7.31 \times 10^{-7} < 1.12 \times 10^7$$

0.1 g 固体 AgBr 能完全溶解于 100 mol · L^{-1} 的氨水中。

9. 解 ①$Cu^{2+} + 4NH_3 = [Cu(NH_3)_4]^{2+}, K_1^\ominus = 2.09 \times 10^{13}, \varphi_1 = 0.3908$

②$Zn^{2+} + 4NH_3 = [Zn(NH_3)_4]^{2+}, K_2^\ominus = 2.88 \times 10^9, \varphi_2 = 0.3000$

③$Cu^{2+} + 2e = Cu, \varphi_3 = 0.3417$

④$Zn^{2+} + 2e = Zn, \varphi_4 = -0.7440$

总式 ③ - ① + ② - ④ 得

$$Zn + [Cu(NH_3)_4]^{2+} = Cu + [Zn(NH_3)_4]^{2+}$$

$$\varphi_3 - \varphi_1 + \varphi_2 - \varphi_4 = 0.341\,7 - 0.390\,8 + 0.3 + 0.744 = 0.994\,9 > 0$$

所以反应正相进行。

10. 解 $Ag^+ + 2NH_3 = [Ag(NH_3)_2]^+$

开始 $0.05\ mol \cdot L^{-1}$ $\quad \dfrac{30 \times 0.93 \times 1000 \times 0.182}{17 \times 100}$ $\quad 0$

平衡 $x\ mol \cdot L^{-1}$ $\quad \dfrac{298.69 - 2(0.05 - x)}{100}$ $\quad \dfrac{0.05 - x}{100}$

$$\beta_2 = \frac{c[Ag(NH_3)_2]^+}{c(Ag+) \cdot c(NH_3)} = 1.62 \times 10^7 = \frac{(0.05 - x)/100}{x \cdot \left(\dfrac{298.69 - 2(0.05 - x)}{100}\right)^2}$$

$$x = 3.7 \times 10^{-10}\ mol \cdot L^{-1}$$

$$c[Ag(NH_3)_2]^+ = 0.05\ mol \cdot L^{-1}$$

$$c(NH_3) = 2.9\ mol \cdot L^{-1}$$

因为

$$c(Ag^+) < 10^5\ mol \cdot L^{-1}$$

所以无沉淀析出。

第8章　金属元素与材料

一、中学链接

1. 金属元素的物理性质

在常温下一般为固态，大多呈银白色，是电和热的良导体，一般有较高的硬度和熔点，有好的延展性。

2. 结构与化学性质

由于最外层电子数一般小于4，在同周期中半径较大，在反应中易失去电子，呈还原性能与非金属、水、酸反应（较活泼金属的置换反应）

3. 钠及其重要化合物

物理性质：其密度为0.97 g/cm^3，小于水。硬度也小可用刀片切开。银白色金属，熔点低，为97.8 ℃

化学性质：

(1) 与 O_2 反应（保存在煤油中）

$$4Na + O_2 \longrightarrow 2Na_2O$$（在空气中表现为金属光泽消失）

$$2Na + O_2 \longrightarrow Na_2O_2$$（在空气或氧气中点燃）

(2) 与其他非金属反应

$$2Na + Cl_2 \longrightarrow NaCl$$

$$2Na + S \longrightarrow Na_2S$$

(3) 与水反应

$$2Na + 2H_2O \longrightarrow 2NaOH + H_2$$（描述把小块钠加入酚酞后水中的情景）

4. 钠的化合物的性质

(1) 普通氧化物 - 碱性氧化物

$$Na_2O + CO_2 \longrightarrow Na_2CO_3$$

$$Na_2O + H_2O \longrightarrow 2NaOH$$

(2) 过氧化物 - 含有过氧链

$$2Na_2O_2 + 2H_2O \longrightarrow 4NaOH + O_2\uparrow$$

$$2Na_2O_2 + 2H_2SO_4 \longrightarrow 2Na_2SO_4 + 2H_2O + O_2\uparrow$$

(3) 常见钠盐的反应

$$Na_2CO_3 + Ca(OH)_2 \longrightarrow CaCO_3\downarrow + 2NaOH$$

$$Na_2CO_3 + CO_2 + H_2O \longrightarrow 2NaHCO_3$$

$$2NaCl + 2H_2O \xrightarrow{电解} H_2\uparrow + 2NaOH + Cl_2\uparrow$$

二、教学基本要求

了解金属单质的熔点、沸点、硬度以及导电性等物理性质的一般规律和典型实例以及它们的化学性质。了解一些金属以及合金材料的化学特性及其应用。

三、内容精要

1. 金属单质的物理性质和化学性质

(1) 金属单质的物理性质

① 熔点、沸点和硬度：

熔点较高的金属单质集中在第 VI 副族附近；第 VI 副族的两侧向左和向右，单质的熔点趋于降低。

金属单质的沸点变化大致与熔点的变化是平行的，钨是沸点最高的金属。硬度较大的金属单质位于第 VI 副族附近，铬是硬度最大的金属，而位于第 VI 副族两侧的金属单质的硬度趋于减小。

金属单质的密度也存在着较有规律的变化，一般说来，各周期中开始的元素，其单质的密度较小，而后面的元素密度较大。

② 导电性：金属都能导电，是电的良导体，处于 p 区对角线附近的金属，导电能力介于导体与绝缘体之间，是半导体。

2. 金属单质的化学性质

(1) 还原性

① 金属单质的活泼性：金属单质的还原性与金属元素的金属性虽然并不完全一致，但总体的变化趋向还是服从元素周期律的。即在短周期中，从左到右由于一方面核电荷数依次增多，原子半径逐渐缩小，另一方面最外层电子数依次增多，同一周期从左到右金属单质的还原性逐渐减弱。在长周期中总的递变情况和短周期是一致的。但由于副族金属元素的原子半径变化没有主族的显著，所以同周期单质的还原性变化不甚明显，甚至彼此较为相似。在同一主族中自上而下，虽然核电荷数增加，但原子半径也增大，金属单质的还原性一般增强；而副族的情况较为复杂，单质的还原性一般反而减弱。

② 温度对单质活泼性的影响：升高温度将会有利于金属单质与氧气的反应，高温时加快了反应速率。

③ 金属的钝化：金属在空气中氧化生成的氧化膜具有较显著的保护作用，或称为金属的钝化。简单地说，金属的钝化主要是指某些金属和合金在某种环境条件下丧失了化学活性的行为。

2. 金属和合金材料

(1) 合金的结构和类型

合金是由两种或两种以上的金属元素（或金属和非金属元素）经过熔炼、烧结等方法而制成的具有金属特性的物质。合金有时能保持组成合金各组分原有的性质，同时还能出现新的特性。

合金从结构上可以有三种基本类型：

① 金属固溶体：一种金属与另一种金属或非金属熔融时相互溶解，凝固时形成均匀的固体，就称金属固溶体。其中含量多的称溶剂金属；含量少的称溶质金属。固溶体保持着溶剂金属的晶格类型，溶质金属可以有限或无限地分布在溶剂金属的晶格中。

② 金属化合物：当两种组分的原子半径和电负性相差较大时，易形成金属化合物。金属化合物是合金中各组分按一定比例化合而成的一种新晶体。

③ 机械混合物：机械混合物是由两种或两种以上组分混合而成，它可以是纯金属、固溶体、金属化合物各自的混合，也可以是它们之间的混合。

(2) 常见的金属和合金材料

① 轻金属和轻合金：轻金属集中于周期表中的 s 区以及与其相邻的某些元素。工程上使用的主要是由镁、铝、钛、锂、铍等金属以及由它们所形成的合金。

② 合金钢和硬质合金：在碳钢中加入某些元素，以改善钢的某些性能，这种钢称为合金钢，被加入的元素称为合金元素。合金元素能改善钢的机械性能、工艺性能或物理、化学性能。第 Ⅳ、Ⅴ、Ⅵ 副族金属与碳、氮、硼等所形成的间隙化合物，由于硬度和熔点特别高，统称为硬质合金。

③ 记忆合金：某种合金在一定外力作用下使其几何形态（形状和体积）发生改变，而当加热到某一温度时，它又能够完全恢复到变形前的几何形态，这种现象称为形状记忆效应。具有形状记忆效应的合金叫形状记忆合金，简称记忆合金。

④ 贮氢合金：所谓贮氢合金是指两种特定金属的合金：一种金属可以大量吸进 H_2，形成稳定的氢化物；而另一种金属与氢的亲和力小，使氢很容易在其中移动。第一种金属控制着 H_2 的吸藏量，而后一种金属控制着吸收氢气的可逆性。

四、典型例题

例 8.1　金属的超氧化物是固体储氧物质，它与水反应生成的氧气可模拟为空气成分供人体呼吸用。试通过计算说明 100 g 超氧化钾与水完全反应生成的氧气在标准状态与体温(37.0℃)条件下可维持人体呼吸多长时间？（设人体呼吸时每分钟需空气 8.0 dm^3，不考虑水蒸气分压的影响，不计算人体呼出的 CO_2 与 KOH 作用生成的 O_2 量。）

解　100 g 超氧化钾物质的量为

$$n(KO_2) = 100/71.1 = 1.41\ mol$$

反应方程式为

$$4KO_2 + 2H_2O = 3O_2 + 4KOH$$

产生 O_2 的物质的量为

$$n(O_2) = 1.41 \times 3/4 = 1.06\ mol$$

$$V(O_2) = n(O_2)RT/p = 1.06 \times 8.314 \times (273.15 + 37)/100\ 000 = 0.027\ 3\ m^3$$

可模拟空气的体积为（以空气中含 O_2 21% 计）

$$V(空气) = V(O_2)/0.21 = 0.027\ 3 \times 1\ 000/0.21 = 130\ dm^3$$

故可维持人体呼吸时间

$$t = 130/(8.0\ d) = 16\ min$$

例 8.2 渗铝剂 $AlCl_3$ 和还原剂 $SnCl_2$ 的晶体均易潮解,主要是因为它们均易与水反应。试分别用化学方程式表示之。要把 $SnCl_2$ 晶体配制成溶液,如何配制才能得到澄清的溶液?

解 $AlCl_3$ 与水反应的方程式为

$$AlCl_3 + H_2O = Al(OH)Cl_2 + HCl$$

$$Al(OH)Cl_2 + H_2O = Al(OH)_2Cl + HCl$$

$SnCl_2$ 与水反应的方程式为

$$SnCl_2 + H_2O = Sn(OH)_2Cl\downarrow + HCl$$

配制 $SnCl_2$ 溶液时,应先将 $SnCl_2$ 晶体溶于适量的浓盐酸中,然后再用水稀释至所需浓度。

例 8.3 试以软锰矿为原料制备高锰酸钾盐。

解 软锰矿中的 Mn 以 MnO_2 形式存在,MnO_2 不溶于水,但显两性。溶于酸性介质中,Mn(Ⅳ)有较强的氧化性,能被还原成 Mn^{2+};而在碱性介质中,Mn(Ⅳ)有一定的还原性,能被强氧化剂氧化成 Mn(Ⅵ)。故应选用碱性条件,用 KOH 和 $KClO_3$ 与软锰矿在高温下熔融,得到可溶于水的 K_2MnO_4,反应方程式为

$$3MnO_2 + 6KOH + KClO_3 = 3K_2MnO_4 + KCl + 3H_2O$$

在酸性和中性溶液中,MnO_4^{2+} 容易歧化,反应方程式为

$$3K_2MnO_4 + 3H_2O = MnO_2\downarrow + 2KMnO_4 + 4KOH$$

将 MnO_2 沉淀除去得到高锰酸钾溶液,反应中产生的 OH^- 可用 CO_2 与之反应。锰酸盐要到 $pH > 13.5$ 时才稳定不发生歧化。

例 8.4 锌是生物体中最重要的微量元素之一,$ZnCO_3$ 和 ZnO 也可作为药膏用于促进伤口的愈合。为什么在炼锌厂附近存在较严重的污染?为什么在治理含汞废水时先加入一定的硫化钠,然后还要加入 $FeSO_4$?

解 由于锌和镉为伴生矿,所以在冶炼过程中,Zn、Cd 的粉尘扩散于厂区四周,除了粉尘污染外,更为严重的是 Cd 化合物是剧毒的。由于 Cd^{2+} 半径为 97 pm,与 Ca^{2+} 半径 99 pm 几乎相等,所以 Cd 化合物进入人体后,Cd^{2+} 可取代人体骨骼中的 Ca^{2+},引起骨质疏松、软化等症,即所谓的"骨痛症"。这就是炼锌厂附近存在严重污染的原因。

治理含汞废水时先加入一定的硫化钠,使 Hg^{2+} 和 S^{2-} 形成难溶的 HgS 沉淀。但在含 Hg 的废水中,Hg^{2+} 的含量一般不会太大,为了使 Hg^{2+} 沉淀完全,通常会加过量的 Na_2S,但过多的 Na_2S 反而可使 HgS 溶解生成 $[HgS_2]^{2-}$ 配离子,而不能将 Hg^{2+} 转化为 HgS 而被有效地除去。在系统中加入一定量的 $FeSO_4$,可以使过量的 Na_2S 和 $FeSO_4$ 反应生成 FeS 沉淀,并和 HgS 形成共沉淀而沉降下来,以达到除去 Hg^{2+} 的目的。

例 8.5 在 Fe^{2+}、Co^{2+} 和 Ni^{2+} 的溶液中加入足量的 NaOH,在无 CO_2 的空气中放置后各有什么变化?写出反应方程式。

解 Fe^{2+} 与 NaOH 反应首先生成白色的 $Fe(OH)_2$ 沉淀，该物质迅速被空气氧化，先是部分被氧化成灰绿色沉淀，随后变成棕褐色的 $Fe(OH)_3$，反应方程式为

$$Fe^{2+} + 2OH^- \xlongequal{} Fe(OH)_2$$

$$4Fe(OH)_2 + O_2 + 2H_2O \xlongequal{} 4Fe(OH)_3$$

Co^{2+} 与 NaOH 反应首先生成粉红色的 $Co(OH)_2$ 沉淀，在空气中缓慢地被氧化为暗棕色的水合物 $Co_2O_3 \cdot xH_2O$，反应方程式为

$$Co^{2+} + 2OH^- \xlongequal{} Co(OH)_2$$

$$2Co(OH)_2 + \frac{1}{2}O_2 + (x-2)H_2O \xlongequal{} Co_2O_3 \cdot xH_2O$$

Ni^{2+} 与 NaOH 反应生成绿色沉淀，在空气中不被氧化，反应方程式为

$$Ni^{2+} + 2OH^- \xlongequal{} Ni(OH)_2$$

五、训练题

(一) 选择题

1. Li、Na、K、Rb、Cs 的标准电极电势分别为 −3.03 V，−2.713 V，−2.925 V，−2.925 V，−2.923 V，下列说法正确的为(　　)。

A. Li 是和水反应最剧烈的碱金属　　B. LiOH 是最强的碱

C. Li 的电离能最小　　D. Li 的升华能最小

2. 引起 Li、Be 特殊性的最根本的一个原因是(　　)。

A. Li、Be 的半径小　　B. Li、Be 的电离能大

C. Li^+、Be^{2+} 的水合能大　　D. Li、Be 的电负性大

3. 化合物 $LiCl \cdot H_2O$ 的热分解产物为(　　)。

A. $LiCl + H_2O$　　B. $LiOH + HCl$

C. $Li_2O + HCl$　　D. $LiOH + HCl + H_2O$

4. 将 Na_2CO_3(aq) 加到 $MgCl_2$(aq) 溶液中主要得到(　　)。

A. $MgCO_3$　　B. $Mg(OH)_2$

C. $Mg_2(OH)_2CO_3$　　D. $Mg(OH)_2$ 和 $MgCO_3$ 的混合物

5. 已知电势图：$Cu^{2+} \rightarrow Cu^+ \rightarrow Cu$ 电势分别为 0.16 V 和 0.52 V，$2Cu^{2+} \xlongequal{} Cu^+ + Cu$ 歧化反应的电池电动势为(　　)。

A. −0.32 V　　B. 0.32 V　　C. 0.34 V　　D. 0.16 V

6. $TiCl_4$(l) 在空气中冒烟是生成(　　)。

A. $TiCl_4$(g)　　B. H_2O(g)

C. HCl(g)　　D. HCl(g) 和 H_2O(g) 形成的酸雾

7. 下列化合物在接触法生产硫酸中用做催化剂的是(　　)。

A. Cr_2O_3　　B. Fe_2O_3　　C. V_2O_5　　D. $KMnO_4$

8. 下列氢氧化物只与酸作用而不与碱反应的是(　　)。

A. 氢氧化锌　　B. 氢氧化镁　　C. 氢氧化铝　　D. 氢氧化铬

9. 质量摩尔浓度相同的下列物质水溶液中，沸点最高的是(　　)。

A. $CaCl_2$　　B. NaCl　　C. CH_3COOH　　D. $C_{12}H_{22}O_{11}$

10. 下列化合物中最稳定的是(　　)。

A. Li_2O_2　　B. Na_2O_2　　C. K_2O_2　　D. Rb_2O_2

11. 用于合金钢中的合金元素可以是(　　)。

A. 钠和钾　　B. 钼和钨　　C. 锡和铅　　D. 钙和钡

12. 超导材料的特性是它具有(　　)。

A. 高温下低电阻　　B. 低温下零电阻

C. 高温下零电阻　　D. 低温下恒定电阻

(二) 填空题

1. 周期表中，电负性最小的元素是__________，电负性最大的元素是__________。

2. 对 As_2S_3 负溶胶，以一价碱金属氯化物聚沉之，CsCl、RbCl、NaCl 中，聚沉能力最强的是__________。

3. CaF_2、$KClO_4$、MnS、AgCl 等沉淀在高氯酸水溶液中，溶解度明显增大的为__________，明显减小的为__________。

4. 熔点较低的金属元素分布在周期表的__________区和__________区；用做低熔合金的元素主要有__________、__________、__________、和__________等。

5. 用分析天平称镁条，可选用__________称量法，称 $CuSO_4 \cdot 5H_2O$ 可选用__________称量法。

6. 引起环境污染，有“五毒”之称的五种主要重金属的化学元素符号是__________。

7. 在下列六种化合物：NaCl、KCl、BaO、H_2O、SiF_4、SiI_4 中，其中熔点最高的是__________，它的晶体熔化时需克服__________力；熔点最低的是__________，它的晶体熔化时需克服__________力。

8. 外层电子构型为 $3d^{10}4s^2$ 的原子属于周期第__________周期、第__________族；周期表中 Sn 的外层电子构型为__________。

(三) 问答题

1. 在金属单质中熔点、沸点、硬度和密度最大的是哪些金属？

2. 熔融的三溴化铝不导电，但它的水溶液却是良导体，试解释之。

3. 最轻的金属是哪种金属？导电性最好的金属是哪种金属？熔点最低的金属是哪种金属？

4. 轻金属和重金属是怎样划分的？

5. 金属单质的化学性质有哪些？

6. 为什么金属铂、金能溶于王水？

7. 合金从结构上分为哪三种基本类型？

8. 常见的合金材料有哪些？各有什么用处？

9. 合金钢和硬质合金有什么区别？

六、参考答案

(一) 选择题

1. D　2. A　3. B　4. C　5. B　6. D　7. C　8. B　9. A　10. B　11. B　12. B

(二) 填空题

1. Cs　F

2. CsCl

3. CaF_2　MnS、$KClO_4$

4. s　$Ⅱ_B$ 及 p　Sn　Hg　Pb　Bi

5. 直接　减量

6. Cd,Hg,Cr,Pb,As

7. BaO　离子键　SiF_4　色散力

8. 四　ⅡB　$5s^25p^2$

(三) 问答题

1. **解**　在金属中熔点最高的单质是钨(W),沸点最大的也是钨(W),硬度最大的是铬(Cr),密度最大的是锇(Os)。

2. **解**　三溴化铝是共价化合物,在熔融状态下不导电,但溶于水后在 H_2O 分子作用下,能解离生成 $Al^{3+}(aq)$ 和 $Br^-(aq)$,所以能导电。

3. **解**　最轻的金属是锂(Li),导电性最好的金属是银(Ag),熔点最低的金属是汞(Hg)。

4. **解**　密度小于 $5\ g\cdot cm^{-3}$ 的金属是轻金属,密度大于 $5\ g\cdot cm^{-3}$ 的金属是重金属。

5. **解**　金属单质的化学性质主要表现为还原性,具体有金属与氧的作用、金属的溶解和金属的钝化。

6. **解**　这是由于王水中的浓盐酸可提供配合剂 Cl^- 而与金属离子形成配离子(见本节金属的配合性能),从而使金属的电极电势代数值大为减小的缘故,反应方程式为

$$3Pt + 4HNO_3 + 18HCl = 3H_2[PtCl_6] + 4NO(g) + 3H_2O$$

$$Au + HNO_3 + 4HCl = H[AuCl_4] + NO(g) + 2H_2O$$

7. **解**　一为金属固溶体;二为金属化合物;三为机械混合物。

8. **解**　常见的合金材料有轻合金(铝合金、钛合金等)、合金钢和硬质合金、记忆合金、贮氢合金等。轻合金具有密度小的特点,因此作为轻型材料在交通运输、航空航天等领域中得到广泛的应用。合金元素能改善钢的机械性能、工艺性能或物理、化学性能。硬质合金兼有硬质化合物的硬度、耐磨性和钢的强度及韧性,即使在1 000 ~ 1 100℃ 还能保持其硬度。硬质合金是金属加工、采矿钻井及量具、模具等的重要工具材料。不同的合金元素对钢的性能会产生不同的影响。记忆合金具有"记忆"自己形状的本领,在航天工业、医学和人类生活中具有十分广泛的发展前景。贮氢合金能够像人类呼吸空气那样大量地"呼吸"H_2,是开发利用氢能源、分离精制高纯氢的理想材料。

9. **解**　在碳钢中加入某些元素,以改善钢的某些性能,这种钢称为合金钢,被加入的

元素称为合金元素。合金元素能改善钢的机械性能、工艺性能或物理、化学性能。不同的合金元素对钢的性能产生不同的影响,合金元素对钢的工艺性能也有一定的影响。硬质合金兼有硬质化合物的硬度、耐磨性和钢的强度及韧性,即使在1 000 ~1 100℃还能保持其硬度。硬质合金是金属加工、采矿钻井及量具、模具等的重要工具材料。不同的合金元素对钢的性能产生不同的影响。区别主要在于目的和工艺不一样。

(四) 课后习题答案

1. 解 钨是熔点最高的金属,也是沸点最高的金属,铬是硬度最大的金属。

2. 解 最轻的金属是锂,导电性最好的金属是银,熔点最低的金属是汞。

3. 解 轻金属:密度小于5 $g\cdot cm^{-3}$,包括s区(镭除外)金属以及钪、钇、钛和铝等。

重金属:密度小于5 $g\cdot cm^{-3}$ 的其他金属。

4. 解 金属元素的电负性较小,在进行化学反应时倾向于失去电子,因而金属单质最突出的化学性质总是表现为还原性。

金属单质与非金属单质反应(O_2、Cl_2 等)的反应;金属单质与水的反应;金属单质与酸发生置换反应;金属与氧化物反应;金属与盐反应。

5. 解 王水溶解金属主要是因为增强 Au 等金属的还原性。

6. 解 合金从结构上可以有三种基本类型:金属固溶体、金属化合物、机械化合物。

7. 解 常见的合金材料有:Al - Mg和Al - Mn合金具有很高的抗蚀性,且都具有良好的塑性和焊接性,可用于制造抗蚀性的航空油箱、容器、管道和铆钉等。

超硬铝合金广泛用于制造飞机、舰艇和载重汽车可以增加载重量以及提高运行速度,并且具有避磁性等特点。

钛合金可用于制造人工关节、骨骼、固定螺钉、假牙等,是一种理想的额外科植入材料;也是火箭导弹和航天飞机不可缺少的材料。

8. 解 在碳钢中加入某些元素,以此来改善钢的某些性能,这种钢称为合金钢。而硬质合金是第Ⅳ、Ⅴ、Ⅵ副族金属与碳、氮、硼等所形成的间隙化合物,由于硬度和熔点特别高,因而统称为硬质合金。

第9章　非金属元素与材料

一、中学链接

传统无机非金属材料

陶瓷、玻璃、水泥等材料及它们的制品在我们日常生活中随处可见。由于这些材料的化学组成大多属于硅酸盐类，所以一般称为硅酸盐材料。

自然界中的沙石、黏土以及石英、石棉、云母、高岭石等许多矿物主要成分都是硅酸盐的氧化物。传统的硅酸盐材料一般以黏土、石英、钾长石和钠长石等为原料生产的。硅酸盐材料一般大多具有稳定性强、硬度高、熔点高、难溶于水、绝缘、耐腐蚀等特点。

1. 陶瓷

传统陶瓷是将粘土与水的混合物通过高温烧结制成。烧结前，水像润滑剂一样使粘土可以塑造成各种形状。塑制的形状被保持下来。陶瓷的种类很多，主要分为土器、瓷器等。原料及烧制温度是影响陶瓷品种和性能的关键技术。陶瓷具有抗氧化，抗酸碱腐蚀耐高温绝缘易成型等许多优点，因此陶瓷制品一直为人们所喜爱。

2. 玻璃

普通玻璃是以石英砂、石灰石和纯碱为主要原料，经过加热、熔融、澄清、成型和缓冷等工序制成的玻璃制造过程中所发生的化学反应。

3. 水泥

水泥是另一种常见的硅酸盐材料，普通硅酸盐水泥的一般生产步骤为先将几种原料(主要是石灰石、粘土和辅助原料)按适当比例配合在磨机中粉磨成生料，然后把生料在窑内进行煅烧得到熟料，再将熟料配以适量的石膏及其他混合材料在磨机中粉磨成细粉即可得到水泥产品。

新型无机非金属材料

传统的无机非金属材料是生产生活和基本建设所必需的材料。新型无机非金属材料则为现代高新科技新兴产业和传统工业技术改造等开辟了更为广阔的前景。

1. 新型陶瓷

新型陶瓷已经突破了以硅和氧两种元素为主的传统组成体系，进一步提高了陶瓷的性能，例如碳化硅又称金刚砂其结构与金刚石相似，硬度也可与其媲美，可作优质的磨料。其化学性质稳定，可耐 2 000 ℃ 的高温，可作航天器的涂层材料。

2. 新材料诞生新科技

金刚石和石墨都是碳的单质。他们已经在生产和生活中得到了广泛的应用，由于金刚石与石墨在结构上的差异导致他们在性质上有很大的差别，因而在实际中有不同的用途。

二、教学基本要求

了解非金属单质和化合物的物理性质，比如熔点、沸点、硬度和晶体结构。了解导电性和固体能带理论。掌握非金属单质和化合物的化学性质，比如氧化性、还原性、酸碱性、含氧酸盐的热稳定性。了解一些新型的无机非金属材料。

三、内容精要

1. 非金属单质和化合物的物理性质

(1) 熔点、沸点、硬度和晶体结构

① 非金属单质：已知的 22 种非金属元素除氢位于 s 区外，都集中在 p 区，分别位于周期表 ⅢA 到 ⅦA 及零族，其中砹、氡为放射性元素。

非金属单质的熔点、沸点、硬度，按周期表呈现明显的规律：两边（左边的 H_2，右边的稀有气体、卤素等）的较低，中间（C、Si 等原子晶体）的较高。

② 卤化物：卤化物是指卤素与电负性比卤素小的元素所组成的二元化合物。

③ 氧化物：氧化物是指氧与电负性比氧要小的元素所形成的二元化合物。

金属性强的元素的氧化物大都是离子晶体，熔点、沸点较高。大多数非金属元素的氧化物是共价型化合物，固态时是分子晶体，熔点、沸点低。

(2) 导电性和固体能带理论

① 非金属及其化合物的导电性：非金属单质中，位于周期表 p 区右上部的元素及稀有气体元素的单质为绝缘体，位于周期表 p 区对角线附近的元素单质大都具有半导体的性质，其中硅和锗是公认最好的，其次是硒，其他半导体单质各有缺点。

非金属元素的化合物中，大多数离子晶体（NaCl、KCl、CaO 在固态时）和分子晶体（如 CO_2、CCl_4）都是绝缘体。一些无机化合物和某些有机化合物是半导体。

② 固体能带理论：固体能带理论以分子轨道理论为基础，若不考虑内层电子，两个原子轨道可组合形成两个分子轨道：一个能量较低的成键分子轨道和一个能量较高的反键分子轨道。这些分子轨道的能级之间相差极小，几乎连成一片，形成了具有一定上限和下限的能带，没有电子的能带称为空带；电子未充满的能带称为未满带；能带是电子全充满的，这种能带称为满带；满带与空带之间若存在一个较宽的能带称为禁带。

2. 非金属单质和化合物的化学性质

(1) 氧化还原性

① 非金属单质：与金属单质不同，非金属单质的特性是易得电子，呈现氧化性，但除 F_2、O_2 外，大多数非金属单质既具有氧化性，又具有还原性。

② 无机化合物：$KMnO_4$ 是一种常用的氧化剂，其氧化性的强弱与还原产物都与介质的酸度密切相关。在酸性介质中它是很强的氧化剂，氧化能力随介质酸性的减弱而减弱，还原产物也不同。重铬酸钾也是常用的氧化剂。在酸性介质中 +6 价铬具有较强的氧化

性。亚硝酸盐中氮的氧化值为 +3，处于中间价态，它既有氧化性又有还原性。过氧化氢中氧的氧化值为 -1，介于零价与 -2 价之间，H_2O_2 既具有氧化性又具有还原性，并且还会发生歧化反应。

(2) 酸碱性

① 氧化物及其水合物的酸碱性：周期系中元素的氧化物及其水合物的酸碱性的递变有以下规律：

Ⅰ. 周期系各族元素最高价态的氧化物及其水合物，从左到右（同周期）酸性增强，碱性减弱；自上而下（同族）酸性减弱，碱性增强。

Ⅱ. 同一元素形成不同价态的氧化物及其水合物时，一般高价态的酸性比低价态的要强。

② 氯化物与水的作用：

Ⅰ. 活泼金属如钠、钾、钡的氯化物在水中解离并水合，但不与水发生反应，水溶液的 pH 值并不改变。

Ⅱ. 大多数不太活泼金属（如镁、锌等）的氯化物会不同程度地与水发生反应，尽管反应常常是分级进行和可逆的，却总会引起溶液酸性的增强。它们与水反应的产物一般为碱式盐与盐酸。

Ⅲ. 多数非金属氯化物和某些高价态金属的氯化物与水发生完全反应。

③ 硅酸盐与水的作用：硅酸盐是硅酸或多硅酸的盐，绝大多数难溶于水，也不与水作用。硅酸钾、硅酸钠是常见的可溶性硅酸盐。

(3) 含氧酸盐的热稳定性

将一般的无机含氧酸盐的热稳定性加以归纳，可得如下规律：

① 酸不稳定，对应的盐也不稳定。

② 同一种酸，其盐的稳定性由高到低排列顺序为：正盐，酸式盐，酸。

③ 同一酸根，其盐的稳定性次序由高到低排列顺序为：碱金属盐，碱土金属盐，过渡金属盐，铵盐。

④ 同一成酸元素，高氧化数的含氧酸比低氧化数的含氧酸稳定，相应的盐也是这样。

3. 无机非金属材料

(1) 半导体材料

① 半导体的导电机理：半导体的导电是电子和空穴这两类载流子的迁移来实现的。

② 半导体的种类和应用：按化学组成，半导体可分为单质半导体和化合物半导体；按半导体是否含有杂质又可分为本征半导体和杂质半导体。本征半导体可以是高纯材料，导带中的电子数完全受禁带的能隙大小和温度的支配。非本征半导体（即杂质半导体）的电导率比不含杂质的本征半导体的要高得多。

(2) 低温材料和保护气氛

(3) 硅酸盐材料和耐火材料

① 天然硅酸盐：硅酸盐和硅石（SiO_2）是构成地壳的主要组分。长石、云母、石棉、黏土等都是天然硅酸盐，它们的化学式很复杂，可以把它们看做是二氧化硅和金属氧化物的

复合氧化物。

② 水泥：硅酸盐水泥是由黏土和石灰石调匀，放入旋转窑中于1 500℃以上温度煅烧成熔块，再混入少量石膏，磨粉后制成。

③ 玻璃：普通玻璃是用石英砂、纯碱和石灰石共熔而制得的一种无色透明的熔体。

④ 耐火材料：耐火材料一般是指耐火温度不低于1 580℃，并在高温下能耐气体、熔融金属，熔融炉渣等物质侵蚀，而且有一定机械强度的无机非金属固体材料。常用耐火材料的主要组分是一些高熔点氧化物，按其化学性质可分为酸性、碱性和中性耐火材料。

⑤ 分子筛：分子筛是一种人工合成的泡沸石型水合铝硅酸盐晶体。它是由 SiO_4 和 AlO_4 四面体结构单元组成的多孔性晶体，空隙排列整齐，孔径均匀，有极大的内表面。它是一种新型高效能、高选择性的吸附剂、干燥剂、分离剂和催化剂。

(4) 耐热高强结构材料

① 碳化硅：碳化硅是具有金刚石型结构的原子晶体，熔点高（2 827℃），硬度大（近似于金刚石），又称为金刚砂。它具有优良的耐热和导热性，抗化学腐蚀性能也很好。

② 氮化硼：以 B_2O_3 和 NH_4Cl 或单质硼和 NH_3 为原料，利用加压烧结方法可制得高密度的氮化硼（BN）陶瓷。它不但耐高温、耐腐蚀、高导热、高绝缘，还可很容易地进行机械加工，且加工精度高（可达0.01 mm）、密度小、润滑、无毒，是一种理想的高温导热绝缘材料。

③ 氯化硅和赛仑：利用特殊烧结法制得的氮化硅（Si_3N_4）陶瓷，这是一种烧结时不收缩的无机材料，耐热震性好，抗氧化性强。

(5) 超导材料

当温度降到接近热力学温度0 K的极低温度时，某些金属及合金的电阻急剧下降变为零，这种现象称为超导电现象。具有超导电性的物质称为超导电材料，简称超导材料。

四、典型例题

例 9.1 比较下列各项性质的高低、强弱或大小次序。

(1) SiO_2、KI、$FeCl_3$、$FeCl_2$ 的熔点；

(2) 金刚石、石墨、硅的导电性；

(3) SiC、CO_2、BaO 晶体的硬度。

解 (1) 熔点由高到低排列顺序为：SiO_2，KI，$FeCl_2$，$FeCl_3$。SiO_2 熔点为1 610℃，KI熔点为880℃，$FeCl_2$ 熔点为672℃，$FeCl_3$ 熔点为306℃。

(2) 导电性由强到弱排列顺序为：石墨，硅，金刚石。因为石墨是导体，硅是半导体，金刚石是绝缘体。

(3) 硬度由大到小排列顺序为：BaO > SiC > CO_2。因为BaO是离子晶体，SiC是原子晶体，CO_2 是分子晶体。

例 9.2 比较下列各组化合物的酸性，并指出所依据的规律。

(1) $HClO_4$、H_2SO_4、H_2SO_3

(2) H_2CrO_4、H_3CrO_3、$Cr(OH)_3$

解 (1) 由强到弱排列顺序为酸性 $HClO_4$,H_2SO_4,H_2SO_3。因为 $HClO_4$ 是极强酸,H_2SO_4 是强酸,H_2SO_3 是弱酸。依据为:周期系各族元素最高价态的氧化物及其水合物,从左到右(同周期) 酸性增强,碱性减弱;自上而下(同族) 酸性减弱,碱性增强。同一元素形成不同价态的氧化物及其水合物时,一般高价态的酸性比低价态的酸性要强。

(2) H_2CrO_4 的酸性大于 H_3CrO_3,H_3CrO_3 与 $Cr(OH)_3$ 酸性相同。依据为:同一元素形成不同价态的氧化物及其水合物时,一般高价态的酸性比低价态的要强。

例 9.3 下列各组内的物质能否共存?若不能共存,说明原因,并写出有关的化学方程式(未标明状态的均指水溶液)。

(1) Sn^{4+}、Sn^{2+} 与 Sn(s)

(2) Na_2O_2(s) 与 H_2O(l)

(3) $NaHCO_3$ 与 NaOH

(4) NH_4Cl 与 Zn(s)

(5) $NaAlO_2$ 与 HCl

(6) $NaAlO_2$ 与 NaOH

解 (1) Sn^{4+}、Sn^{2+} 与 Sn(s) 能一起共存,因为它们之间不反应。

(2) Na_2O_2(s) 与 H_2O(l) 不能一起共存,因为 Na_2O_2(s) 会溶解在 H_2O(l) 中并且发生反应,化学方程式为

$$2Na_2O_2 + 2H_2O \xlongequal{} 4NaOH + O_2\uparrow$$

(3) $NaHCO_3$ 与 NaOH 能一起共存,因为它们之间不反应。

(4) NH_4Cl 与 Zn(s) 不能一起共存,因为 Zn(s) 在酸性水溶液中会发生反应,化学方程式为

$$Zn + 2H_2O + 2NH_4Cl \xlongequal{} ZnCl_2 + 2NH_4OH + H_2\uparrow$$

(5) $NaAlO_2$ 与 HCl 不能一起共存,因为 $NaAlO_2$ 与 HCl 会发生反应,化学方程式为

$$NaAlO_2 + 4HCl \xlongequal{} NaCl + AlCl_3 + 2H_2O$$

(6) $NaAlO_2$ 与 NaOH 不能一起共存,因为 $NaAlO_2$ 与 NaOH 会发生反应生成沉淀,化学方程式为

$$NaAlO_2 + 2H_2O \xlongequal{} NaOH + Al(OH)_3\downarrow$$

例 9.4 根据金刚石 $\xlongequal{}$ 石墨 + 1.89 kJ,可以得出的结论是( )。

A. 石墨比金刚石稳定　　B. 石墨和金刚石互为同素异形体

C. 金刚石转变为石墨时能量升高　　D. 属于物理变化

解 由于各种物质所具有的能量不同,如果反应物的总能量高于生成物所具有的总能量,那么在发生化学反应时,有一部分能量就会转变成热量等形式释放出来,这就是放热反应。如果反应物所具有的总能量低于生成物所具有的总能量,那么在发生化学反应时,反应物就需要吸收能量才能转化为生成物,这就是吸热反应。说明金刚石所具有的总能量高于石墨所具有的能量,由金刚石转变为石墨时,将有能量向外释放,物质所具有能量较低,则较为稳定,若使其发生化学变化,需要提供更多的能量。由上述转化关系也可说明石墨较金刚石稳定,金刚石转变为石墨时能量降低。上述转化过程没有其他物质参加,仅是由碳元素组成的单质的转化,能量的变化表现出两物质结构的差异,因此金刚石

与石墨应为同由碳元素形成的结构、性质不同的单质,也就是互为同素异形体。所以,上述变化的实质是由一种物质转变为一种新的物质,是一种化学变化。因此 A 和 B 是正确的。

五、训练题

(一)选择题

1. 氢卤酸酸性由大到小排列的顺序是(　　)。

A. HF,HCl,HBr,HI　　B. HI,HBr,HCl,HF

C. HCl,HBr,HI,HF　　D. HF,HI,HBr,HCl

2. 下列含氧酸酸性由大到小排列的顺序是(　　)。

A. $HClO$,$HClO_2$,$HClO_3$,$HClO_4$　　B. $HClO_4$,$HClO_3$,$HClO_2$,$HClO$

C. $HClO$,$HClO_3$,$HClO_2$,$HClO_4$　　D. $HClO_4$,$HClO_2$,$HClO$,$HClO_3$

3. 臭氧层对生物体的保护作用在于(　　)。

A. 具有杀菌能力　　B. 能吸收紫外线

C. 提供氧气　　D. 防止热量散失

4. 下列关于硼砂的说法中,不正确的是(　　)。

A. 分子式为 $Na_2B_4O_7 \cdot 10H_2O$

B. 硼砂的水溶液呈碱性

C. 硼砂珠实验可用来鉴定某些金属离子

D. 硼砂主要通过硼酸与氢氧化钠反应制得

5. 水泥中最主要的成分是(　　)。

A. 硅酸二钙　　B. 硅酸三钙　　C. 铝酸三钙　　D. 铁铝酸四钙

6. 对于常见的分子筛成分中,Si/Al 比值越大,则(　　)。

A. 耐酸性越强,热稳定性越差　　B. 耐酸性越差,热稳定性越差

C. 耐酸性越强,热稳定性越强　　D. 耐酸性越差,热稳定性越强

7. 关于单质硅,下列说法正确的是(　　)。

A. 能溶于盐酸中　　B. 能溶于硝酸中

C 能溶于氢氟酸中　　D. 能溶于氢氟酸和硝酸组成的混酸中

8. 碳化铝(Al_4C_3)水解生成的含碳化合物是(　　)。

A. CH_4　　B. C_2H_2　　C. C_2H_4　　D. CO_2

9. 在下列元素的原子中,第一电离能最低的是(　　)。

A. Be　　B. B　　C. C　　D. N

10. 紫外分光光度计中的棱镜和吸收池采用的材料是(　　)。

A. 普通玻璃　　B. NaCd 晶片　　C. 聚苯乙烯　　D. 石英

11. 用草酸标定 $KMnO_4$ 溶液,又以此 $KMnO_4$ 溶液滴定双氧水中 H_2O_2 的含量。若在操作中未能将已称准的草酸全部转入溶液,则测得的 H_2O_2 含量将(　　)。

A. 偏高　　B. 偏低　　C. 无影响　　D. 不能确定

12. 将 pH = 1.0 和 pH = 4.0 的两种盐酸溶液等体积混合,所得溶液的 pH 值为(　)。

A. 2.5　　B. 1.25　　C. 2.0　　D. 1.3

(二) 填空题

1. 单质氟只能用__________法制备,而且__________在水溶液中进行。这是因为一般氧化剂不能使 F^- __________单质氟,而且 F_2 能与 H_2O 剧烈反应夺取其中的 H。工业上是通过__________制备氯气,同时得到__________和__________。

2. 水玻璃是__________水溶液,向其中加入适量盐酸溶液,生成__________,放置或加入适量电解质可生成__________,脱去大部分后可得__________,该物质通常被用做__________。

3. H_2SO_3、HNO_2、$HBrO_3$、H_3BO_3 中,__________的酸性最强。

4. HF、HCl、HBr 分子间取向力依__________顺序增大,色散力依__________顺序增大,沸点依__________顺序增大。

5. 工程陶瓷主要品种有__________、__________和__________,其中的化学键是__________和__________。

6. B_2H_6 分子中存在着__________键,它是一种__________化合物。

7. H_3BO_3 是__________元酸,它与水反应的方程式是__________。

8. 亚磷酸是__________元酸,次磷酸是__________元酸。次磷酸不稳定,在无氧化剂存在时,它在碱性溶液中很容易歧化成__________和__________。

9. Al_2O_3 有两种变体,用做耐高温和绝缘材料的是__________,而用做吸附剂或催化剂载体的是__________。

10. $SiCl_4$ 在潮湿空气中由于__________而产生浓雾,其反应式是__________。

(三) 判断题

1. SiO_2 和 CO_2 一样是酸性氧化物,都不会和任何无机酸反应。(　)

2. 实验室制备 HBr 和 HI,可以像制备 HCl 一样,用浓硫酸与相应的卤化物如 KBr 和 KI 混合后加热而制得。(　)

3. 铅白通常作为油画中的白色颜料,长期在空气中可被还原为 PbS,使油画变黑受污。可用 H_2O_2 进行漂白,使油画复原。(　)

4. 硅和碳是同族元素,具相同的价电子结构,因而可以像碳一样,形成硅烷、硅烯等。(　)

5. H_2O 中,O 原子以杂化轨道与三个 H 原子结合成分子。(　)

6. 为增加 I_2 在 H_2O 中的溶解度,可加入一些 KI。(　)

7. 材料分类的主要依据是化学键类型的不同。(　)

8. 除熔融外,离子晶体中无自由移动的离子,故都不导电。(　)

9. 一般说,高聚物的平均相对分子质量越大,其黏度、硬度越大,强度越高。(　)

10. 高聚物导电性能差,容易产生十分有害的“静电效应”。(　)

11. 橡胶是在使用的温度范围内处于高弹态的高聚物。(　)

12. 金属陶瓷兼有金属的韧性和陶瓷的高硬度、耐高温和抗氧化的特性。(　)

（四）问答题

1. 制造纯硅时，为什么用氢作为还原剂要比用活泼金属或碳好？

2. 写出 HF 腐蚀玻璃的反应方程式。为什么不能用玻璃容器盛 NH_4F 溶液？

3. 高聚物降解极慢，易造成“白色污染”，可有什么措施来解决这一严重问题？

4. 有一固体试剂，可能是次氯酸盐、氯酸盐或高氯酸盐，用什么方法加以鉴别？

5. 由 SiH_4 为原料进行氮化制备 Si_3N_4 纳米材料，有极高的稳定性，所以用途广泛。试根据 Si 原子的成键特点和 SiH_4 的性质，解释该材料中最大可能存在的杂质是什么？

6. 实验室为何不能长久保存 H_2S、Na_2S、Na_2SO_3 的溶液？

7. 将 $Cl_2(g)$ 通入 KI 溶液中，首先有一种黑色固体析出，继续通 $Cl_2(g)$，固体又逐渐溶解，为什么会出现这种现象？

六、参考答案

（一）选择题

1. B　2. B　3. B　4. D　5. B　6. C　7. D　8. A　9. B　10. D　11. A　12. D

（二）填空题

1. 电解　不能在　氧化为　电解食盐水　氢气　氢氧化钠

2. Na_2SiO_3　硅酸　硅酸凝胶　硅胶　干燥剂

3. $HBrO_3$

4. HBr、HCl、HF　HF、HCl、HBr　HCl、HBr、HF

5. 压电陶瓷　光导纤维　磁性材料　传感敏感材料　离子键　共价键

6. 二电子三中心氢桥　共价

7. 一　$H_3BO_3 + H_2O \xlongequal{} [B(OH)_4]^- + H^+$

8. 二　一　HPO_3^{2-}　PH_3

9. $\alpha - Al_2O_3$　$\gamma - Al_2O_3$

10. 水解　$SiCl_4 + 3H_2O \xlongequal{} H_2SiO_3 + 4HCl$

（三）判断题

1. ×　2. ✓　3. ×　4. ×　5. ×　6. ✓　7. ✓　8. ×　9. ×　10. ×　11. ✓　12. ✓

（四）问答题

1. 用氢作为还原剂，在高温下，SiO_2 可与 H_2 反应生成固体硅。而用活泼金属或碳都可能产生副产物（Mg_2Si、CaSi、SiC）等。

2. HF 和玻璃中的主要成分 SiO_2 反应，化学方程式为 $SiO_2 + 4HF \xlongequal{} SiF_4 + 2H_2O$

NH_4F 中 NH_4^+ 的水解能力比 F^- 的水解能力强，溶液显酸性，所以 NH_4F 也腐蚀玻璃。

3. 为消除“白色污染”，逐步发展可降解型塑料，是解决这一严重问题的根本途径。

目前工业中下列几种类型的可降解型塑料，最为引人注目：

（1）光降解型塑料：它在吸收紫外光时，键能减小甚至断裂，长链分裂为短链，高聚物的物理性能下降；短链在空气中进一步氧化，产生自由基断链，最终降解为 CO_2 和 H_2O。

（2）添加光敏剂的光降解塑料：在塑料加工时，加入少量光敏剂也可使一般塑料变为光降解塑料。

(3) 生物降解塑料:合成塑料经生物降解后,成为微生物正常新陈代谢过程中所产生的物质。包括淀粉共聚物、乳胶共聚物、可食性塑料等。

(4) 细菌合成塑料:选择适当菌种,以葡萄糖、醋酸、甲醇和乙二醇等为碳源,由细菌吸入碳源,即可合成各类聚酯。

4. 取少量固体,加水溶解,如果溶液呈碱性,可能是次氯酸盐,因为在这三种酸根中,次氯酸根是最强的碱,水解后显碱性。若在碱性溶液中加入稀硫酸酸化后,日照下能分解出氧气,则可证实是次氯酸盐,化学方程式为

$$ClO^- + H^+ \xlongequal{} HClO \qquad 2HClO \longrightarrow 2HCl + O_2$$

如果溶液呈酸性,可知不是次氯酸盐。取少量固体,加入少量 MnO_2,稍热,若有 O_2 放出,可知是氯酸盐,化学方程式为

$$2KClO_3 \longrightarrow 2KCl + 3O_2$$

如果没有上述实验现象,则可能是高氯酸盐。可往该固体的水溶液中加入含 K^+ 试剂,有 $KClO_4$ 白色沉淀出现,可证实是高氯酸盐。

5. 该材料中最大可能存在的杂质是 SiO_2。因为 SiF_4 水解、氧化所得产物均为 SiO_2。

6. H_2S、Na_2S、Na_2SO_3 的溶液具有还原性,空气中的氧可将其氧化,因此不宜长久保存。相关的反应式为

$$2H_2S + O_2 \xlongequal{} 2S + 2H_2O$$

$$2S^{2-} + O_2 + 2H_2O \xlongequal{} 2S + 4OH^-$$

$$2SO_3^{2-} + O_2 \xlongequal{} 2SO_4^{2-}$$

7. 首先使 I^- 氧化析出 I_2,化学方程式为

$$2I^- + Cl_2 \xlongequal{} I_2 + 2Cl^-$$

继续通 $Cl_2(g)$,则将 I_2 氧化为 IO_3^-,使 I_2 消失,化学方程式为

$$I_2 + 5Cl_2 + 6H_2O \xlongequal{} 2IO_3^- + 10Cl^- + 12H^+$$

第10章　功能材料

一、中学链接

由于功能材料涉及的范围目前还没有严格的界定，所以对它的分类也没有统一的分类标准。常见的分类有：

（1）按材料的化学键分类，分为功能性金属材料、功能性无机非金属材料、功能性有机材料和功能性复合材料。

（2）按材料的物理性质分类，分为磁性材料、电性材料、光学材料、声学材料、力学材料、化学功能材料等。

（3）按应用领域分类，分为电子材料、军工材料、核材料、信息工业材料、能源材料、医学材料等。

二、教学基本要求

了解功能材料的发展和分类，了解功能材料的特点及应用。

三、内容精要

1. 功能材料的分类

（1）根据材料的物质性进行分类

主要分为金属功能材料、无机非金属功能材料、有机功能材料、复合功能材料。

（2）按材料的功能性进行分类

主要分为电学功能材料、磁学功能材料、光学功能材料、声学功能材料、力学功能材料、热学功能材料、化学功能材料、生物医学功能材料、核功能材料。

（3）按材料的应用性进行分类

主要分为信息材料、电子材料、电工材料、电信材料、计算机材料、传感材料、仪器仪表材料、能源材料、航空航天材料、生物医用材料等。

上述的分类是相对的，考虑了多方面的因素，主要采用的是混合分类法。

2. 功能材料的特点

① 综合运用现代先进的科学技术成就，多学科交叉，知识密集。

② 品种比较多，生产规模一般比较小，更新换代快，技术保密性强。

③ 需要投入大量的资金和时间，存在相当大的风险，但一旦研究成功，则成为高技

术、高性能、高产值、高效益的产业。

3. 功能材料的应用

(1) 磁性材料的应用

① 金属磁性材料:主要是铁、镍、钴及其合金,例如,金属软磁材料主要应用于低频、大功率的电力电子工业、仪器工业、电子通信、磁电式仪表等;硅钢片广泛用做电力变压器;金属硬磁材料,如氯镍合金等,主要用于制备体积小质量轻的永磁器件,用于空间技术等。

② 铁氧体是以氧化铁为主要成分的磁性氧化物,广泛应用于电视、广播、收音、发报、通信等领域。

(2) 超导材料应用

物质在超低温下失去电阻的性质称为超导电性,相应的具有这种性质的物质称为超导体。超导体在电阻消失前的状态称为常导状态,电阻消失后的状态称为超导状态。

超导材料在国防、交通、电子工业、地质探矿和科学研究等方面都有很多应用。

(3) 纳米材料的应用

纳米材料主要在催化剂、润滑剂、塑性陶瓷、生物传感器、纳米复合材料、磁性材料、纳米管、涂料等方面已经成功得到应用。

(4) 光导纤维的应用

光纤主要应用于激光通信、电视传真电话、医学、电子和机械等多个领域。

(5) 功能陶瓷材料的应用

功能陶瓷材料主要在能源开发、空间技术、电子技术、传感技术、激光技术、光电子技术、红外技术、生物技术、环境科学等领域得到广泛应用。

(6) 增强复合材料的应用

增强复合材料主要有玻璃钢、碳纤维、纤维增强金属基复合材料,主要用在卫生、火箭、宇宙飞船、飞机、汽车、造船、建筑、机械、医疗等领域。

四、典型例题

例 10.1 根据材料的物质性,功能材料应分为几类?

解 主要分为四类:(1) 金属功能材料;(2) 无机非金属功能材料;(3) 有机功能材料;(4) 复合功能材料。

例 10.2 功能材料根据材料的功能性应分为几类?

解 按材料的物理化学功能性大致可分为9大类:(1) 电学功能材料;(2) 磁学功能材料;(3) 光学功能材料;(4) 声学功能材料;(5) 力学功能材料;(6) 热学功能材料;(7) 化学功能材料;(8) 生物医学功能材料;(9) 核功能材料。

例 10.3 功能材料根据材料的应用性应分为几类?

解 功能材料根据其应用性,主要可分为信息材料、电子材料、电工材料、电信材料、计算机材料、传感材料、仪器仪表材料、能源材料、航空航天材料、生物医用材料等。

例 10.4 功能材料有哪些特点?

解　功能材料主要有三大特点：(1) 综合运用现代先进的科学技术成就，多学科交叉、知识密集；(2) 品种比较多、生产规模一般比较小，更新换代快，技术保密性强；(3) 需要投入大量的资金和时间，存在相当大的风险，但一旦研究开发成功，则成为高技术、高性能、高产值、高效益的产业。

五、训练题

(一) 选择题

1. 功能材料的概念是由美国贝尔研究所 J. A. Morton 博士在(　　)年提出的。

A. 1960　　B. 1965　　C. 1958

2. 功能材料按功能性主要分为(　　)大类。

A. 7 类　　B. 8 类　　C. 9 类

3. 功能材料主要有(　　)个特点。

A. 1 个　　B. 2 个　　C. 3 个

4. 磁性材料按磁性主要分为(　　)。

A. 抗磁性、顺磁性、铁磁性和亚铁磁性　　B. 无磁性　　C. 可有可无磁性

5. 纳米材料单位换算为(　　)。

A. 1 nm = 10^{-5} m　　B. 1 nm = 10^{-9} m　　C. 1 nm = 10^{-7} m

(二) 填空题

1. 增强复合材料的发展可分为________个阶段。

2. 光纤通信具有________________________等优点。

3. 磁性材料按化学成分大致可分为________________两类。

4. 功能材料主要根据材料的物质性、功能性、应用性应分为________类。

5. 功能材料有________个显著的特点。

六、参考答案

(一) 选择题

1. B　2. C　3. C　4. A　5. B

(二) 填空题

1. 3

2. 信息容量大、质量轻、抗干扰、保密性好、耐腐

3. 金属磁性材料与铁氧体

4. 3

5. 3

(三) 课后习题答案

1. 答　主要分为金属功能材料、无机非金属功能材料、有机功能材料、复合功能材料。

2. 答　主要分为电学功能材料、磁学功能材料、光学功能材料、声学功能材料、力学功能材料、热学功能材料、化学功能材料、生物医学功能材料、核功能材料。

3. 答　主要分为信息材料、电子材料、电工材料、电信材料、计算机材料、传感材料、仪器仪表材料、能源材料、航空航天材料、生物医用材料。

4. 答　功能材料为高技术密集型材料，功能材料的研究开发和生产具有三个显著的特点：

① 综合运用现代先进的科学技术成就，多学科交叉、知识密集；

② 品种比较多、生产规模一般比较小、更新换代快、技术保密型强；

③ 需要投入大量的资金和时间，存在相当大的风险，一旦研究开发成功则会形成高技术、高性能、高产值、高效益的产业。

5. 答　磁性材料按化学成分大致分为金属磁性材料与铁氧体两类。

金属软磁材料通常适用于低频、大功率的电力电子工业、仪器工业、仪器仪表、电子通信、磁电式仪表、磁通计等，例如硅钢片广泛用做电力变压器；金属硬磁材料如铝镍合金等，可用于制取体积小、质量轻的永磁器件，尤宜用于宇航等空间技术领域。

铁氧体是以氧化铁为主要成分的磁性氧化物，因其制备工艺沿袭了陶瓷和粉末冶金的工艺，所以也称之为磁性瓷。例如，锰锌铁氧体、镍锌铁氧体、钡铁氧体等，广泛用于电视、广播、收音、发报、通信等领域。其中常见的有收报器、发报器、电感元件、磁性无线、永磁扬声器、磁色纯器、磁控管、磁偏转扫描器等。

6. 答　超导材料的应用十分广泛，例如超导体的零电阻效应，显示了其无损耗输电电流大的性质，大功率发电机、电动机如能实现超导化将会大大降低能耗。若将超导体应用于潜艇的动力系统，可以大大提高它的隐蔽性和作战能力。同时超导体在国防、交通、电工、地质探矿和科学研究中的大工程上有很多应用。利用超导体磁性磁场强、体积小、质量轻的特点，可用于负载能力强、速度快的超导悬浮列车和超导船。利用超导隧道效应，可制造世界上最灵敏的电磁信号的探测元件和用于高速运行的计算机元件。用这种探测器制造的超导量子干涉磁强计可以测量地球磁场几十亿分之一的变化，能测量人的脑磁图和心磁图，还可以用于探测深水下的潜水艇；放在卫星上可用于矿产资源普查；通过测量地球磁场的细微变化为地震预报提供信息。超导体用于微波器件可以大大改善卫星通信质量。

7. 答　纳米材料可以用于催化剂、润滑剂、塑性陶瓷、生物传感器、纳米复合材料、磁性材料、纳米管。

8. 答　光导纤维简称光纤，当前光纤的最大应用是激光通信，即光纤通信。光纤还可用于电视传真电话、光学、医学、工业生产的自动控制、电子和机械工业等各个领域。

9. 答　功能陶瓷是指在应用时主要利用其非力学性能的材料，这类材料通常具有一种或多种功能，如电、磁、光、热、化学、生物等功能。有的还有耦合功能，如压电、压磁、热电、电光、声光、磁光等。功能陶瓷与传统陶瓷相比在原材料、工艺等许多方面有很大差异，是知识和技术密集型产品。功能材料已在能源开发、空间技术、电子技术、传感技术、激光技术、光电子技术、红外技术、生物技术、环境科学等领域得到广泛的应用。

第11章　生命科学、环境与无机化学

一、中学链接

生物赖于生存的化学元素称为生命元素，也称生物的必须元素。研究生命元素是生物无机化学的主要内容。已经发现的化学元素有112种，其中92种为自然界中存在的天然元素。生命元素有60多种，20多种为生命所必须元素。这些元素在生命体内含量千差万别，其作用各不一样。有的可达百分之几十，有的则不到百万分之几，有的对生命是必须的有益的，有的则是非必须的或有害的。微量元素对生命体的作用，主要是看它们的生物效应，而不是根据含量的多少。高含量的生命元素固然可对生命起着重要作用，但这并不意味着含量低微的生命元素对生命的影响就很微小。许多含量极微的生命元素恰恰控制着生命的关键步骤。

二、教学基本要求

了解生命元素在周期表中的位置及分类，了解宏量元素和微量元素的生物功能，了解有害元素的毒性及环境污染与防治。

三、内容精要

1. 生命必需元素

(1) 生命必需元素种类

生命必需元素共25种，包括H、Na、K、Mg、Ca、Fe、Zn、C、N、O、P、I、V、Cr、Cu、Mn、Mo、Co、Ni、Si、S、Cl、Se、Br、F

(2) 生命元素的三个条件

① 该元素在生物体内的作用不能被其他元素取代；

② 该元素具有一定的生物功能，并参与代谢过程；

③ 缺少该元素时生物体会发生病变。

(3) 生命元素在动植物和人体中的质量分数一般在0.01% 以上的称为宏量元素（共11种），小于0.01% 的称为微量元素（共14种）。

2. 微量元素生物效应与浓度关系

如图11.1所示，微量元素的浓度在 $B \sim C$ 范围内是有益的；小于 B 表示元素缺乏状态，造成营养缺乏症；大于 C 则过量，会引起生物中毒。

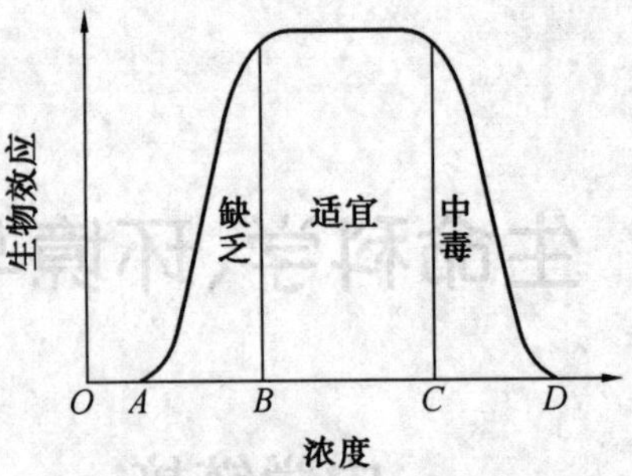

图 11.1　微量元素生物效应与浓度关系示意图

3. 宏量元素的生物功能

宏量元素共 11 种，在人身体中的质量分数为 99.8%，其中 C、O、H、N 元素的质量分数总共为 96.6%。

氢和氧是构成生命体中一切有机物不可缺少的重要元素，如蛋白质、脂肪、多糖、核酸、肽、激素和维生素的合成都离不开氢的参与。从生命的呼吸到有机物的氧化分解都需要氧的参与。

钠的主要生物功能是维持钠外液的渗透压和体液的酸碱平衡。

钾在维持细胞内液渗透压方面起着重要作用。适量的 Na、K 会对生物产生重要的生理作用，但若过量将带来不良反应。

氯与胃液中的氢离子形成盐酸，可加速食物的消化，若缺乏，将出现食欲减退、精神不振等现象。

钙主要存在于骨骼和牙齿中，参与血液凝结、激素释放、神经传导等生理过程。缺钙会引起发育不良等疾病。

镁参与蛋白质的合成、多种酶的激活，是复制脱氧核糖核酸的必须元素，在糖类代谢中起重要作用。

4. 微量元素的生物功能

锌与多种酶、核酸及蛋白质的合成有着密切的关系。

锌的生物配合物是良好的缓冲剂，可调节机体的 pH 值。它能影响细胞分裂、生长和再生。

铁主要是蛋白质结合成红细胞的主要成分。血红素可携带氧气与营养素在体内循环，供给各细胞的需要，还能将废物带出排出体外等功能。

硒有保护细胞的作用，硒的不足和过量都会使机体产生疾病，硒可预防镉中毒和砷引起的中毒。

5. 铅、镉、汞的毒性

① 铅可与体内一系列蛋白质、酶和氨基酸中的官能团结合，干扰机体许多方面的生化和生理活动，从而引起中毒。铅中毒可使机体免疫力降低、易疲倦、失眠、神经过敏、贫血等。

② 镉的毒性是在酶的活性部位与锌竞争，破坏锌酶的正常功能。镉中毒可引起恶心、呕吐、腹泻。

③ 汞与蛋白质中半胱氨基酸残基巯基相结合，改变蛋白质构象或抑制酶的活性，使酶的催化活性降低而中毒。汞中毒可引起肠胃腐蚀、肾功能衰竭，并能致死。

6. 环境污染与治理和保护

① 大气污染物中危害最大的有颗粒物，硫氧化物（以 SO_2 为主），氮氧化物（以 NO 和 NO_2 为主），碳氧化物（CO 和 CO_2）和烃类等。其中 NO_x 和 HC 在强阳光照射下发生一系列光化学反应，形成具有强氧化性和毒性的光化学烟雾。

消烟除尘、脱硫、治理汽车尾气是我国当前大气环境治理的重点。酸雨、全球气候变暖和臭氧层的破坏是当前引起全世界关注的热点问题，国际组织和各国政府正努力研究并采取措施加以控制。

② 引起水污染的主要原因是人类生活和生产活动中给水源带进许多污染物，主要有重金属、氰化物、酸和碱等无机污染物；碳氢化合物、脂肪、蛋白质等耗氧有机物和杀虫剂、多苯环化合物等难降解有机物；过多的氮、磷等植物营养素都会引起水体的“富营养化”。

水体净化方法主要有：物理法、化学法以及生物法等。

四、典型例题

例 11.1　生物体内的化学元素有几类？划分的标准是什么？它们和元素周期表有何关系？

解　生物体内的化学元素可分为宏量元素和微量元素。划分的标准是根据它们在生物体内的质量分数的大小。通常把体内质量分数大于 1×10^{-4} 的元素称为宏量元素，把质量分数小于 1×10^{-4} 的元素称为微量元素。宏量元素主要分布于元素同期表二、三周期；微量元素主要集中在第四周期。

例 11.2　微量元素对生命体的作用是什么？

解　主要看它们的生物效应，而不是根据含量的多少。高含量的生命元素固然可对生命起着重要作用，但这并不意味着含量低微的生命元素对生命的影响就很微小。许多含量极微的生命元素恰恰控制着生命的关键步骤。如 Se 是最典型的微量元素之一，对于人和动物而言适当的浓度是有益的，多了会引起“碱疾病”，少了则会产生“白肌病”。

例 11.3　为何说任何元素在体内过量都是有害的？

解　因为元素在人体内有一定适宜的浓度范围，元素浓度过高，就可能导致中毒，甚至死亡。所以说任何元素在体内过量都是有害的。

例 11.4　大气污染物的主要来源是什么？主要污染物有哪些？怎样治理？

解　大气污染物的主要来源是自燃烧煤、石油、煤气、天然气等。但燃烧时排放的烟尘、硫氧化物、氮氧化物以及汽车、工厂、采矿的排气、漏气、跑气和粉尘等，也给大气造成严重的污染。还有光化学烟雾、酸雨、温室效应、臭氧层的破坏都会造成大气的严重污染。

主要污染物有：粉尘、硫氧化物、氮氧化物、一氧化碳、碳氢化合物、光化学烟雾、酸雨、温室效应、臭氧层的破坏等。

粉尘采用各种消烟除尘设备降低排放量，还可进行回收利用等。对硫氧化物可通过氨吸收法、碱吸收法、石灰乳吸收法等方法进行治理。氮氧化物主要通过还原法、过滤吸收或中和等方法进行治理。酸雨主要是SO_2、NO引起的，主要通过治理SO_2、NO在空气的排放量来加以控制。温室效应通过控制CO_2、CH_4等温室气体的排放量加以控制，如植树造林、绿化、控制温室主体的排放量等措施来治理。臭氧层的破坏，主要全世界各国通过停止使用氟里昂、哈龙等有害物质，控制有害气体的排放量加以治理。

例 11.5 引起水污染的主要原因是什么？水污染主要有哪些污染物？

解 引起水污染的主要原因是人类生活和生产活动中给水源带进许多污染物，主要有重金属、氰化物、酸和碱等无机污染物；碳氢化合物、脂肪、蛋白质等耗氧有机物和杀虫剂、多苯环化合物等难降解有机物；过多的氮、磷等植物营养素会引起水体的富营养化。

五、训 练 题

(一) 选择题

1. 生命必需元素共有(　　)种。

A. 10　　B. 15　　C. 25

2. 生命必需的宏量元素共有(　　)种。

A. 5　　B. 11　　C. 10

3. 生命必需的微量元素共有(　　)种。

A. 14　　B. 10　　C. 5

4. 微量元素主要集中在第(　　)周期。

A. 二　　B. 三　　C. 四

5. 宏量元素在人体内的质量分数为(　　)。

A. 80%　　B. 99.8%　　C. 90%

6. 水在人体内的质量分数为(　　)。

A. 65%　　B. 70%　　C. 60%

7. Na 在人体中约占总重的(　　)。

A. 0.16%　　B. 0.15%　　C. 0.18%

8. 钙在人体中的质量分数约占(　　)。

A. 1%　　B. 1.5%　　C. 2%

9. 镁在人体中的质量分数约为(　　)。

A. 0.030%　　B. 0.029%　　C. 0.025%

10. 锌在人体中正常含量为(　　)。

A. 1.4 ~ 3.0 g　　B. 1.4 ~ 2.4 g　　C. 1.4 ~ 4.5 g

11. 铁在人体内正常含量为(　　)。

A. 4 ~ 5 g　　B. 2 ~ 4 g　　C. 3 ~ 5 g

12. 铅在水中的最大允许排放浓度为(　　)。

A. 1.0 mg · dm^{-3}　　B. 2.0 mg · dm^{-3}　　C. 3.0 mg · dm^{-3}

13. 镉在工业废水中的最大允许排放浓度为(　　)。

A. $0.1\ mg \cdot dm^{-3}$　　B. $2.0\ mg \cdot dm^{-3}$　　C. $0.3\ mg \cdot dm^{-3}$

14. 单一性大气污染主要是(　　)

A. 粉尘、一氧化碳、硫氧化物、氮氧化物及碳氢化合物等

B. 重金属　　C. 酸雨

15. 综合性大气污染主要有(　　)

A. 酸雨、光化学烟雾、温室效应　　B. 一氧化碳、粉尘　　C. 重金属

(二) 填空题

1. 水体污染有两类:一类是________,另一类是________。
2. 污染水体的重金属毒性最大的是________。
3. 化学需氧量用________表示。
4. 水体的富营养化是指________。
5. 水净化的化学法主要有________、________、________、________。
6. 水净化的物理法主要有________、________、________。
7. 洛杉矶光化学烟雾事件发生在________年,死亡________余人。
8. 钾在人体中维持________上起着重要作用。
9. 汞在工业废水中的最大允许排放浓度为________。
10. 对流层的高度为________。
11. 造成平流层、臭氧层破坏的主要物质有________,主要的温室气体有________,形成酸雨的大气污染物主要是________。
12. 伦敦烟雾事件发生在________年,两个月后死亡人数为________余人。
13. 二次污染物是指________。
14. 太阳光中紫外光的波长为________。
15. 臭氧对紫外辐射吸收波长为________。

六、参考答案

(一) 选择题

1. C　2. B　3. A　4. C　5. B　6. A　7. A　8. C　9. B　10. B　11. C　12. A
13. A　14. A　15. A

(二) 填空题

1. 自然污染　人为污染
2. 汞、镉、铅
3. COD
4. 由于水体中植物营养成分的污染而使藻类及浮游植物大量生长的现象。
5. 中和法　沉淀法　氧化还原法　混凝法
6. 吸附法　萃取法　离子交换法
7. 1940　400 人

8. 内液渗透压

9. 0.05 $mg \cdot dm^{-3}$

10. 10 km 以下

11. CFC、哈龙、N_2O、NO、CH_4、CCl_4 等　CO_2、CH_4、N_2O、CFC、O_3 等　SO_2、NO_x

12. 1952　8 000 人

13. 反应性污染物质在大气中又可进行各种反应，生成一系列新的污染物

14. 200 ~ 400 nm

15. < 286 nm

（三）课后习题答案

1. **答**　生物体内的化学元素有宏量元素和微量元素两类。

在动植物和人体中一般质量分数在 0.01% 以上的称为生命必需的宏量元素，质量分数小于 0.01% 的称为生命必需的微量元素。

从元素周期表可以看出宏量元素主要分布于 2、3 周期，微量元素主要集中在第 4 周期。

2. **答**　(1) 锌是构成多种蛋白质分子的必须元素。锌在人体中仅含 1.4 ~ 2.4g，主要存在于骨髓和皮肤中。锌与多种酶，核酸及蛋白质的合成有着密切的关系。锌的生物配合物是良好的缓冲剂，可调节机体的 pH。它能影响细胞分裂、生长和再生。对儿童有重要营养功能，缺锌可引起食欲减退，影响发育和智力，身体矮小等。

(2) 铁在人体内的含量为 3 ~ 5g，其中 70% 在血液内循环。铁与蛋白质结合成血红素，它为红细胞的主要成分，若缺铁血红素将无法形成，会造成贫血。血红素可携带氧气与营养素在体内循环，供给各细胞之需要，然后将各细胞产生二氧化碳与废物带至各排泄器官，排出体外。铁为体内细胞所含之重要物质。铁为部分酶素的成分，可活化酶素的消化功能。植物体内的铁是形成叶绿素的必要条件。

(3) 硒是人体必需的微量元素之一，硒的不足和过量都会使机体产生疾病。硒有保护细胞的作用，人体缺硒会引起心脏病、癌症和蛋白质营养不良等症，其还可预防镉中毒和砷引起的中毒。

(4) 铬是胰岛素参与糖代谢过程中必需的元素，也是正常胆固醇代谢的必需元素。如果缺铬血脂和胆固醇含量增加，糖耐受量受损，严重时会出现糖尿病和动脉哽化。若及时补铬病情可以改善。

(5) 锰对植物的生理作用是多方面的，它能参与光分解，提高植物的呼吸强度，促进碳水化合物的水解；调节体内氧化还原过程；也是许多酶的活化剂，促进氨基酸合成肽键，有利于蛋白质的合成；促进种子萌发和幼苗的早期生长；还能加速萌发和成熟，增加磷和钙的有效性。

3. **答**　根据实验研究的结果，各种必需微量元素在生物体内都有一定的溶度范围，过量或缺乏都对生物体有害。体内对微量元素的平衡机制能调控其浓度，在摄入量不足时，机体可动用体内贮存的元素；在摄入量过高时，机制可排泄多余的元素。但摄入过量，并超出机体的排泄能力，这些元素在体内积累就会致病。如：铁过量造成的血色素沉积症，会引起胰、肝、皮肤受损，并导致糖尿病、肝硬化等；铜过量积存于肝和脑，会引起以兴

奋和骚动为特征的神经错乱症等。有时,体内的元素过量比缺乏更为有害。

4. 答 哪些危害:重金属元素由于某些原因未经处理就被排入河流、湖泊或海洋,或者进入了土壤中,使得这些河流、湖泊、海洋和土壤受到污染,它们不能被生物降解。鱼类或贝类如果积累重金属而为人类所食,或者重金属被稻谷、小麦等农作物所吸收被人类食用,重金属就会进入人体使人产生重金属中毒,轻则发生怪病(水俣病、骨痛病等),重者就会死亡。

危害较大:铅、镉、汞

5. 答 生命必需元素一般需要符合三个条件;

① 该元素在生物体内的作用不能被其他元素所取代;

② 该元素具有一定的生物功能,并参与代谢过程;

③ 缺少该元素时,生物体会发生病变。

6. 答 C、H、O:它们是植物体内各种重要有机化合物的组成元素,如糖类、蛋白质、脂肪及植物光合作用的产物 - 糖是由碳、氢、氧构成的,而糖是植物呼吸作用和体内一系列代谢作用的基础物质,同时也是代谢作用所需能量的原料:氢和氧在植物体内的生物氧化还原过程中也起着很重要的作用。

N:氮是构成蛋白质的重要元素,占蛋白质分子重量的16% ~ 18%。蛋白质是构成细胞膜、细胞核、各种细胞器的主要成分。动植物体内的酶也是由蛋白质组成。此外,氮也是构成核酸、脑磷脂、卵磷脂、叶绿素、植物激素、维生素的重要成分。由于氮在植物生命活动中占有极重要的地位,因此人们将氮称之为生命元素。植物缺氮时,老器官首先受害,随之整个植株生长受到严重阻碍,株形矮瘦,分枝少、叶色淡黄、结实少,子粒不饱满,产量也降低。蛋白质是生物体的主要组成物质,有多种蛋白质的参加才使生物得以存在和延续。例如,有血红蛋白;有生物体内化学变化不可缺少的催化剂——酶(一大类很复杂的蛋白质);有承担运动作用的肌肉蛋白;有起免疫作用的抗体蛋白等等。各种蛋白质都是由多种氨基酸结合而成的。氮是各种氨基酸的主要组成元素之一。

P:磷是细胞核和核酸的组成成分,核酸在植物生活和遗传过程中有特殊作用;磷脂中含有磷,而磷脂是生物膜的重要组成部分;三磷酸腺苷成分中有磷酸,而腺三磷是植物体内能量的中转站,积极参与能量代谢作用;磷是植物体内各项代谢过程的参与者,如参与碳水化合物的运输,蔗糖、淀粉及多糖类化合物的合成;磷有提高植物抗旱、抗寒等抗逆性和适应外界环境条件的能力。

S:硫有利于植物蛋白质合成;存在于植物其它含硫化物,如葱油,芥子油。硫缺乏时新叶呈现淡黄色,叶型不变;严重时全株变黄。

K:钾是细胞的生化反应缓液,使生理正常;光合作用中多种酶的活化剂,能提高酶的活性,因而能促进光合作用:钾能提高植物对氮素的吸收和利用,有利于蛋白质的合成;钾具有控制气孔开、闭的功能,因此有利于植物经济用水;钾能促进碳水化合物的代谢,并加速同化产物向贮藏器官中运输;钾能增强植物的抗逆性,如抗旱、抗病等。植物缺乏钾时老叶生斑点(白色或黄色);斑点后期呈现坏疽。植物钾过多时易造成钙及镁缺乏病征;叶尖焦枯。

Ca:钙是一种生命必需元素,也是人体中含量最丰富的大量金属元素,含量仅次于C、

H、O、N，正常人体内含钙大约1～1.25kg。每千克无脂肪组织中平均含20～25g。钙是人体骨骼和牙齿的重要成分，它参与人体的许多酶反应、血液凝固，维持心肌的正常收缩，抑制神经肌肉的兴奋，巩固和保持细胞膜的完整性。缺钙会引起软骨病，神经松弛，抽搐，骨质疏松，凝血机制差，腰腿酸痛。人体每天应补充0.6～1.0g钙。

Mg：镁是酶的激活剂，也是构成叶绿素唯一的金属元素。镁能影响植物呼吸，促进磷的吸收运输。植物镁缺乏时老叶黄化，初期由叶肉细胞变黄，叶缘仍保持绿色；严重时黄化部位转坏疽，落叶。镁过多时叶尖萎雕，叶片组织色泽叶尖处淡色，叶基部色泽正常。在绿色蔬菜（叶绿素中含有较丰富的镁）、豆类、虾蟹等中含量丰富。

7. 答　污染物主要来源：燃烧煤、石油、煤气、天然气等。

主要污染物：粉尘、一氧化碳、硫氧化物、氮氧化物及碳氢化合物等。

8. 答　1952年伦敦烟雾事件，原因是燃煤产生的二氧化硫和粉尘污染，间接原因是开始于1952年12月4日的逆温层所造成的大气污染物蓄积。

伦敦烟雾事件属于煤烟型污染。由于伦敦居民当时都用烟煤取暖，烟煤中不仅硫含量高，而且一吨家庭用煤排放的飘尘要比工业用煤高3至4倍。在当时的气象条件下，导致伦敦上空烟尘蓄积，经久不散，大气中烟尘最高浓度达每立方米4.5毫米，二氧化硫达3.8毫克，造成了震惊一时的烟雾事件。燃煤产生的粉尘表面会大量吸附水，成为形成烟雾的凝聚核，这样便形成了浓雾。另外燃煤粉尘中含有三氧化二铁成分，可以催化另一种来自燃煤的污染物二氧化硫氧化生成三氧化硫，进而与吸附在粉尘表面的水化合生成硫酸雾滴。这些硫酸雾滴吸入呼吸系统后会产生强烈的刺激作用，使体弱者发病甚至死亡。

9. 答　形成：工业、交通排放的SO_2和NO_x，在大气中发生化学反应形成酸雾，长期停留在大气中，在气象变化时随同下雨或降雪落下而形成酸雨。

危害：酸性雨水的下落，使人们的眼睛受到强烈的刺激、设备腐蚀加速、电器设备被破坏、建筑物被损坏、农作物及水生生物的生存受到严重的危害。

10. 答　(1) 保持大气层中氧和二氧化碳（CO_2）平衡。

(2) 降低大气中有害气体的浓度。

(3) 减少空气中的放射性物质。

(4) 减少空气中的灰尘。

(5) 减少空气中的细菌。

第12章　分析化学概论

一、中学链接

分析化学是化学的主干基础课程，包括“定量化学分析”理论课、定性化学分析，基本化学实验课和“仪器分析”理论课、实验课。授课对象为化学类专业和生物、医学、地学类专业的学生。分析化学有很强的实用性，同时又有严密、系统的理论，是理论与实际密切结合的学科。学习分析化学有利于培养学生严谨的科学态度和实事求是的作风，使学生初步掌握科学研究的技能并初步具备科学研究的综合素质。分析化学涉及的内容十分广泛，发展非常迅速。在讲授基本理论的同时，尽量穿插一些运用基础理论解决实际问题的例子，包括药物、环境、生物等各个领域中分析化学的新进展，新成果。保持化学分析理论的系统性并不断充实新内容，保持仪器分析内容的相对稳定性并及时融进新发展、新技术，将经典分析化学与现代分析化学融合在一起。

二、教学基本要求

了解分析化学的任务及其发展趋势；熟悉误差的概念及误差的来源；掌握定量分析的一般程序和有效数字的运算规则。

三、内容精要

1. 分析化学的任务

分析化学是研究物质的化学组成、相对含量以及分子结构的一门学科。简而言之，它的任务是定性、定量、定结构。根据任务的性质，分析化学可分为定性分析、定量分析和结构分析。

2. 定量分析的一般过程

定量分析包括试样的采取和制备、试样的预处理、测定方法的选择、测定和数据处理。关键是选择合适的测定方法，进行准确的测定。

3. 定量分析中的误差

(1) 误差与准确度

误差表示的是测定值 x_i 与真实值 μ 之间的差值。准确度是指测定平均值与真值接近的程度，常用误差大小表示。误差越小，准确度越高。

①绝对误差

$$E = x_i - \mu$$

② 相对误差

$$E_r = \frac{x_i - \mu}{\mu} \times 100\% = \frac{E}{\mu} \times 100\%$$

(2) 偏差与精密度

精密度是指平行测定的各测量值之间互相接近的程度。各测量值越接近,精密度越高,反之,精密度越低。精密度可用偏差、平均偏差、相对平均偏差、标准偏差与相对标准偏差表示,实际工作中多用相对标准偏差。

① 偏差:测量值与平均值之差称为偏差。偏差越大,精密度越低。偏差分为绝对偏差和相对偏差。

(Ⅰ) 绝对偏差:测定结果与平均值之差为绝对偏差。

$$d_i = x_i - \bar{x}$$

(Ⅱ) 相对偏差:绝对偏差在平均值中所占的百分率或千分率为相对偏差。

$$d_r = \frac{|x_i - \bar{x}|}{\bar{x}} \times 100\%$$

② 平均偏差:各偏差值的绝对值的平均值称为平均偏差,又称算术平均偏差,即

$$\bar{d} = \frac{1}{n}\sum_{i=1}^{n} |d_i| = \frac{1}{n}\sum_{n=1}^{n} |x_i - \bar{x}|$$

③ 相对平均偏差

$$\bar{d}_r = \frac{\bar{d}}{\bar{x}} \times 100\%$$

④ 标准偏差:标准偏差又称均方根偏差,使用标准偏差是为了突出较大偏差存在对测定结果的影响。

$$S = \sqrt{\frac{\sum_{i=1}^{n}(x_i - \bar{x})^2}{n-1}}$$

⑤ 相对标准偏差(变异系数)

$$RSD = \frac{S}{\bar{x}} \times 100\% = \frac{\sqrt{\frac{\sum_{i=1}^{n}(x_i - \bar{x})^2}{n-1}}}{\bar{x}} \times 100\%$$

实际工作中,都用 RSD 表示分析结果的精密度。

(3) 准确度和精密度的关系

精密度是保证准确度的先决条件,没有好的精密度就不可能有好的准确度;有好的精密度不能保证一定有好的准确度。

(4) 误差的分类

按误差的性质,可把误差分为系统误差和偶然误差两类

① 系统误差:系统误差是指由固定原因造成的误差。它具有单向性,即有固定的方向(正或负)和大小,重复测定时重复出现。根据系统误差的来源,可把它分为方法误差、

仪器误差、试剂误差及操作误差。

（Ⅰ）方法误差是由于不适当的实验设计或所选择的分析方法不恰当所引起的，通常方法误差的影响较大。

（Ⅱ）仪器或试剂误差是由仪器未经校准或试剂不合格所引起的。

（Ⅲ）操作误差是由于分析工作者的操作不符合要求造成的。

② 偶然误差：偶然误差也称随机误差，它是由偶然的原因引起的，它的正负和大小都不固定。

4. 有效数字及运算法则

（1）有效数字

有效数字是指在分析工作中实际上能测量的数字。记录测量数据的位数（有效数字的位数），必须与所使用的方法及仪器的准确程度相适应。

（2）有效数字的修约规则

运算过程及最终结果，都需要对数据进行修约，即舍去多余的数字，以避免不必要的烦琐计算。舍去多余数字可以用“四舍六入五留双”的方法。即当多余尾数小于等于4时舍去尾数，大于等于6时则进一。若尾数刚好为5时分两种情况：若5后数字不为0，一律进一；若5后无数或为0，采用5前是奇数则将5进一，5前是偶数则把5舍去，简称“奇进偶舍”。

（3）有效数字的运算法则

① 当几个数据相加或相减时，它们的和或差只能保留一位可疑数字，以小数点后位数最少的数据为依据。

② 当几个数据相乘或相除时，积或商的有效数字该保留的位数，应以参加运算的数据中相对误差最大的数据为依据。

③ 在计算和取舍有效数字时应注意下列几个问题：

a. 在某一数字中第一位有效数字大于或等于8时，则有效数字的位数可多算一位。

b. 在分析化学计算中，如遇到倍数、分数，数字可视为足够准确，不考虑其有效数字的位数。

c. 平衡常数的计算，一般保留两位或三位有效数字，pH值通常取两位有效数字。

d. 定量分析的结果，对于高含量组分（$\geqslant 10\%$），分析结果为四位有效数字，对于中等含量（$1\% \sim 10\%$）范围内，要求有三位有效数字，对于微量组分（$\leqslant 1\%$），一般只要求两位有效数字。

5. 测量数据的统计处理

（1）误差的正态分布

无限次数测定结果的偶然误差分布服从正态分布规律。

① 正误差和负误差出现的机会相等。

② 小误差出现的概率大于大误差出现的概论。

③ 特别大的误差出现的概率小。

（2）误差的 t 分布

有限次测定结果的偶然误差分布服从 t 分布规律，而非正态分布规律。t 分布曲线与正态分布曲线相似，只是由于测量次数少，数据的集中程度较小，分散程度较大，分布曲线的形状将变得较矮、较钝。

(3) 可疑值的取舍

①Q 检验法：当测定次数不多($n \leqslant 10$)时，采用 Q 检验法比较方便，具体步骤如下：

(Ⅰ)将所有数据按递增的顺序排列：$x_1, x_2, x_3, \cdots, x_{n-1}, x_n$，通常考虑 x_1 或 x_n 为可疑值。

(Ⅱ)计算最大值(x_n)与最小值(x_1)之差。

(Ⅲ)计算可疑值 $x_{可疑}$ 与 $x_{相邻}$ 其相邻值之差。

(Ⅳ)按下式计算 Q 值，即

$$Q = \frac{|x_{可疑} - x_{相邻}|}{x_n - x_1}$$

(Ⅴ)根据测定次数 n 和要求的置信度可查表得 $Q_{表}$，若计算所得 $Q_{计} > Q_{表}$，则该可疑值应予舍去，否则应予保留。

② 格布斯法(G 检验法)：用格布斯法判断异常值时，首先将测定值由小到大排列 x_1，$x_2, x_3, \cdots, x_{n-1}, x_n$，其中 x_1 或 x_n 为可疑值，需要进行判断，算出 n 个测定值的平均值 $\bar{x}$ 及标准偏差 S。

若 x_1 为可疑值，则

$$G = \frac{\bar{x} - x_1}{S}$$

若 x_n 为可疑值，则

$$G = \frac{x_n - \bar{x}}{S}$$

根据显著性水平 α 和 n 值查表可得相应的临界值 G_α，若 $G_{计} > G_\alpha$，则 x_1 或 x_n 应予舍去，否则应予保留。

(4) 显著性检验

①t 检验法：

(Ⅰ)平均值与标准值的比较：在实际工作中，为了检验分析方法或操作过程是否存在较大的系统误差，常用已知含量的标准试样进行试验，用 t 检验法将测定的平均值与已知值(标样值)比较，按下式计算

$$t = \frac{|\bar{x} - \mu|}{S}\sqrt{n}$$

若 $t_{计} > t_{表}$，则 $\bar{x}$ 与已知值有显著差别，表明被检验的方法存在系统误差；若 $t_{计} \leqslant t_{表}$，则 $\bar{x}$ 与已知值之间的差异可认为是偶然误差引起的正常差异。

(Ⅱ)两组平均值 $\bar{x}_1$ 与 $\bar{x}_2$ 的比较：不同分析人员或同一分析人员采用不同方法分析同一试样，所得到的平均值，一般是不相等的，要判断这两组数据之间是否存在系统误差，可用 t 检验法。

首先应判断这两组的精密度 S_1 和 S_2 之间是否存在显著性差异(可用 F 检验法进行判断)。如果它们之间没有显著性差异，这两组数据的合并标准偏差为

$$S = \sqrt{\frac{S_1^2(n_1 - 1) + S_2^2(n_2 - 1)}{(n_1 - 1) + (n_2 - 1)}}$$

再根据 S 计算 t，即

$$t = \frac{\bar{x}_1 - \bar{x}_2}{S}\sqrt{\frac{n_1 n_2}{n_1 + n_2}}$$

当 $t_{计} > t_{表}$ 时，两组数据之间存在显著差异，否则不存在显著差异。

②F 检验法：F 检验法主要通过比较两组数据的方差 S^2 来确定它们的精密度是否有显著性差异。按下式计算

$$F = \frac{S_{大}^2}{S_{小}^2}$$

若 $F_{计} < F_{表}$，则继续用 t 检验法判断 $\bar{x}_1$ 与 $\bar{x}_2$ 是否有显著性差异；若 $F_{计} > F_{表}$，则不能用此法进行判断。

至于两组数据之间是否存在系统误差，则在进行 F 检验并确定它们的精密度没有显著性差异之后，再进行 t 检验。

四、典型例题

例 12.1 对某一样品进行分析，A 测定结果的平均值为 6.96%，标准偏差为 0.03；B 测定结果的平均值为 7.10%，标准偏差为 0.05。其真值为 7.02%。试比较 B 的测定结果与 A 的测定结果的好坏。

解 误差是衡量测定结果准确度的指标，误差小，准确度高。$E_a = \bar{x} + x_T$，A 的绝对误差为 6.96% − 7.02% = − 0.06%，B 的绝对误差为 7.10% − 7.02% = 0.08%。与 B 的测定结果比较，A 的测定结果准确度较高。标准偏差与相对标准偏差常用于衡量测量结果精密度的好坏，相对标准偏差由于能反映标准偏差在平均值中所占比例，在比较各种情况下测定结果的精密度时更为常用。

因为

$$s_A = 0.03 \quad s_B = 0.05$$

$$s_{rA} = \frac{0.03}{6.96} \times 100\% = 0.43\%$$

$$s_{rB} = \frac{0.05}{7.10} \times 100\% = 0.71\%$$

所以 A 的测定结果的准确度和精密度都比 B 的好。

例 12.2 下列情况引起什么误差，如果是系统误差，如何消除？

(1) 称量试样时吸收了水分；

(2) 试剂中含有微量被测组分；

(3) 重量法测 SiO_2 时，试样中硅酸沉淀不完全；

(4) 称量开始时天平零点未调；

(5) 滴定管读书时，最后一位估计不准；

(6) 用 NaOH 滴定 HAc，选用酚酞为指示剂确定终点颜色时稍有出入。

解 (1) 试样吸收水分，称重时产生系统正误差，通常应在 110℃ 左右干燥后再称量。

(2) 试剂中含有微量被测组分时，使测定结果产生系统正误差。可以通过扣除试剂空白或将试剂进一步提纯加以校正。

(3) 沉淀不完全产生系统负误差，可将沉淀不完全的微量Si，用其他方法（如比色法）测定后，将计算结果加入总量。

(4) 分析天平需定期校正，以保证称量的准确性。每次称量前应先调天平零点，否则会产生系统误差。

(5) 滴定管读数一般要读至小数后第二位，最后一位是估计值，因而会估计不准产生偶然误差。

(6) 目测指示剂变色时总会有或正或负的误差，因而是偶然误差。

例 12.3 分析天平的称量误差为 ±0.1 mg，称样量分别为 0.05 g、0.2 g、1.0 g 时可能引起的相对误差是多少？这些结果说明什么问题？

解 二次测定最大极值误差为 ±0.2 mg。

$$E_{r1} = \frac{\pm 0.2 \times 10^{-3}}{0.05} \times 100\% = \pm 0.4\%$$

$$E_{r2} = \frac{\pm 0.2 \times 10^{-3}}{0.2} \times 100\% = \pm 0.1\%$$

$$E_{r3} = \frac{\pm 0.2 \times 10^{-3}}{1.0} \times 100\% = \pm 0.2\%$$

计算结果说明称样量越大，相对误差越小。相对误差更能反映误差在真实结果中所占的百分数，实际中更常用。在分析工作中，从减小误差出发，要求称样量越打越好，但称样量过大时，样品处理不方便。

例 12.4 分析蛋白质的质量分数共测定 9 次，其结果分别为 35.10%，34.86%，34.92%，35.36%，35.11%，35.01%，34.77%，35.19%，34.98%。求测定结果的平均值、平均偏差、相对平均偏差及平均值的标准偏差各多少？

解 计算过程列表如下：

蛋白质的质量分数 /%	d_i	d_i^2
35.10	0.07	4.9×10^{-3}
34.86	0.17	2.9×10^{-2}
34.92	0.11	1.2×10^{-2}
35.36	0.33	0.11
35.11	0.08	6.4×10^{-3}
35.01	0.02	4.0×10^{-4}
34.77	0.26	0.068
35.19	0.16	0.026
34.98	0.05	2.5×10^{-3}
$\bar{x} = 35.03$	$\sum d_i = 1.25$	$\sum d_i^2 = 0.259\,2$

平均值为 $\bar{x} = \dfrac{\sum x_i}{n} = 35.03\%$

平均偏差为 $\bar{d} = \dfrac{\sum |x_i - \bar{x}|}{n} = \dfrac{1.25}{9} = 0.14$

相对平均偏差为 $\dfrac{\bar{d}}{\bar{x}} \times 100\% = \dfrac{0.14}{35.03} \times 100\% = 0.4\%$

相对标准偏差为 $s_r = \dfrac{s}{\bar{x}} \times 100\% = \dfrac{1}{\bar{x}} \cdot \sqrt{\dfrac{\sum (x_i - \bar{x})^2}{n-1}} \times 100\% = 0.5\%$

平均值的标准偏差为 $s_{\bar{x}} = \dfrac{s}{\sqrt{n}} = \dfrac{1}{\sqrt{n}} \cdot \sqrt{\dfrac{\sum (x_i - \bar{x})^2}{n-1}} = 0.060$

例 12.5 测定试样中CaO的质量分数时，得到的结果为20.01%，20.03%，20.04%，20.05%。问：

(1) 统计处理后的分析结果应如何表示？

(2) 比较95% 和90% 时的置信区间。

解 (1) 统计处理后的结果表示为

$\bar{x} = 20.03\%,\quad s = 0.017\%,\quad n = 4$

(2) $n = 4$，置信度为95% 时 $t = 3.18$，其置信区间为

$$\mu = \bar{x} \pm \frac{ts}{\sqrt{n}} = 20.03\% \pm \frac{3.18 \times 0.017}{\sqrt{4}} = (20.03 \pm 0.027)\%$$

$n = 4$，置信度为90% 时 $t = 2.35$，其置信区间为

$$\mu = \bar{x} \pm \frac{ts}{\sqrt{n}} = 20.03 \pm \frac{2.35 \times 0.017}{\sqrt{4}} = (20.03\% \pm 0.020)\%$$

由以上计算可知，置信度为95% 时的置信区间，比置信度为90% 的置信区间宽，置信度越高，置信区间越宽。

例 12.6 某一标准溶液的四次标定值为0.101 4，0.101 2，0.102 5，0.101 6，当置信度为90% 时，试用 Q 检验法判断0.102 5可否舍去？

解 用 Q 检验法先将数据递增顺序排列，再计算异常值与相邻值之差的绝对值 d 与全距 $R = X_{max} - X_{min}$ 的比值 $Q(Q = d/R)$，根据测定次数，查表得 $Q_表$，若 $Q_{计算} > Q_表$，则删去该异常值，否则保留。即

$$Q = \frac{x_n - x_{n-1}}{x_n - x_1} = \frac{0.102\,5 - 0.101\,6}{0.102\,5 - 0.101\,2} = \frac{0.000\,9}{0.001\,3} = 0.69$$

查表 $Q_{4,0.90} = 0.76$，$Q < Q_{4,0.90}$，故0.102 5不应舍去。

例 12.7 比色法测定样品中硝酸盐氮，7次平行样测定结果为30.05，30.73，30.85，30.93，30.95，30.96，32.17（单位均为 $mg \cdot dm^{-3}$），试用Grubbs法检验判断30.05 $mg \cdot dm^{-3}$ 和32.17 $mg \cdot dm^{-3}$ 是否应舍弃？（$T_{6,0.95} = 1.82$）

解 测定结果中有两个可疑值，逐一用Grubbs检验予以判断。先暂时去掉32.17，判断30.05是否可以保留，即

$$\bar{X} = 30.74\ \mathrm{mg \cdot dm^{-3}},\quad S = 0.35\ \mathrm{mg \cdot dm^{-3}}$$

$$T = \frac{|X_{可疑} - \bar{X}|}{S} = \frac{|30.05 - 30.74|}{0.35} = 1.97$$

$T > T_{表}$，测定值 30.05 mg · dm^{-3} 应舍弃。舍弃 30.05 mg · dm^{-3} 后，再判断 32.17 mg · dm^{-3} 是否可以保留，即

$$\bar{X} = 31.10\ \mathrm{mg \cdot dm^{-3}},\quad S = 0.53\ \mathrm{mg \cdot dm^{-3}}$$

$$T = \frac{|X_{可疑} - \bar{X}|}{S} = \frac{|32.17 - 31.10|}{0.53} = 2.02$$

$T > T_{表}$，测定值 32.17 mg · dm^{-3} 应舍弃。

五、训 练 题

（一）选择题

1. 下列论述中，正确的是（　　）

A. 准确度高，一定需要精密度高　　B. 进行分析时，过失误差不可避免的

C. 精密度高，准确度一定高　　D. 精密度高，系统误差一定高

2. 在定量分析中，关于精密度、准确度、系统误差、偶然误差之间的关系错误的是（　　）

A. 准确度高，系统误差、偶然误差一定小　　B. 精密度高，不一定能保证准确度高

C. 系统误差小，准确度一定高　　D. 准确度高，精密度一定高

3. 以下关于偶然误差的叙述正确的是（　　）

A. 大小误差出现的概率相等　　B. 正负误差出现的概率相等

C. 正误差出现的概率大于负误差　　D. 负误差出现的概率大于正误差

4. 测定分析中要求测定结果的误差应（　　）

A. 等于 0　　B. 略大于允许误差

C. 小于允许误差　　D. 等于公差

5. 下述情况所引起的误差中，不属于系统误差的是（　　）

A. 移液管转移溶液之后残留量稍有不同

B. 称量时使用的砝码锈蚀

C. 滴定管刻度未经校正

D. 以失去部分结晶水的硼砂作为基准物质标定盐酸

6. 可以减少随机误差的方法时（　　）

A. 进行仪器校正　　B. 做对照试验

C. 做空白试验　　D. 增加平行测定次数

7. 在进行样品称量时，由于汽车经过天平室附近引起天平震动是属于（　　）

A. 系统误差　　B. 偶然误差　　C. 过失误差　　D. 操作误差

8. 以硫酸钡重量法测定钡时，沉淀剂硫酸加入量不足，则结果产生（　　）

A. 正误差　　B. 负误差　　C. 无影响　　D. 降低灵敏度

9. 下列情况对分析结果产生什么影响？

（1）标定HCl标准溶液时，基准物质Na_2CO_3中含少量$NaHCO_3$(　　)

（2）配制标准溶液后，溶液未摇匀(　　)

（3）将称好的基准物质倒入湿的锥形瓶中(　　)

（4）把热溶液转移至容量瓶立即稀释至刻度线，其浓度(　　)

A. 正误差　　B. 负误差　　C. 无影响　　D. 结果混乱

10. 由计算器算得 2.236 × 1.112 4/(91.036 × 0.200 0) 的结果为 0.136 612 2，按有效数字运算规则应将结果修约为(　　)

A. 0.14　　B. 0.1366　　C. 0.137　　D. 0.136 61

11. 滴定分析要求相对误差为 ±0.1%，若称取试样的绝对误差为 0.000 2 g，则一般至少称取试样(　　)

A. 0.1 g　　B. 0.2 g　　C. 0.3 g　　D. 0.4 g

12. 已知天平称量的误差为 ±0.1 mg，若准确称取试样 0.3 g 左右，有效数字应取(　　)

A. 一位　　B. 二位　　C. 三位　　D. 四位

13. 下列各数中，有效数字位数是4位的是(　　)

A. $w(CaO) = 25.30\%$　　B. $[H^+] = 0.023\ 5\ mg \cdot L^{-1}$

C. pH = 10.46　　D. $W = 420$ kg

14. 测定试样中 CaO 的质量分数，称取试样 0.908 0 g，滴定耗去 EDTA 标液 20.50 mL，以下结果表示正确的是(　　)

A. 10%　　B. 10.1%　　C. 10.08%　　D. 10.077%

15. 有一化验员称取 0.500 3 g 铵盐试样，用甲醛法测定其中氨的含量。滴定耗用 18.3 mL 0.280 $mg \cdot L^{-1}$ 的 NaOH 溶液，下列哪一种计算结果是对的(　　)

A. $w(NH_3) = 17\%$　　B. $w(NH_3) = 17.4\%$

C. $w(NH_3) = 17.44\%$　　D. $w(NH_3) = 17.442\%$

16. 由五个同学测定同一试样，最后报告测定结果的相对平均偏差如下，其中正确的是(　　)

A. 0.128 5%　　B. 0.1%　　C. 0.13%　　D. 0.128 50%

17. 一试样中 MgO 的含量的定值为：22.35%，22.30%，22.15%，22.10%，22.07%，则平均值的标准偏差为(　　)

A. 0.056%　　B. 0.038%　　C. 0.035%　　D. 0.028%

18. 对 0.1，0.4，0，−0.3，0.2，−0.3，0.2，−0.2，−0.4，0.3 一组数据，其平均偏差和标准偏差分别为(　　)

A. 0.24，0.28　　B. 0.24，0.40　　C. 0.28，0.24　　D. 0.28，0.40

19. 下列表述中错误的是(　　)

A. 置信水平越高，测定的可靠性越高

B. 置信水平越高，置信区间越宽

C. 置信区间的大小与测定次数的平方根成反比

D. 置信区间的位置取决于测定的平均值

20. 欲比较两组测定结果的平均值之间有无显著性差异，应该(　　)

A. 先进行 t 检验，再进行 F 检验　　B. 先进行 F 检验，再进行 t 检验

C. 先进行 Q 检验，再进行 t 检验　　D. 先进行 Grubbs 检验，再进行 t 检验

21. 对置信区间的正确理解是(　　)

A. 一定置信度下以真值为中心包括测定平均值的区间

B. 一定置信区间下以测定平均值为中心包括真值的范围

C. 真值落在某一可靠区间的概率

D. 一定置信度下以真值为中心的可靠范围

22. 实验室一般进行少量多次的平行测定，则其平均值的置信区间为(　　)

A. $\mu = \bar{x} \pm t^{a,f} \cdot S/\sqrt{n}$　　B. $\mu = \bar{x} \pm t^{a,f} \cdot S$

C. $\mu = \bar{x} \pm u\sigma$　　D. $\mu = \bar{x} \pm u \cdot \sigma/\sqrt{n}$

23. 某试样含 Fe^{2+} 的质量分数的平均值的置信区间为 36.45% ±0.10%（置信度为 90%），对此结果应离解为(　　)

A. 有 90% 的测定结果落在 36.35% ~ 36.55% 范围内

B. 总体平均值 μ 落在此区间的概率为 90%

C. 若再做一次测定，落在此区间的概率为 90%

D. 在此区间内，包括总体平均值 μ 的把握为 90%

24. 有一组测量值，已知其标准值，要检验得到这组数据的分析结果是否可靠，应采用的检验方法是(　　)

A. Q 检验法　　B. t 检验法　　C. F 检验法　　D. G 检验法

25. 有两组分析数据，要比较它们的测量精密度有无显著性差异，应当用(　　)

A. Q 检验法　　B. t 检验法　　C. F 检验法　　D. G 检验法

（二）填空题

1. 在定量分析时，一般要求所称的样品重量大于________g，滴定的体积大于________mL。

2. 空白试验是用于消除由________带进杂志所造成的________误差。

3. 定量分析中________误差影响测定结果的准确度，________误差影响测定结果的精密度。

4. 试剂中含微量的被测成分会引起________误差；称量时，天平零点稍有变动会引起________误差。

5. 在未作系统误差校正的情况下，某分析人员多次测定结果的重现性很好，则他的分析准确度________。

6. 4 次测定某溶液的浓度，结果分别为 0.204 1，0.204 9，0.203 9，0.204 3，计算其平均值 $\bar{x}$ = ________，平均偏差 $\bar{d}$ = ________，标准偏差 S = ________，变异系数 RSD = ________，平均值的标准偏差 $s_{\bar{x}}$ = ________。

7. 有效数字的修约规则是________。

8. 下列计算式的结果各应包括几位有效数字：

(1)213.64 + 4.402 + 0.324 4 是________位

(2)pH = 0.03,求[H^+]是________位

(3) $\frac{0.100\,0 \times (25.00 - 1.52) \times 264.47}{1.000 \times 1\,000}$ 是________位

(4)4.80×10^{-2} 是________位

9. 在测定次数有限时,标准偏差的表达式为________,相对标准偏差也称________,表达式为________。

10. 可疑数据取舍的方法很多,从统计观点来考虑,比较严格而使用由方便的是________,它适用于测定次数为________。

(三)判断题

1. 分析结果的准确度由系统误差决定,而与随机误差无关。
2. 精密度是指在相同条件下,多次测定值间的相互接近的程度。
3. 对偶然误差来讲,大小相等的正、负误差出现的机会均等。
4. 某试验测定的精密度越好,则测定结果的准确度越高。
5. 在没有系统误差的前提下,总体平均值就是真实值。
6. 实验中发现个别数据相差较远,为提高测定的准确度和精密度,应将其舍去。
7. 确定两组分析数据的精密度是否存在显著性差异,常用 t 检验法检验。
8. 容量分析要求越准确要好,所以记录测量值的有效数字位数越多越好。
9. 通过增加平行测定次数来消除系统误差,可以提高分析结果的准确。
10. pH = 4.05 的有效数字是三位。
11. 按有效数字运算规则计算:(4.178 + 0.003 7) ÷ 60.4 = 0.069。
12. 溶解样品时,加入 30 mL 蒸馏水,此时可用量筒量取。
13. 在分析数据中,所有的"0" 均为有效数字。
14. 用 Q 检验法进行数据处理时,$Q_{计} \leqslant Q_{0.90}$,该可疑值应舍弃。
15. 系统误差总是出现,偶然误差偶然出现。

(四)计算题

1. 根据有效数字计算规则计算下列各式

(1)34.233 5 + 16.62 − 8.688 5

(2)7.993 6 ÷ 0.996 7 − 5.02

(3)0.032 5 × 5.103 × 60.06 ÷ 139.8

(4) $\sqrt{\frac{1.5 \times 10^{-8} \times 6.1 \times 10^{-8}}{3.3 \times 10^{-5}}}$

(5)$(2.776 \times 0.005\,0) - 6.7 \times 10^{-3} + (0.003\,6 \times 0.027\,1)$

(6)pH = 1.05,求[H^+]

2. 一铜矿试样,经两次测定,铜的质量分数分别为 24.87% 和 24.93%,而铜的实际质量分数为 24.95%,求分析结果的绝对误差和相对误差。

3. 测定某矿石中的含铁量,得到如下数据:37.45%,37.20%,37.25%,37.30%,37.50%;求结果的平均值、平均偏差、相对平均偏差、标准偏差及相对标准偏差。

4. 某试样中含铁量平行测定 5 次，结果为:39.10%,39.12%,39.19%,39.17%,39.22%。(1) 求置信度为95% 时平均值的置信区间;(2) 如果要使置信度为95% 时置信区间为 ±0.05,问至少应平行测定多少次？

5. 某分析天平的称量误差为 ±0.2 mg,如果称试样重0.05 g,相对误差是多少？如果称试样重 1 g,相对误差又是多少？简要解释这些数据说明了什么问题？

6. 测定土壤中 SiO_2 的质量分数得数据为:28.62%,28.59%,28.51%,28.48%,28.52%,28.63%。求平均值、标准偏差以及置信度分别为90% 和95% 时的平均值的置信区间。

7. 某学生标定 HCl 溶液浓度，得到下列数据:0.101 1,0.101 0,0.101 2,0.101 3,0.101 6(mol/L)，请用 Q 检验法检查当置信度为90% 时,是否有可疑值应舍去？并计算置信度为95% 时平均值的置信区间。

8. 试用 G 检验法确定，当置信度为95% 时，下列数据是否有异常值:33.86%,33.82%,33.73%,33.73%,33.74%,33.77%,33.77%,33.79%,33.81%,33.81%。

9. 某分析工作者采用两种方法对矿石中的铜含量进行了分析,得到结果分别如下,问两种方法之间有没有引起系统误差？(置信度95%)

①$n = 5, \bar{x} = 9.92\%, S = 0.06\%$

②$n = 6, \bar{x} = 9.82\%, S = 0.05\%$

10. 两人测定同一标准样品,各得一组数据的偏差如下：

(1)0.3, -0.2, -0.4,0.2,0.1,0.4,0.0, -0.3,0.2, -0.3

(2)0.1,0.1, -0.6,0.2, -0.1, -0.2,0.5, -0.2,0.3,0.1

求两组数据的平均偏差和标准偏差;为什么两组数据计算出的平均偏差相等,而标准偏差不等？哪组数据的精密度高？

六、参考答案

(一) 选择题

1. A　2. D　3. B　4. C　5. A　6. D　7. B　8. B　9. (1)A　(2)D　(3)C　(4)A
10. B　11. B　12. D　13. A　14. C　15. C　16. C　17. A　18. D　19. A　20. B
21. B　22. A　23. D　24. B　25. C

(二) 填空题

1. 0.2,20

2. 试剂和器皿,系统

3. 系统,随机

4. 正,偶然

5. 不好

6. 0.204 3,0.000 3,0.000 43,0.21%,0.000 22

7. 四舍六入五留双

8. 4,2,4,3

9. $S=\sqrt{\dfrac{\sum\limits_{i=1}^{n}(x_i-\bar{x})^2}{n-1}}$，变异系数，$RSD=\dfrac{S}{\bar{x}}\times 100\%$

10. Q 检验法，3 ~ 10

（三）判断题

1. × 2. ✓ 3. ✓ 4. × 5. × 6. × 7. ✓ 8. × 9. × 10. × 11. ×
12. ✓ 13. × 14. × 15. ×

（四）计算题

1. (1)42.16 (2)3.00 (3)0.0712 (4)5.3×10^{-6} (5)0.008 (6)8.9×10^{-2}

2. 解 (1)$E=-0.08\%$，$E_r=-0.32\%$；(2)$E=-0.02\%$，$E_r=-0.08\%$

3 解 $\bar{x}=37.34\%$，$\bar{d}=0.11\%$，$\bar{d}_r=0.29\%$，$S=0.13\%$，$RSD=0.35\%$

4. 解 (1)$\bar{x}=39.16\%$，$S=0.05\%$，$f=n-1=4$

当 $p=95\%$，$f=4$ 时，查表得 $t=2.78$

故

$$\mu=\left(39.16\pm\frac{2.78\times 0.05}{\sqrt{5}}\right)\%=(39.16\pm 0.06)\%$$

(2) 欲使平均值的置信区间在 $p=95\%$ 时不超过 ±0.05，即 ≤ ±0.05，因为 $S=0.05\%$，故 $\dfrac{t}{\sqrt{n}}\leqslant 1$，查 t 分布表

$$n=6,f=5,t=2.57,\text{则}\frac{2.45}{\sqrt{7}}=0.092\ 8$$

$$n=7,f=6,t=2.45,\text{则}\frac{2.45}{\sqrt{6}}\approx 1<1$$

所以至少平行测定 6 次时，才能满足题中的要求。

5. 解 $E_{r1}=(0.000\ 2/0.05)\times 100\%=0.4\%$，$E_{r2}=(0.000\ 2/1)\times 100\%=0.02\%$

从以上数据可知，称量的质量越小，称量误差越大；反之，称量的质量越大，称量误差越小。

6. 解 $\bar{x}=28.56\%$，$S=0.06\%$

$n=6$，$p=90\%$ 时置信区间为 $\mu=28.56\%\pm 0.05\%$

$n=6$，$p=95\%$ 时置信区间为 $\mu=28.56\%\pm 0.06\%$

7. 解 0.101 6 mol/L 为可疑值，$Q=0.5<Q_{表}=0.64$，故没有可疑值应舍弃。

$\bar{x}=0.101\ 2$ mol/L，$S=2.302\times 10^{-4}$ mol/L，$\mu=(0.101\ 2\pm 0.000\ 3)$ mol/L

8. 解 $n=9$，$\bar{x}=33.78\%$，$S=0.054\%$

设 33.86% 为异常值，$G=1.6<G_{表}=2.21$，故 33.86% 应保留。

设 33.73% 为异常值，$G=0.93<G_{表}=2.21$，故 33.73% 也应保留。

9. 解 $F=\dfrac{S_{大}^2}{S_{小}^2}=\dfrac{0.06}{0.05}=1.2<F_{表}=5.19$

故两种方法的精密度之间不存在显著性差异。

$$S=\sqrt{\frac{S_1^2(n_1-1)+S_2^2(n_2-1)}{(n_1-1)+(n_2-1)}}=0.055$$

$$t=\frac{|\bar{x}_1-\bar{x}_2|}{S}\sqrt{\frac{n_1n_2}{n_1+n_2}}=\frac{|9.92-9.88|}{0.055}\sqrt{\frac{5\times 6}{5+6}}=1.20<t_{0.05,9}=2.26$$

故这两种方法之间不存在显著性差异。

10. **解** (1)$\bar{d}_1=0.24,\bar{d}_2=0.24;S_1=0.28,S_2=0.31$

(2) 因为标准偏差可突出大误差。

(3) 显然,S_1 的精密度高于 S_2。

(五) 课后习题答案

1. (1) 引起系统误差;校正砝码

(2) 引起系统误差;校正仪器

(3) 过失误差

(4) 引起系统误差;做空白实验

(5) 引起系统误差;校正仪器

(6) 引起系统误差;做对照试验

(7) 引起系统误差;做空白实验

2. **解** $$\bar{x}=\frac{59.82+60.06+60.46+59.86+60.24}{5}=60.088$$

$$E=\bar{x}-x_T=60.088-60.68=-0.592$$

$$E_r=\frac{x-x_T}{x_T}\times 100\%=-0.94\%$$

3 **解** 设至少称量 m g,样品才能满足题意,则根据题意有,天平精密度是 ±0.1 mg,所以称量的绝对误差是 ±0.000 2 g,所以有$\left(\frac{0.000\,2}{m}\right)\times 100\%=0.1\%$,$m=0.02$ g

4. **解** (1) $$\bar{x}=20.54\%$$

$$d=\frac{\sum_{r=1}^{6}(x_i-x)}{6}=0.037\%$$

$$S=\sqrt{\frac{\sum_{r=1}^{6}(x_i-x)}{n-1}}=0.046\%$$

$$S_r=\frac{s}{x}\times 1\,000‰=\frac{0.04}{20.54}‰=2.2‰$$

(2) $$E=\bar{x}-x_T=0.09\%$$

$$E_r=\frac{x-x_T}{x_T}\times 100\%=4.4‰$$

5. **解** $t_{0.15}=2.02,n=6$

$$\mu=\bar{x}\pm\frac{t_s}{\sqrt{n}}=35.2\pm\frac{2.02-0.7}{\sqrt{6}}\ \text{mg}\cdot\text{L}^{-1}=(35.2\pm 0.6)\ \text{mg}\cdot\text{L}^{-1}$$

6. 解 （1）原式 $= 2.19 \times 0.854 + 9.6 \times 10^{-5} - 0.0326 \times 0.00814 =$

$$1.87 + 9.6 \times 10^{-5} - 2.65 \times 10^{-4} = 1.86$$

（2）原式 $= \dfrac{51.38}{8.079 \times 0.9460} = 67.37$

（3）原式 $= \dfrac{497.4}{0.7054} = 705.2$

（4）原式 $= \sqrt{\dfrac{1.5 \times 10^{-8} \times 6.1 \times 10^{-8}}{3.3 \times 10^{-5}}} = 5.3 \times 10^{-6}$

第 13 章　滴定分析

一、中学链接

1. 酸碱中和滴定原理

用已知浓度的酸(或碱)来测定未知浓度的碱(或酸)的方法称为酸碱中和滴定。

(1) 酸式滴定管用的是玻璃活塞,碱式滴定管用的是橡皮管(思考为什么)。

(2) 滴定管的刻度从上往下标,下面一部分没有读数因此使用时不能放到刻度以下。

(3) 酸式滴定管不能用来盛放碱溶液,碱式滴定管不盛放酸溶液或强氧化性的溶液。

(4) 滴定管的精确度为 0.01 mL,比量筒精确;所以读数时要读到小数点后两位。

实际滴出的溶液体积 = 滴定后的读数 - 滴定前的读数

(5) 滴定操作:把滴定管固定在滴定管夹上,锥形瓶放在下面接液体,滴定过程中用左手控制活塞,用右手摇动锥形瓶,眼睛应注视锥形瓶中溶液颜色的变化。

(6) 滴定终点判断:当滴入最后一滴溶液时颜色发生变化且半分钟内颜色不再发生变化即已达终点。

(7) 指示剂选择:

强酸滴定强碱 —— 酚酞或甲基橙

强酸滴定弱碱 —— 甲基橙

强碱滴定弱酸 —— 酚酞

(8) 颜色变化:

强酸滴定强碱:甲基橙由黄色到橙色

酚酞由红色到无色

强碱滴定强酸:甲基橙由红色到橙色

酚酞由无色到粉红色

(9) 注意:① 手眼:左手操作活塞或小球,右手振荡锥形瓶,眼睛注视锥形瓶中溶液的颜色变化 ② 速度先快后慢。

数据处理与误差分析:利用 $n_{酸} \times c_{酸} \times V_{酸} = n_{碱} \times c_{碱} \times V_{碱}$进行分析

读数:两位小数,因一次实验误差较大,所以应取多次实验的平均值。

2. 滴加顺序不同,现象不同

(1) $AgNO_3$ 与 $NH_3 \cdot H_2O$:

$AgNO_3$ 向 $NH_3 \cdot H_2O$ 中滴加 —— 开始无白色沉淀,后产生白色沉淀

$NH_3 \cdot H_2O$ 向 $AgNO_3$ 中滴加 —— 开始有白色沉淀,后白色沉淀消失

(2) $NaOH$ 与 $AlCl_3$:

$NaOH$ 向 $AlCl_3$ 中滴加 —— 开始有白色沉淀,后白色沉淀消失

$AlCl_3$ 向 $NaOH$ 中滴加 —— 开始无白色沉淀,后产生白色沉淀

(3) HCl 与 $NaAlO_2$:

HCl 向 $NaAlO_2$ 中滴加 —— 开始有白色沉淀,后白色沉淀消失

$NaAlO_2$ 向 HCl 中滴加 —— 开始无白色沉淀,后产生白色沉淀

(4) Na_2CO_3 与盐酸:

Na_2CO_3 向盐酸中滴加 —— 开始有气泡,后不产生气泡

盐酸向 Na_2CO_3 中滴加 —— 开始无气泡,后产生气泡

二、教学基本要求

了解滴定分析的四种方法及特点,掌握酸碱滴定法中选择指示剂的原则,熟悉一元酸、碱滴定的滴定曲线特点和直接滴定弱酸或弱碱的条件,了解多元碱分布滴定条件。了解氧化还原滴定法中的高锰酸钾、重铬酸钾和碘量法的原理,熟悉氧化还原滴定法的计算。掌握络合滴定法和沉淀滴定法的基本原理及应用。

三、内容精要

1. 滴定分析法

滴定分析法是指将已知准确浓度的试剂即标准溶液与待测物的溶液,按化学计量关系式几乎完全反应,然后根据标准溶液的浓度和所消耗的体积以及被测物的体积,算出待测组分的含量的分析方法。

(1) 滴定分析法对化学反应的要求

适合滴定分析法的化学反应,应符合以下几个条件:

① 反应必须有确定的化学计量关系。反应定量地完成,通常要求 $\geq 99.9\%$,这是定量分析计算的基础。

② 反应必须迅速完成。对于反应速度较慢的反应能够采取加热、使用催化剂等措施提高反应速率。

③ 必须有适宜的指示剂或其他简便可靠的方法确定反应终点。

(2) 滴定分析法的分类

根据所利用的化学反应类型的不同,常用的滴定分析法可分为:

① 酸碱滴定法:以酸碱反应为基础的滴定分析方法。

② 沉淀滴定法:以沉淀反应为基础的滴定分析方法。

③ 络合滴定法:以络合反应为基础的滴定分析方法。

④ 氧化还原滴定法:以氧化还原反应为基础的滴定分析方法。

(3) 滴定分析计算

滴定分析计算的依据是滴定反应时,被测物质 A 的物质的量 n_A 和滴定剂 B 的物质的量 n_B 之间的关系符合化学反应式所表示的化学计量关系,即

$$aA + bB \longrightarrow cC + dD$$

当滴定达到化学计量点时,n_A 与 n_B 之比等于他们的化学计量数之比,即

$$n_A : n_B = a : b$$

因此

$$c_A V_A = \frac{a}{b} c_B V_B$$

2. 酸碱滴定法

(1) 酸碱的分布系数

① 一元酸:以冰醋酸为例,冰醋酸在溶液中只能以 HAc 和 Ac^- 两种形式存在。设 HAc 的总浓度为 c,δ_0 为 HAc 的分布系数,δ_1 为 Ac^- 的分布系数,则有

$$c = [HAc] + [Ac^-]$$

$$\delta_0 = \frac{[HAc]}{c} = \frac{[H^+]}{[H^+] + K_a}$$

$$\delta_1 = \frac{[Ac^-]}{c} = \frac{K_a}{[H^+] + K_a}$$

② 二元酸:以草酸为例,草酸在水溶液中以 $H_2C_2O_4$、$HC_2O_4^-$、$C_2O_4^{2-}$ 三种形式存在,设总浓度为 c,δ_0、δ_1、δ_2 分别表示 $H_2C_2O_4$、$HC_2O_4^-$、$C_2O_4^{2-}$ 的分布系数,则有

$$c = [H_2C_2O_4] + [HC_2O_4^-] + [C_2O_4^{2-}]$$

$$\delta_0 = \frac{[H_2C_2O_4]}{c} = \frac{[H^+]^2}{[H^+]^2 + K_{a1}[H^+] + K_{a1}K_{a2}}$$

$$\delta_1 = \frac{K_{a1}[H^+]}{[H^+]^2 + K_{a1}[H^+] + K_{a1}K_{a2}}$$

同理可求

$$\delta_2 = \frac{K_{a2}[H^+]}{[H^+]^2 + K_{a1}[H^+] + K_{a1}K_{a2}}$$

$$\delta_0 + \delta_1 + \delta_2 = 1$$

三元酸可采用类似方法处理。

(2) 酸碱溶液 pH 值的计算

各种酸溶液的 pH 值计算的公式以及在允许有 5% 误差范围内的使用条件见表 13.1(表中(a) 为精确式,(b) 为近似计算式,(c) 为最简式)。

当需要计算一元弱碱、强碱等碱性物质溶液的 pH 值时,只需要将计算式及使用条件中的$[H^+]$ 和 K_a 相应地换成$[OH^-]$ 和 K_b 即可。

表 13.1　几种酸溶液计算$[H^+]$的公式及使用条件

	计　算　公　式	使用条件（允许误差 5%）
一元弱酸	(a) $[H^+]=\sqrt{K_a[HA]+K_w}$	$c/K_a \geqslant 105$
	(b) $[H^+]=\sqrt{cK_a+K_w}$	$c/K_a \geqslant 10K_w$
	$[H^+]=1/2(-K_a+\sqrt{K_a^2+4cK_a})$	$\begin{cases} c/K_a \geqslant 105 \\ c/K_a \geqslant 10K_w \end{cases}$
	(c) $[H^+]=\sqrt{cK_a}$	
两性物质	(a) $[H^+]=\sqrt{K_{a1}(K_{a2}[HA^-]+K_w)/(K_{a1}+[HA^-])}$	$c/K_{a2} \geqslant 10K_w$
	(b) $[H^+]=\sqrt{cK_{a1}K_{a2}/(K_{a1}+c)}$	$\begin{cases} c/K_{a2} \geqslant 10K_w \\ c/K_{a1} \geqslant 10 \end{cases}$
	(c) $[H^+]=\sqrt{K_{a1}K_{a2}}$	
强酸	(a) $[H^+]=1/2(c+\sqrt{c^2+4K_w})$	
	(c) $[H^+]=c$	$c \geqslant 4.7\times10^{-7}\ \mathrm{mol\cdot dm^{-3}}$
	$[H^+]=\sqrt{K_w}$	$c \leqslant 1.0\times10^{-8}\ \mathrm{mol\cdot dm^{-3}}$
二元弱酸	(b) $[H^+]=\sqrt{K_{a1}[H_2A]}$	$\begin{cases} cK_{a1} \geqslant 10K_w \\ 2K_{a2}/[H^+]=1 \end{cases}$
	(c) $[H^+]=\sqrt{cK_{a1}}$	$\begin{cases} c/K_{a1} \geqslant 10K_w \\ c/K_{a1} \geqslant 105 \\ 2K_{a1}/[H^+]=1 \end{cases}$
缓冲溶液	(a) $[H^+]=\dfrac{c_a-[H^+]+[OH^-]}{c_b+[H^+]-[OH^-]}K_a$ *	$[H^+]>[OH^-]$
	(b) $[H^+]=K_a(c_a-[H^+])/(c_b+[H^+])$	$c_a \gg [OH^-]-[H^+]$
	(c) $[H^+]=K_ac_a/c_b$	$c_b \gg [H^+]-[OH^-]$

注：c_a 及 c_b 分别为 HA 及其共轭碱 A^- 的总浓度。

(3) 酸碱滴定终点的指示方法

为了正确地运用酸碱滴定进行分析测定，必须了解酸碱滴定过程中 H^+ 浓度的变化规律，以准确地去确定滴定终点。可采用指示剂法或电位滴定法来确定滴定终点。

(4) 酸碱滴定法的基本原理

①强酸强碱的滴定：以 NaOH 溶液滴定 HCl 溶液为例，设 HCl 的浓度 $c_a=0.100\ 0\ \mathrm{mol\cdot dm^{-3}}$，体积 $V_a=20.00$ mL，NaOH 的浓度 $c_b=0.100\ 0\ \mathrm{mol\cdot dm^{-3}}$，滴定时加入 NaOH 的体积为 V_b(mL)。滴定过程的 pH 值计算随滴定过程溶液组成的变化见表 13.2。

②一元弱酸（碱）的滴定：以 NaOH 滴定 HAc 为例，设 HAc 的浓度 $c_a=0.100\ 0\ \mathrm{mol\cdot dm^{-3}}$，体积 $V_a=20.00$ mL，NaOH 的浓度 $c_b=0.100\ 0\ \mathrm{mol\cdot dm^{-3}}$，滴定时加入的体积为 V_b(mL)。滴定过程的 pH 计算随滴定过程溶液组成的变化见表 13.3。

表 13.2　用 0.100 0 mol · dm^{-3} 的 NaOH 溶液滴定 20.00 mL 0.100 0 mol · dm^{-3} HCl 溶液

阶段	溶液组成	计算公式	NaOH 加入量 /mL	剩余 HCl（过量 NaOH）/mL	滴定分数 /%	$[H^+]$ /(mol · dm^{-3})	pH	
滴定前	HCl	$[H^+] = c_a$	0.00	20.00	0.00	0.100 0	1.00	
开始至化学计量点前	HCl 和 NaCl	$[H^+] = c_a$(余)	18.00	2.00	90.0	5.3×10^{-3}	2.28	
			19.80	0.20	99.0	5.0×10^{-4}	3.30	
			19.98	0.02	99.9	5.0×10^{-5}	4.30	突跃范围
化学计量点	NaCl	$[H^+] = \sqrt{K_w}$	20.00	0	100.0	1.0×10^{-7}	7.00	
化学计量点后	NaCl 和 NaOH	$[OH^-] = c_b$(过)	20.02	(0.02)	100.1	2.0×10^{-10}	9.70	
			20.20	(0.20)	101.0	2.0×10^{-11}	10.70	
			22.00	(2.00)	110.0	2.1×10^{-12}	11.68	
			40.00	(20.00)	200.0	3.0×10^{-13}	12.52	

表 13.3　用 0.100 0 mol · dm^{-3} NaOH 溶液滴定 20.00 mL 0.100 0 mol · dm^{-3} HAc 溶液

阶　段	溶液组成	计算公式	NaOH 加入量 /mL	剩余 HCl（过量 NaOH）/mL	滴定分数 /%	$[H^+]$ /(mol · dm^{-3})	pH	
滴定前	HAc	$[H^+] = \sqrt{K_a c_a}$	0.00	20.00	0.00	0.100 0	2.88	
开始至化学计量点前	HAc 和 NaAc	$[H^+] = K_a \dfrac{c(HAc)}{c(Ac^-)}$	10.00	10.00	50.0	1.3×10^{-3}	4.74	
			18.00	2.00	90.0	1.8×10^{-5}	5.70	
		$[H^+] = K_a \dfrac{c(HAc)}{c(Ac^-)}$	19.98	0.20	99.0	2.0×10^{-6}	6.74	
			19.98	0.02	99.9	1.8×10^{-7}	7.74	突跃范围
化学计量点	NaAc	$[OH^-] = \sqrt{K_b c_b}$	20.00	0	100.0	1.9×10^{-9}	8.72	
化学计量点后	NaAc 和 NaOH	$[OH^-] = c_b$(过)	20.02	(0.02)	100.1	2.0×10^{-10}	9.70	
			20.20	(0.20)	101.0	2.0×10^{-11}	10.70	
			22.00	(2.00)	110.0	2.1×10^{-12}	11.68	
			40.00	(20.00)	200.0	3.0×10^{-13}	12.52	

③ 多元酸(碱) 的滴定：以 0.100 0 mol · dm^{-3} 的 NaOH 溶液滴定 0.100 0 mol · dm^{-3} 的 H_3PO_4 溶液为例，三元酸 H_3PO_4 在水溶液中分三步离解

$$H_3PO_4 \rightleftharpoons H^+ + H_2PO_4^- \qquad pK_{a1} = 2.12$$

$$H_2PO_4^- \rightleftharpoons H^+ + HPO_4^{2-} \qquad pK_{a2} = 7.21$$

$$HPO_4^{2-} \rightleftharpoons H^+ + PO_4^{3-} \qquad pK_{a3} = 12.66$$

对多元酸的滴定，当 $c_a K_{a1} \geqslant 10^{-8}$，且 $K_{a1}/K_{a2} \geqslant 10^4$ 时，酸第一步离解的 H^+ 与碱作用，

而第二步离解的 H^+ 不同时作用，在第一化学计量点时出现 pH 值突跃。如果 $c_aK_{a2} \geqslant 10^{-8}$，且 $K_{a2}/K_{a1} \geqslant 10^4$ 时，酸第二步离解的 H^+ 与碱作用，而第三步离解的 H^+ 不同时作用，则又在第二个化学计量点附近出现第二个 pH 值突跃。若 $K_{a1}/K_{a2} < 10^4$ 时，两步中和反应交叉进行，即使是分步离解的两个质子 H^+ 也将同时被滴定，只有一个突跃。而 $c_aK_{a1} \geqslant 10^{-8}$，$c_aK_{a2} < 10^{-8}$，但 $K_{a2}/K_{a1} \geqslant 10^4$，此时只能是酸第一步离解的质子 H^+ 被滴定，第二步离解的质子 H^+ 不能被滴定，只能形成一个突跃。

第一化学计量点时 $[H^+] = \sqrt{K_{a1}K_{a2}}$

$$pH = 1/2(pK_{a1} + pK_{a2}) = 4.66$$

第二化学计量点时 $[H^+] = \sqrt{K_{a2}K_{a3}}$

$$pH = 1/2(pK_{a2} + pK_{a3}) = 9.94$$

关于多元碱的滴定情况与多元酸类似，所以多元酸分步滴定的结论同样适用于多元碱的滴定，只需要将 c_aK_a 换成 c_bK_b 即可。

(5) 滴定终点误差

① 强酸(碱) 的滴定终点误差：强碱滴定强酸的终点误差为

$$TE_{强酸} = \frac{[OH^-] - [H^+]}{c_{sp}} \times 100\%$$

强酸滴定强碱的终点误差为

$$TE_{强碱} = \frac{[H^+] - [OH^-]}{c_{sp}} \times 100\%$$

② 弱酸(碱) 的滴定终点误差：强碱滴定弱酸的终点误差为

$$TE_{弱酸} = \left\{\frac{[OH^-]}{c_{sp}} - \delta(HA)\right\} \times 100\%$$

一元弱碱的滴定终点误差可用上述类似方法处理得到

$$TE_{弱碱} = \left\{\frac{[H^+]}{c_{sp}} - \delta(BOH)\right\} \times 100\%$$

3. 氧化还原滴定法

(1) 氧化还原反应

①Nernst 方程：氧化还原反应的实质是氧化剂获得电子和还原剂失去电子的过程。每种元素的氧化态和还原态组成一个氧化还原电对，由于两电对间存在电位差，因而发生电子得失。

对于电极反应 Ox + ne ═══ Red，Nernst 方程式可写为

$$\varphi_{Ox/Red} = \varphi^{\ominus}_{Ox/Red} + \frac{2.303RT}{nF}\lg\frac{a_{Ox}}{a_{Red}}$$

25℃ 时

$$\varphi_{Ox/Red} = \varphi^{\ominus}_{Ox/Red} + \frac{0.059}{n}\lg\frac{a_{Ox}}{a_{Red}}$$

式中，a_{Ox} 与 a_{Red} 分别表示氧化态和还原态的活度。当溶液为稀溶液时，可以用浓度代替活度进行计算，即

$$\varphi_{Ox/Red} = \varphi^{\ominus}_{Ox/Red} + \frac{0.059}{n}\lg\frac{[Ox]}{[Red]}$$

② 条件电位：由于通常使用的是反应物的浓度而并非活度，当溶液离子强度较大时，用浓度代替活度进行计算，将引起较大的误差。而酸度的变化、沉淀与络合物的形成等副反应，也都会使电位发生很大变化。如果考虑浓度与活度的不同，引入相应的活度系数 γ_{Ox}、γ_{Red}；考虑到副反应的发生，引入相应的副反应系数 α_{Ox}、α_{Red}，活度与浓度的关系可表示为

$$\alpha_{Ox} = [Ox]\gamma_{Ox} = c_{Ox}\gamma_{Ox}/\alpha_{Ox},\quad \alpha_{Red} = [Red]\gamma_{Red} = c_{Red}\gamma_{Red}/\alpha_{Red} \tag{13.1}$$

式中，c_{Ox}、c_{Red} 分别表示氧化态和还原态的分析浓度，代入式(13.1)，得

$$\varphi_{Ox/Red} = \varphi^{\ominus}_{Ox/Red} + \frac{0.059}{n}\lg\frac{\gamma_{Ox}c_{Ox}\alpha_{Red}}{\gamma_{Red}c_{Red}\alpha_{Ox}} = \varphi^{\ominus'}_{Ox/Red}\ \frac{0.059}{n}\lg\frac{c_{Ox}}{c_{Red}}$$

$$\varphi^{\ominus'}_{Ox/Red} = \varphi^{\ominus}_{Ox/Red} + \frac{0.059}{n}\lg\frac{\gamma_{Ox}\alpha_{Red}}{\gamma_{Red}\alpha_{Ox}}$$

式中，$\varphi^{\ominus'}$ 称为条件电位，它是指氧化态和还原态的分析浓度都为 1 $mol \cdot dm^{-3}$ 时的实际电位，在一定条件下为常数。条件电位反映了离子速率与各种副反应的总结果，它的大小说明在外界因素影响下，氧化还原电对的实际氧化还原能力。应用条件电位比用标准电极电位能更正确地判断氧化还原反应的方向、次序和反应的完成程度。

③ 氧化还原反应进行程度：

（Ⅰ）氧化还原平衡常数：氧化还原反应的进行程度通常可用反应平衡常数衡量，平衡常数越大，反应进行得越完全。平衡常数 K 可用标准电极电位求得，实际中最好用条件电极电位求得，求得的平衡常数用 K' 表示。

氧化还原反应通式为

$$n_2Ox_1 + n_1Red_2 \xlongequal{\quad} n_2Red_1 + n_1Ox_2$$

当反应达到平衡时，$\varphi_1 = \varphi_2$，即

$$\varphi_1^{\ominus'} + \frac{0.059}{n_1}\lg\frac{c_{Ox_1}}{c_{Red_1}} = \varphi_2^{\ominus'} + \frac{0.059}{n_2}\lg\frac{c_{Ox_2}}{c_{Red_2}}$$

整理可得

$$\lg K' = \lg\left[\left(\frac{c_{Red_1}}{c_{Ox_1}}\right)^{n_2}\left(\frac{c_{Ox_2}}{c_{Red_2}}\right)^{n_1}\right] = \frac{(\varphi_1^{\ominus'} - \varphi_2^{\ominus'})n_1n_2}{0.059} = \frac{(\varphi_1^{\ominus'} - \varphi_2^{\ominus'})n}{0.059} \tag{13.2}$$

式中，n 为 n_1 和 n_2 的最小公倍数。从上式可知条件稳定常数 K' 由氧化态和还原态两个电对的条件电极电位之差 $\Delta\varphi^{\ominus'}$ 和转移的电子数所决定的。$\Delta\varphi^{\ominus'}$ 越大，K' 值越大，反应进行得越完全。

（Ⅱ）化学计量点时反应进行的程度：要使反应完全程度达 99.9% 以上，化学计量点时应满足

$$\left(\frac{c_{Red_1}}{c_{Ox_1}}\right)^{n_2} \geqslant 10^{3n_2},\quad \left(\frac{c_{Ox_2}}{c_{Red_2}}\right)^{n_1} \geqslant 10^{3n_1}$$

当 $n_1 = n_2 = 1$ 时代入式(13－2)，得

$$\frac{(\varphi_1^{\ominus'} - \varphi_2^{\ominus'})}{0.059} = \lg K' = \lg\left(\frac{c_{Red_1}}{c_{Ox_1}}\right)\left(\frac{c_{Ox_2}}{c_{Red_2}}\right) \geqslant \lg(10^3 \times 10^3) = 6$$

即 $$\Delta\varphi^{\ominus'} = \Delta\varphi_1^{\ominus'} - \Delta\varphi_2^{\ominus'} \geqslant 6 \times 0.059 \approx 0.35\ V$$

所以当两个电对的条件电极电位之差大于 0.4 V 时，这样的反应才能用于滴定分析。

④ 影响氧化还原反应的因素：

（Ⅰ）氧化剂和还原剂的性质。

（Ⅱ）反应物的浓度，根据质量作用定律，反应速率与反应物浓度乘积成正比。

（Ⅲ）溶液的温度，由于温度升高可以增加反应物之间的碰撞次数，增加活化分子或离子的数量，所以升高溶液温度能提高反应速率。

（Ⅳ）催化剂的作用。

(3) 氧化还原滴定

① 氧化还原滴定曲线：在氧化还原过程中，随着滴定剂的加入，溶液中各电对的电极电位不断发生变化，这种变化与酸碱滴定、配位滴定过程一样，也可用滴定曲线来描述。其横坐标表示标准滴定溶液的加入量，纵坐标表示电对的电极电位。

② 滴定指示剂：

（Ⅰ）自身指示剂，有些滴定剂或被滴定物质本身有很深的颜色，而滴定产物为无色或颜色很浅，滴定时无需另加指示剂，其本身的颜色变化就起着指示剂的作用，如高锰酸钾。

（Ⅱ）特殊指示剂，有些物质本身并不具有氧化还原性，但它能与滴定剂或被测定物质发生反应，产生很深的颜色，而且反应是可逆的，如淀粉。

（Ⅲ）氧化还原指示剂，其在氧化还原滴定中应用最广泛，这类指示剂本身是氧化剂或还原剂，其氧化态和还原态的颜色不同。在滴定过程中，当指示剂被氧化或被还原时，溶液颜色随之变化，从而指示滴定终点。

③ 氧化还原滴定法：

（Ⅰ）高锰酸钾法，是以 $KMnO_4$ 为滴定剂，一般在强酸性（H_2SO_4）介质中进行滴定，以自身作为指示剂，滴定至溶液呈粉红色且 30 s 内不褪色为终点。在强酸性条件下

$$MnO_4^- + 8H^+ + 5e^- \longequal Mn^{2+} + 4H_2O, \quad \varphi^\ominus = 1.51\ V$$

由于 Cl^- 具有还原性，NO_3^- 具有氧化性，所以其酸性介质通常为 $1 \sim 2\ mol \cdot dm^{-3}$ 的 H_2SO_4 溶液。

（Ⅱ）重铬酸钾法，是以 $K_2Cr_2O_7$ 为滴定剂，一般可在 HCl 或 H_2SO_4 介质中进行滴定，以二苯胺磺酸钠作为指示剂，滴定至溶液呈红紫色为终点。在酸性条件下

$$Cr_2O_7^{2-} + 14H^+ + 6e^- \longequal 2Cr^{3+} + 7H_2O, \quad \varphi^\ominus = 1.33\ V$$

（Ⅲ）碘量法：

a. 直接碘量法是以 I_2 作为滴定剂，在中性或弱酸性条件下进行滴定，以淀粉作为指示剂，滴定至溶液由无色变为蓝色为终点。其半反应为

$$I_2 + 2e^- \longequal 2I^-, \quad \varphi^\ominus = 0.54\ V$$

b. 间接碘量法是以 KI 作为辅助试剂，利用 I^- 的还原性，与氧化性物质反应析出 I_2，再用 $Na_2S_2O_3$ 标准溶液进行滴定（在中性或微酸性条件下），近终点时加淀粉作为指示剂，滴定至溶液蓝色消失为终点。

4. 沉淀滴定法

(1) 沉淀滴定法对反应的要求

沉淀滴定法是以沉淀反应为基础的滴定分析方法。能形成沉淀的反应很多,但并不是所有的沉淀反应都能用于滴定分析。用于沉淀滴定的反应必须符合以下条件:

① 沉淀物溶解度小且有恒定的组成;

② 沉淀反应速率大且定量完成;

③ 有适当的指示剂确定终点;

④ 沉淀的吸附现象不影响终点的确定。

目前,最常用的沉淀滴定法为银量法,这是一种利用生成难溶银盐反应的测定方法。用银量法可以测定 Cl^-、Br^-、I^-、Ag^+、CN^-、SCN^- 等。

① 铬酸钾指示剂法(莫尔法):

(Ⅰ) 滴定原理:用 $AgNO_3$ 标准溶液直接滴定 Cl^-(或 Br^-)时,以 K_2CrO_4 作为指示剂,其滴定反应为

$$Ag^+ + Cl^- \longrightarrow AgCl\downarrow \qquad K_{sp} = 1.56\times10^{-10}$$

指示终点反应为

$$2Ag^+ + CrO_4^{2-} \longrightarrow Ag_2CrO_4\downarrow \qquad K_{sp} = 1.10\times10^{-12}$$

由于 AgCl 的溶解度比 Ag_2CrO_4 小,在用 $AgNO_3$ 溶液滴定过程中,首先析出白色的 AgCl 沉淀。待 Cl^- 被定量沉淀后,稍过量的 Ag^+ 就会与 CrO_4^{2-} 反应,产生砖红色的 Ag_2CrO_4 沉淀,指示终点的到达。

(Ⅱ) 滴定条件:指示剂 K_2CrO_4 的浓度必须合适,浓度太大会引起终点提前,且 CrO_4^{2-} 本身的黄色会影响对中终点的观察,浓度太小又会使终点滞后。滴定应在中性或微碱性介质中进行,若酸度过高,CrO_4^{2-} 将因酸效应致使其浓度降低,导致 Ag_2CrO_4 沉淀出现过迟甚至不沉淀,若碱性太强,将会生成 Ag_2O 沉淀,因此,适宜的酸度范围为 pH = 6.5 ~ 10.5。滴定时应剧烈振摇,使被 AgCl 或 AgBr 沉淀吸附的 Cl^- 或 Br^- 释放出来,以免终点提前,应预先分离干扰离子。

(Ⅲ) 应用范围:铬酸钾指示剂法主要用于滴定 Cl^-、Br^- 和 CN^-,不适用滴定 I^- 和 SCN^-,这是因为 AgI 和 AgSCN 沉淀对 I^- 和 SCN^- 有较强的吸附作用,即使剧烈振摇也无法使其释放出来。

② 铁铵钒指示剂法(佛尔哈德法):

(Ⅰ) 滴定原理:在含 Ag^+ 的酸性溶液中,加入铁铵钒[$NH_4Fe(SO_4)_2\cdot12H_2O$]指示剂,用 NH_4SCN 标准溶液直接进行滴定。滴定过程中首先生成白色的 AgSCN 沉淀,滴定达到化学计量点附近,Ag^+ 浓度迅速降低,SCN^- 浓度迅速增加,待过量的 SCN^- 与铁铵钒中的 Fe^{3+} 反应生成红色的 $FeSCN^{2+}$ 配合物,即指示滴定终点的到达。

在滴定卤素时可采用间接法,即先加入已知过量的 $AgNO_3$ 标准溶液,再以铁铵钒作为指示剂,用 NH_4SCN 标准溶液回滴剩余的 Ag^+。

(Ⅱ) 滴定条件:滴定应在 HNO_3 溶液中进行,一般控制溶液中 H^+ 浓度在 0.1 ~ 1 $mol\cdot dm^{-3}$ 之间。若酸度较低,则因 Fe^{3+} 水解形成颜色较深的 $Fe(H_2O_5)OH^{2+}$ 或

$Fe_2(H_2O_5)OH_2^{4+}$ 等，影响终点的观察，甚至产生 $Fe(OH)_3$ 沉淀以至失去指示剂的作用。

（Ⅲ）应用范围：采用直接滴定法可测定 Ag^+ 等；采用间接法可测定 Cl^-、Br^-、I^-、SCN^- 等离子。

③ 吸附指示剂法（法扬司法）：

（Ⅰ）滴定原理：吸附指示剂是一类有色的有机化合物，它被吸附在胶体微粒表面后，发生分子结构的变化，从而引起颜色的变化。吸附指示剂可分为两类：一类是酸性染料，如荧光黄及其衍生物，它们是有机弱酸，解离出指示剂阴离子；另一类是碱性染料，如甲基紫、罗丹明 6G 等，解离出指示剂阳离子。

例如用 $AgNO_3$ 标准溶液测定 Cl^- 时，可用荧光黄作为指示剂，荧光黄是一种有机弱酸，可用 HFI 表示，在溶液中它可解离为荧光黄阴离子 FI^-，呈黄绿色。在化学计量点之前，溶液中存在过量的 Cl^-，AgCl 沉淀胶体微粒吸附 Cl^- 而带有负电荷，不吸附指示剂阴离子 FI^-，溶液仍呈黄绿色；而在化学计量点后，稍过量的 $AgNO_3$ 标准溶液即可使 AgCl 沉淀胶体微粒吸附 Ag^+ 而带正电荷，形成 $AgCl \cdot Ag^+$，这时，带正电荷的胶体微粒吸附 FI^-，并发生分子结构的变化，出现由黄绿色变成淡红色的颜色变化，指示终点的到达。

（Ⅱ）滴定条件：由于吸附指示剂的颜色变化发生在沉淀微粒表面上，因此，应尽可能使沉淀的比表面积大一些；溶液的酸度要适当；胶体颗粒对指示剂的吸附能力应略小于对被测离子的吸附能力；滴定应避免在强光照射下进行；指示剂的离子与加入的滴定剂离子应带有相反电荷。

（Ⅲ）应用范围：吸附指示剂法可应用于 Cl^-、Br^-、I^-、SCN^-、SO_4^{2-} 和 Ag^+ 等离子的测定。

5. 络合滴定法（配位滴定法）

(1) 络合滴定法对反应的要求

以络合反应为基础的滴定分析方法称为络合滴定法。用于络合滴定的络合反应必须符合下列条件：形成的络合物要相当稳定，且反应必须完全；反应必须迅速且定量进行；要有适当的指示剂或其他方法指示滴定终点；滴定过程中生成的络合物最好是可溶的。

(2) EDTA

在络合滴定中，最常见的络合剂为 EDTA（乙二胺四乙酸），可用 H_4Y 表示。在水溶液中，当酸度很高时，EDTA 可转变为六元酸，溶液中存在 Y^{4-}、HY^{3-}、H_2Y^{2-}、H_3Y^-、H_4Y、H_5Y^+、H_6Y^{2+} 七种形式，但只有 Y^{4-} 能与金属离子直接反应生成络合物。所以溶液酸度越低，EDTA 的络合能力越强。因为 EDTA 与金属离子形成的络合物计量关系简单、络合物稳定且可以在水溶液中进行滴定，故被广泛使用。

(3) EDTA 与金属离子的络合物及其稳定常数

EDTA 与金属离子大多数形成 1∶1 型的络合物，反应通常简写为

$$M + Y \rightleftharpoons MY$$

平衡时络合物的稳定常数为

$$K_{MY} = \frac{[MY]}{[M][Y]}$$

K_{MY} 越大，络合物越稳定。

(4) 影响络合物稳定性的因素

①EDTA 酸效应:EDTA 与金属离子的反应本质是 Y^{4-} 与金属离子的反应。而 Y^{4-} 的浓度决定于浓度中的酸度,当溶液 pH 值减小时,反应平衡向左移动,由于 H^+ 离子作用而使 Y^{4-} 离子参与主反应的能力下降,这种现象称为 EDTA 的酸效应。酸效应的大小可用酸效应系数 $\alpha_{Y(H)}$ 来衡量。酸效应系数表示在一定 pH 值下 EDTA 的各种存在形式的总浓度 $[Y']$ 与能参加配位反应的 Y^{4-} 的平衡浓度之比,即

$$\alpha_{Y(H)} = \frac{[Y']}{[Y^{4-}]}$$

其中,$[Y'] = [Y^{4-}] + [HY^{3-}] + \cdots + [H_6Y^{2+}]$。

$\alpha_{Y(H)}$ 与 H^+ 浓度的关系为

$$\alpha_{Y(H)} = 1 + \frac{[H^+]}{K_{a6}} + \frac{[H^+]^2}{K_{a6}K_{a5}} + \cdots + \frac{[H^+]^6}{K_{a6}K_{a5}\cdots K_{a1}} =$$

$$1 + \beta_1[H^+] + \beta_2[H^+]^2 + \cdots + \beta_6[H^+]^6$$

式中,β 为累积稳定常数,其中

$$\beta_1 = 1/K_{a6},\quad \beta_2 = 1/(K_{a5}K_{a6}),\quad \beta_3 = 1/(K_{a4}K_{a5}K_{a6}),\cdots$$

若 $\alpha_{Y(H)} = 1$,说明 Y 没有副反应,$\alpha_{Y(H)}$ 值越大,酸效应越严重。

② 金属离子的络合效应:

(Ⅰ)金属离子的水解效应:金属离子在水中和 OH^- 生成各种羟基化络合离子,使金属离子参与主反应的能力下降,这种现象称为金属离子的羟基络合效应,也称金属离子的水解效应,可用副反应系数 $\alpha_{M(OH)}$ 表示,即

$$\alpha_{M(OH)} = \frac{[M] + [MOH] + [M(OH)_2] + \cdots + [M(OH)_n]}{[M]} =$$

$$1 + \beta_1[OH^-] + \beta_2[OH^-]^2 + \cdots + \beta_n[OH^-]^n$$

(Ⅱ)辅助配位效应:为了防止金属离子在滴定条件下生成沉淀或掩蔽干扰离子,在试液中须加入某些配位剂,使金属离子与辅助配位剂发生作用,产生的金属离子的辅助配位效应,可用副反应系数 $\alpha_{M(L)}$ 表示,即

$$\alpha_{M(L)} = \frac{[M] + [ML] + [ML_2] + \cdots + [ML_n]}{[M]} =$$

$$1 + \beta_1[L] + \beta_2[L]^2 + \cdots + \beta_n[L]^n$$

综合上述两种情况,金属离子的总的副反应系数可用 α_M 表示,即

$$\alpha_M = \frac{[M']}{[M]}$$

$$[M'] = [M] + [MOH] + [M(OH)_2] + \cdots + [M(OH)_n] + [ML] + [ML_2] + \cdots + [ML_n]$$

式中,$[M]$ 为游离金属离子浓度。

对含辅助络合剂 L 的溶液,经推导可得

$$\alpha_M = \alpha_{M(L)} + \alpha_{M(OH)} - 1$$

③ 条件稳定常数:在没有任合副反应存在时,络合物 MY 的稳定常数用 K_{MY} 表示。但是实际滴定过程中,由于受到副反应的影响,应当用条件稳定常数 K'_{MY} 来表示

$$K'_{MY}=\frac{[MY']}{[M'][Y']}$$

从以上副反应系数的讨论可知

$$[M']=\alpha_M[M],\quad [Y']=\alpha_{Y(H)}[Y],\quad [MY']=[MY]$$

故
$$K'_{MY}=\frac{[MY]}{\alpha_M[M]\alpha_{Y(H)}[Y]}=\frac{K_{MY}}{\alpha_M\alpha_Y}$$

两边取对数,得

$$\lg K'_{MY}=\lg K_{MY}-\lg\alpha_M-\lg\alpha_Y$$

在EDTA滴定中,待测金属离子 c_M 越大,络合物的 K'_{MY} 越大,滴定突跃范围就越大。准确滴定的条件为 $\lg c_M K'_{MY}\geqslant 6$ 或当 $c_M=0.01\ \mathrm{mol\cdot dm^{-3}}$ 时,$\lg K'_{MY}\geqslant 8$。

(5) 络合滴定曲线

络合滴定过程中,随着络合剂的不断加入,被滴定的金属离子浓度不断减少,其变化和酸碱滴定类似,在化学计量点附近 pM($pM=-\lg[M]$)发生突跃。滴定突跃的大小与络合物的条件稳定常数 K'_{MY} 和金属离子的起始浓度有关。K'_{MY} 越大,滴定突跃的范围越大,当 K'_{MY} 一定时,金属离子的起始浓度越大,滴定突跃范围就越大。络合滴定过程中 pM 的变化规律可以用 pM 对络合剂 EDTA 的加入量所绘制的滴定曲线来表示。

(6) 金属指示剂

① 金属指示剂的工作原理:利用一种能与金属离子生成有机络合物的显色剂来指示滴定过程中金属离子浓度的变化,这种显色剂称为金属离子指示剂,简称金属指示剂。金属指示剂与被滴定金属离子反应,形成一种与指示剂本身颜色不同的络合物。

② 金属指示剂必须具备的条件:

(Ⅰ) 在滴定 pH 值范围内,指示剂本身的颜色与指示剂和金属离子形成的络合物的颜色有明显区别。

(Ⅱ) 金属离子与指示剂形成的配合物有适当的稳定性,既要有足够的稳定性,又要比该金属离子与 EDTA 形成的络合物的稳定性要小。

(Ⅲ) 显色反应要灵敏、迅速,有良好的可逆变色反应。

(Ⅳ) 金属指示剂应易溶于水,不易变质,便于使用和保存。

③ 常用金属指示剂:用于络合滴定的常用的金属指示剂见表 13.4。

表 13.4 常见金属指示剂及其适用条件

指示剂	适用 pH 范围	指示剂颜色	络合物颜色
铬黑 T(EBT)	8 ~ 10	蓝色	红色
二甲酚橙	< 6	亮黄色	红色
钙指示剂	12 ~ 13	蓝色	红色
PHN	2 ~ 12	黄色	紫红色

(7) 络合滴定分析的应用

① 直接滴定法:直接滴定法是络合滴定最基本的方法。将被测物质经过处理配制成

溶液后，调节酸度，加入指示剂，直接滴定。采用直接滴定必须符合下列条件：

（Ⅰ）被测离子浓度 c_M 与条件稳定常数满足 $\lg c_M K'_{MY} \geqslant 6$ 的要求；

（Ⅱ）络合反应速度快；

（Ⅲ）有变色敏锐的指示剂，没有封闭现象；

（Ⅳ）被测离子不发生水解和沉淀反应。

② 间接滴定法：对于不与EDTA形成络合物或形成的络合物不稳定的情况，可以采用间接滴定法。基本方法是：先使被测离子与能够被 EDTA 滴定的金属离子 M 形成具有固定组成的沉淀，用 EDTA 滴定其中的 M，便间接测得被测离子的含量。

③ 返滴定法：当被测离子与 EDTA 反应缓慢，或在滴定条件下发生水解，或对指示剂有封闭作用，或无合适的指示剂，可以采用间接滴定法。即先加入过量的已知浓度的 EDTA 标准溶液，使之与被测离子络合，再用另一种金属离子的标准溶液滴定剩余的 EDTA 标准溶液，由两种标准溶液所消耗的物质的量之差计算被测金属离子的含量。

④ 置换滴定法：利用置换反应，从络合物中置换出等物质的量的另一种金属离子或 EDTA，然后滴定。

四、典型例题

例 13.1 用基准物质 As_2O_3 标定 $KMnO_4$ 溶液的浓度，若0.200 0 g As_2O_3 在酸性溶液中恰好与 35.00 mL $KMnO_4$ 溶液完全作用，求 $KMnO_4$ 溶液的标准浓度。

解

$$M(As_2O_3) = 197.8\ \mathrm{g \cdot mol^{-1}}$$

反应式为

$$MnO_4^- + AsO_3^{3-} \longrightarrow AsO_4^{3-} + Mn^{2-}$$

$$4n(As_2O_3) = 2cV(AsO_3^{3-}) = 5cV(MnO_4^-)$$

故

$$n(KMnO_4) = \frac{4}{5}n(As_2O_3)$$

$$c(KMnO_4) = \frac{(4/5) \times (0.200\ 0/197.8)}{35.00 \times 10^{-3}} = 0.023\ 11\ (\mathrm{mol \cdot dm^{-3}})$$

例 13.2 如何配制 100.0 mL $c(1/6K_2Cr_2O_7) = 0.100\ 0\ \mathrm{mol \cdot dm^{-3}}$ 的重铬酸钾标准溶液？此标准溶液对铁的滴定度 $T(K_2Cr_2O_7/Fe)$ 为多少？

解

$$m = c(1/6K_2Cr_2O_7)VM(1/6K_2Cr_2O_7) =$$

$$0.100\ 0 \times 100.0 \times 10^{-3} \times \frac{1}{6} \times 294.2 = 0.490\ 3\ \mathrm{g}$$

用分析天平准确称量0.490 3 g $K_2Cr_2O_7$，放在小烧杯中用适量蒸馏水溶解，定量转移到100 mL 的容量瓶中定容，摇匀。

根据重铬酸钾与亚铁的反应式

$$Cr_2O_7^{2-} + 6Fe^{2+} + 14H^+ \longrightarrow Cr^{3-} + 6Fe^{3+} + 7H_2O$$

可知，1 mol $1/6K_2Cr_2O_7$ 相当于 1 mol Fe^{2+}，即 $n(1/6K_2Cr_2O_7) = n(Fe^{2+})$

所以

$$T(K_2Cr_2O_7/Fe) = 0.100\ 0 \times 10^{-3} \times 55.85 = 5.585 \times 10^{-3}(\mathrm{g \cdot mL^{-1}})$$

用滴定度与物质的量浓度的换算公式也得同样的结果，即

$$T_{s/x}=\frac{c_B\times M_x}{1\,000}=\frac{0.100\,0\times 55.85}{1\,000}=5.585\times 10^{-3}(\mathrm{g\cdot mL^{-1}})$$

例 13.3 计算 0.10 $\mathrm{mol\cdot dm^{-3}}$ 一氯乙酸（$CH_2ClCOOH$）溶液的 pH 值（已知一氯乙酸 $K_a=1.40\times10^{-3}$）。

解

$$\frac{K_w}{c_aK_a}=\frac{10^{-14}}{0.10\times 1.40\times 10^{-3}}=7.14\times 10^{-9}<0.05$$

即 $$\frac{K_w}{c_aK_a}<5\%$$

$$\frac{K_a}{c_a}=\frac{1.40\times 10^{-3}}{0.10}=1.40\times 10^{-2}>1/500$$

即 $$\frac{K_a}{c_a}>2/1\,000$$

因此，可以用以下简化式计算$[H^+]$，即

$$[H^+]=\sqrt{K_ac_a}=\sqrt{0.010\times 5.8\times 10^{-10}}=2.4\times 10^{-6}(\mathrm{mol\cdot dm^{-3}})$$

$$\mathrm{pH}=-\lg[H^+]=5.62$$

例 13.4 计算 0.10 $\mathrm{mol\cdot dm^{-3}}$ 的邻苯二甲酸水溶液的 pH 值（已知 $K_{a1}=1.3\times10^{-3}$，$K_{a2}=3.9\times10^{-6}$）。

解 （1）$\dfrac{K_w}{c_aK_{a1}}=\dfrac{10^{-14}}{0.10\times 1.3\times 10^{-3}}=7.69\times 10^{-11}<5\%$（符合）

（2）$\dfrac{K_{a1}}{c_a}=\dfrac{1.3\times 10^{-3}}{0.10}=1.3\%>\dfrac{2}{1\,000}$（不符合）

因此，由$[H^+]=\sqrt{K_{a1}(c_a-[H^+])}$计算得

$$[H^+]=\frac{-K_{a1}+\sqrt{K_{a1}+4K_{a1}c_a}}{2}=$$

$$\frac{-1.3\times 10^{-3}+\sqrt{(1.3\times 10^{-3})^2+4\times 1.3\times 10^{-3}\times 0.10}}{2}=$$

$$2.28\times 10^{-2}(\mathrm{mol\cdot dm^{-3}})$$

$$\mathrm{pH}=-\lg(2.28\times 10^{-2})=1.64$$

例 13.5 10.0 mL 0.200 $\mathrm{mol\cdot dm^{-3}}$ 的 HAc 溶液与 5.5 mL 0.200 $\mathrm{mol\cdot dm^{-3}}$ 的 NaOH 溶液混合，求该混合液的 pH 值（已知 HAc 的 $K_a=1.8\times10^{-5}$）。

解 加入 HAc 的物质的量为

$$n(\mathrm{HAc})=0.200\times 10.0\times 10^{-3}=2.0\times 10^{-3}\ \mathrm{mol}$$

加入 NaOH 的物质的量为

$$n(\mathrm{NaOH})=0.200\times 5.5\times 10^{-3}=1.1\times 10^{-3}\ \mathrm{mol}$$

反应后生成的 Ac^- 的物质的量为 1.1×10^{-3} mol，则

$$c_a = \frac{1.1 \times 10^{-3}}{(10.0 + 5.5) \times 10^{-3}} = 0.071\ (\text{mol} \cdot \text{dm}^{-3})$$

剩余的 HAc 的物质的量为

$$n'(\text{HAc}) = 2.0 \times 10^{-3} - 1.1 \times 10^{-3} = 0.9 \times 10^{-3}\ \text{mol}$$

$$c_a = \frac{0.9 \times 10^{-3}}{(10.0 + 5.5) \times 10^{-3}} = 0.058\ (\text{mol} \cdot \text{dm}^{-3})$$

$$[\text{H}^+] = \frac{c_a}{c_b} K_a = \frac{0.058}{0.071} \times 1.8 \times 10^{-5} = 1.5 \times 10^{-5} (\text{mol} \cdot \text{dm}^{-3})$$

$$\text{pH} = 4.83$$

由于 $c_a \gg [\text{H}^+] - [\text{OH}^-]$,所以采用最简式是允许的。

例 13.6 称取混合碱试样 0.947 6 g,加酚酞指示剂,用 0.278 5 mol · dm^{-3} 盐酸溶液滴定至终点,消耗盐酸溶液 34.12 mL。再加入甲基橙指示剂,滴定至终点,又消耗盐酸 23.66 mL,计算混合试样各组分的质量分数。

解 由于 $V_1 = 34.12$ mL, $V_2 = 23.66$ mL, $V_1 > V_2$ 故该混合碱由 Na_2CO_3 和 NaOH 所组成。滴定过程为:第一步是 Na_2CO_3 被滴定生成 $NaHCO_3$, NaOH 被中和,此时消耗盐酸的量为 V_1 =34.12 mL;第二步是第一步生成的 $NaHCO_3$ 被滴定生成 NaCl,此时消耗盐酸的量为 V_2 =23.66 mL。因此按题意可列出计算式

$$\frac{c(\text{HCl}) \times V_1}{1\,000} = \frac{0.947\,6 \times w(\text{Na}_2\text{CO}_5)}{M(\text{Na}_2\text{CO}_3)} + \frac{0.947\,6 \times w(\text{NaOH})}{M(\text{NaOH})} \quad (1)$$

$$\frac{c(\text{HCl}) \times V_2}{1\,000} = \frac{0.947\,6 \times w(\text{Na}_2\text{CO}_3)}{M(\text{Na}_2\text{CO}_3)} \quad (2)$$

由式(1) 和式(2) 可得

$$w(\text{Na}_2\text{CO}_3) = 73.71\%, \quad w(\text{NaOH}) = 12.30\%$$

例 13.7 某弱酸的 $pK_a = 9.21$, 现有共轭碱 NaA 溶液 20.00 mL, 其浓度为 0.100 0 mol · dm^{-3},当用 0.100 0 mol · dm^{-3} 的 HCl 溶液滴定它时,化学计量点的 pH 值为多少?化学计量点附近的滴定突跃为多少?应选用何种指示剂指示滴定终点?

解 反应为

$$\text{NaA} + \text{HCl} \xlongequal{\quad} \text{NaCl} + \text{HA}$$

(1) 化学计量点时生成的 HA 为一元弱酸,可按一元弱酸的 pH 值计算公式计算,即

$$c(\text{HA}) \approx 0.1/2 = 0.05\ (\text{mol} \cdot \text{dm}^{-3})$$

$$c(\text{H}^+) = \sqrt{c(\text{HA}) K_a} = \sqrt{0.05 \times 10^{-9.21}} = 5.56 \times 10^{-6} (\text{mol} \cdot \text{dm}^{-3})$$

$$\text{pH} = 5.26$$

(2) 滴定不足 0.1% 到过量 0.1% 称为滴定突跃。

a. 滴定不足 0.1% 时溶液的 pH 值计算如下:

化学计量点前,溶液中存在 HA 和 NaA,构成缓冲溶液

$$c(\text{HA}) = \frac{19.98 \times 0.1}{19.98 + 20.00} = 5.00 \times 10^{-2} (\text{mol} \cdot \text{dm}^{-3})$$

$$c(\text{NaA}) = \frac{0.02 \times 0.1}{19.98 + 20.00} = 5.00 \times 10^{-5} (\text{mol} \cdot \text{dm}^{-3})$$

$$pH = pK_a - \lg \frac{5 \times 10^{-2}}{5 \times 10^{-5}} = 6.21$$

化学计量点后，HCl 应过量，故溶液呈现酸性

$$c(H^+) = \frac{0.02 \times 0.1}{20.02 + 20.00} = 5.00 \times 10^{-5}(mol \cdot dm^{-3})$$

$$pH = 4.30$$

因此，化学计量点附近的滴定突跃为 6.21 ~ 4.30，应选用甲基红指示剂。

例 13.8 将等体积的 0.40 $mol \cdot dm^{-3}$ 的 Fe^{2+} 溶液和 0.10 $mol \cdot dm^{-3}$ 的 Ce^{4+} 溶液相混合，若溶液中 H_2SO_4 浓度为 0.5 $mol \cdot dm^{-3}$，问反应达平衡后，Ce^{4+} 的浓度是多少？

解 $$Ce^{4+} + Fe^{2+} \longrightarrow Ce^{3+} + Fe^{3+}$$

在 0.5 mol/L 的 H_2SO_4 溶液中

$$\varphi^{\ominus\prime}(Fe^{3+}/Fe^{2+}) = 0.68\ V, \quad \varphi^{\ominus\prime}(Ce^{4+}/Ce^{3+}) = 1.45\ V$$

$$\lg K' = \lg \frac{c(Ce^{3+})c(Fe^{3+})}{c(Ce^{4+})c(Fe^{2+})} = \frac{1.45 - 0.68}{0.059} = 13.05$$

混合后 $$c(Fe^{3+}) = c(Ce^{3+}) = 0.10/2 = 0.050\ (mol \cdot dm^{-3})$$

$$c(Fe^{2+}) = \frac{0.40 - 0.10}{2} = 0.15\ (mol \cdot dm^{-3})$$

代入 K' 中得 $$K' = \frac{c(Ce^{3+})c(Fe^{3+})}{c(Ce^{4+})c(Fe^{2+})} = \frac{0.050 \times 0.050}{c(Ce^{4+}) \times 0.15} = 10^{13.05}$$

解得 $$c(Ce^{4+}) = 1.5 \times 10^{-15}(mol \cdot dm^{-3})$$

例 13.9 根据 $\varphi^{\ominus}(Hg_2^{2+}/Hg)$ 和 Hg_2Cl_2 的溶度积计算 $\varphi^{\ominus}(Hg_2Cl_2/Hg)$；如果溶液中 Cl^- 浓度为 0.10 $mol \cdot dm^{-3}$，Hg_2Cl_2/Hg 电对的电位为多少？

解 查表得 $\varphi^{\ominus}(Hg_2^{2+}/Hg) = 0.797\,1\ V$，$K_{sp}(Hg_2Cl_2) = 1.43 \times 10^{-18}$

因 Hg_2^{2+}/Hg 和 Hg_2Cl_2/Hg 电对存在电势差，故可组成原电池，设以 Hg_2^{2+}/Hg 为负极，Hg_2Cl_2/Hg 为正极，则其电极反应为

$$(-)2Hg - 2e = Hg_2^{2+}$$

$$(+)Hg_2Cl_2 + 2e = 2Hg + 2Cl^-$$

原电池的电池反应为 $$Hg_2Cl_2 = Hg_2^{2+} + 2Cl^-$$

$$K^{\ominus} = c(Hg_2^{2+})c^2(Cl^-) = K_{sp}(Hg_2Cl_2)$$

$$\lg K^{\ominus} = \frac{nE^{\ominus}}{0.059} = \frac{n\{\varphi(Hg_2Cl_2/Hg) - \varphi(Hg_2^{2+}/Hg)\}}{0.059}$$

$$\lg 1.43 \times 10^{-18} = \frac{2\{\varphi(Hg_2Cl_2/Hg) - 0.797\,1\}}{0.059}$$

$$\varphi^{\ominus}(Hg_2Cl_2/Hg) = 0.260\ V$$

$$\varphi(Hg_2Cl_2/Hg) = \varphi^{\ominus}(Hg_2Cl_2/Hg) - \frac{0.059}{n}\lg c^2(Cl^-) =$$

$$0.620 - \frac{0.059}{2}\lg(0.10)^2 = 0.319\ V$$

例 13.10 已知 $\varphi^{\ominus}(Fe^{3+}/Fe^{2+}) = 0.77\ V$，$\varphi^{\ominus}(I_2/I^-) = 0.54\ V$；$1\ mol \cdot dm^{-3}$HCl 中，$\varphi^{\ominus'}(Fe^{3+}/Fe^{2+}) = 0.51\ V$，$\varphi^{\ominus'}(I_2/I^-) = 0.54\ V$。分别计算 298 K 时反应 $2Fe^{3+} + 2I^- \longrightarrow 2Fe^{2+} + I_2$ 的标准平衡常数和条件平衡常数，并比较两种条件下反应进行的完全程度。

解 $$\lg K = \frac{[\varphi^{\ominus}(Fe^{3+}/Fe^{2+}) - \varphi^{\ominus'}(I_2/I)]n}{0.059} = \frac{(0.77 - 0.54) \times 2}{0.059} = 7.80$$

$$K = 6.1 \times 10^7$$

$$\lg K' = \frac{[\varphi^{\ominus'}(Fe^{3+}/Fe^{2+}) - \varphi^{\ominus'}(I_2/I^-)]n}{0.059} = \frac{(0.51 - 0.54) \times 2}{0.059} = -1.02$$

$$K' = 0.097$$

计算结果表明，由于离子强度、副反应等影响使反应进行的完全程度大大降低。

例 13.11 计算在 $1\ mol \cdot dm^{-3}$ 的 H_2SO_4 介质中，用 $KMnO_4$ 滴定 Fe^{2+} 的条件平衡常数及化学计量点的反应进行程度。（已知 $\varphi^{\ominus'}(MnO_4^-/Mn^{2+}) = 1.45\ V$，$\varphi^{\ominus'}(Fe^{3+}/Fe^{2+}) = 0.68\ V$）

解 $$\lg K' = \frac{[\varphi^{\ominus'}(MnO_4^-/Mn^{2+}) - \varphi^{\ominus'}(Fe^{3+}/Fe^{2+})]n}{0.059} = \frac{(1.45 - 0.68) \times 5}{0.059} = 65.25$$

$$K' = 1.78 \times 10^{65}$$

当达到化学计量点时 $c(Fe^{2+}) = 5c(MnO_4^-)$，$c(Fe^{3+}) = 5c(Mn^{2+})$

$$K' = \frac{c(M^{2+}) \times c^5(Fe^{3+})}{c(MnO^-) \times c^5(Fe^{2+})} = \frac{c^6(Fe^{3+})}{c^6(Fe^{2+})} = 1.78 \times 10^{65}$$

$$\frac{c^n(Fe^{3+})}{c^n(Fe^{2+})} = 7.5 \times 10^{10}$$

此时反应生成的 Fe^{3+} 占全部铁的比例即为转化率

$$\frac{c(Fe^{3+})}{c(Fe^{3+}) + c(Fe^{2+})} = \frac{7.5 \times 10^{10}}{7.5 \times 10^{10} + 1} \approx 100\%$$

即溶液中 Fe^{2+} 几乎全部转化为 Fe^{3+}，反应进行得非常完全，可用于定量分析。

例 13.12 计算用 $AgNO_3$ 标准溶液滴定 NaCl 时，指示剂 K_2CrO_4 的浓度应为多少？

解 滴定到等量点时加入 Ag^+ 与溶液中 Cl^- 的量相等，残留的 $[Ag^+]$ 和 $[Cl^-]$ 也相等，所以

$$c[Ag^+] = [Cl^-] = \sqrt{K_{sp}} = \sqrt{1.8 \times 10^{-10}} = 1.3 \times 10^{-5}(mol \cdot dm^{-3})$$

这时应产生砖红色 Ag_2CrO_4 沉淀，即

$$[Ag^+]^2[CrO_4^{2-}] \geqslant K_{sp}(Ag_2CrO_4)$$

$$c[CrO_4^{2-}] \geqslant \frac{K_{sp}(Ag_2CrO_4)}{[Ag^+]^2} = \frac{1.1 \times 10^{-12}}{(1.3 \times 10^5)^2} = 6 \times 10^{-3}(mol \cdot dm^{-3})$$

所以指示剂 K_2CrO_4 的浓度至少应为 $6 \times 10^{-3}\ mol/L$。

例 13.13 有生理盐水 10.00 mL，加入 K_2CrO_4 指示剂，以 $0.104\ 3\ mol \cdot dm^{-3}$ 的 $AgNO_3$ 标准溶液滴定至出现砖红色，用去 $AgNO_3$ 标准溶液 14.58 mL，试计算生理盐水中 NaCl 的质量浓度 ρ。

解 $$AgNO_3 + NaCl \longrightarrow NaNO_3 + AgCl$$

$$\rho = \frac{c(AgNO_3)V(AgNO_3)M(NaCl)}{10.00} =$$

$$\frac{0.1043 \times 14.58 \times 10^{-3} \times 58.44}{10.00} =$$

$$8.887 \times 10^{-3}(g \cdot mL^{-1})$$

例 13.14 KCN 及 KCl 混合物 0.200 0 g，先用 0.100 0 $mol \cdot dm^{-3}$ 的 $AgNO_3$ 滴定到刚呈现浑浊，消耗 $AgNO_3$ 15.50 mL，加入过量 $AgNO_3$ 25.00 mL，再加入铁铵矾指示剂，用 KCNS 返滴定过量的 $AgNO_3$，消耗 0.050 0 $mol \cdot dm^{-3}$ 的 KCNS 12.40 mL。试计算样品中 KCN 及 KCl 的质量分数。

解 向含 CN^- 及 Cl^- 溶液中加入 Ag^+，首先生成 AgCN 沉淀；过量 Ag^+ 则生成 AgCl 沉淀，用 CNS^- 返滴定过量的 Ag^+，直至铁铵矾指示剂变色至滴定终点。

$$n(KCN) = c(AgNO_3)V_1(AgNO_3) = 0.1000 \times 15.50 = 1.550 \text{ mmol}$$

$$n(KCN) = c(AgNO_3)V_2(AgNO_3) - c(KCNS)V(KCNS) - n(KCN) =$$
$$25.00 \times 0.1000 - 0.05000 \times 12.40 - 0.1000 \times 15.50 =$$
$$0.3300 \text{ mmol}$$

$$w(KCN) = \frac{1.550 \times 65.12}{0.2000 \times 1000} \times 100\% = 50.47\%$$

$$w(KCl) = \frac{0.3300 \times 74.55}{0.2000 \times 1000} \times 100\% = 12.30\%$$

例 13.15 试计算在 pH = 2.00 时 EDTA 的酸效应系数及其对数值。

解 已知 EDTA 的各级解离系数 $K_{a1}, K_{a2}, \cdots, K_{a6}$ 分别是 $10^{-0.9}$，$10^{-1.6}$，$10^{-2.0}$，$10^{-2.67}$，$10^{-6.16}$，$10^{-10.26}$，当 pH = 2.00 时

$$\alpha_{Y(H)} = 1 + \frac{[H^+]}{K_{a6}} + \frac{[H^+]^2}{K_{a6}K_{a5}} + \cdots + \frac{[H^+]^6}{K_{a6}K_{a5}\cdots K_{a1}} =$$

$$1 + \frac{10^{-2.00}}{10^{-10.26}} + \frac{10^{-4.00}}{10^{-16.42}} + \frac{10^{-6.00}}{10^{-19.09}} + \frac{10^{-8.00}}{10^{-21.09}} + \frac{10^{-10.00}}{10^{-22.69}} + \frac{10^{-12.00}}{10^{-29.59}} =$$

$$3.25 \times 10^{13}$$

$$\lg \alpha_{Y(H)} = 13.51$$

例 13.16 求用 2.0×10^{-2} $mol \cdot dm^{-3}$ 的 EDTA 标准溶液滴定 2.0×10^{-2} $mol \cdot dm^{-3}$ 的 Cu^{2+} 溶液的最低 pH 值。

解 已知 $\lg K_{CuY} = 18.80$，依据 $\lg c_M K'_{MY} \geqslant 6$，$\lg K'_{CuY} = 6 - \lg(0.02/2) = 8$，所以

$$\lg \alpha_{Y(H)} = \lg \alpha_{CuY} - 8 = 18.80 - 8 = 10.80$$

查表得
$$pH = 2.91$$

因此，用 EDTA 标准溶液滴定 2.0×10^{-2} $mol \cdot dm^{-3}$ 的 Cu^{2+} 溶液的最低 pH 值为 2.91。

例 13.17 试计算 pH = 10.0，NH_3 的总浓度为 0.10 $mol \cdot dm^{-3}$ 的缓冲溶液中的 $\lg K'_{CuY}$。

解 求 $\alpha_{Cu(NH_3)}$，根据公式，先计算 NH_3 的平衡浓度，即

$$pH = 10.0, \quad pOH = 4.0, \quad [OH^-] = 10^{-4.0} \text{ mol} \cdot dm^{-3}, \quad [NH_4^+] = 0.10 - [NH_3]$$

因$[OH]=K_b\dfrac{[NH_3]}{[NH_4]}$,代入得

$$10^{-4.0}=10^{-4.75}\times\frac{[NH_3]}{0.10-[NH_3]}$$

解得 $$[NH_3]=10^{-1.1}\ mol\cdot dm^{-3}$$

查出铜氨络合物的$\beta_1=10^{4.13}$,$\beta_2=10^{7.61}$,$\beta_3=10^{10.43}$,$\beta_4=10^{12.59}$,则

$$\alpha_{Cu(NH_3)}=1+\beta_1[NH_3]+\beta_2[NH_3]^2+\beta_3[NH_3]^3+\beta_4[NH_3]^4=$$
$$1+10^{4.02}+10^{5.41}+10^{7.13}+10^{8.19}=10^{8.2}$$

所以 $$\lg\alpha_{Cu(NH_3)}=8.2$$

又$\lg K_{CuY}=18.8$,pH = 10.0 时 $\lg\alpha_{Y(H)}=0.5$

所以 $\lg K'_{CuY}=\lg K_{CuY}-\lg\alpha_{Cu(NH_3)}-\lg\alpha_{Y(H)}=18.8-8.2-0.5=10.1$

例 13.18 工业用水总硬度的测定常采用配位滴定法:取水样 100.00 mL 于锥形瓶中,加 NH_3-NH_4Cl 缓冲溶液(pH = 10)及铬黑 T 指示剂,用 0.010 0 $mol\cdot dm^{-3}$ 的 EDTA 标准溶液滴定至溶液由紫红色变为纯蓝色为终点,消耗 EDTA 标准溶液 13.34 mL,试计算水样的总硬度(以 CaO 质量浓度($mg\cdot dm^{-3}$)计)。

解 水的总硬度的测定实际上就是测定水中钙、镁的总量。

相关物质的等物质的量关系为

$$n(EDTA)=n(Ca^{2+})=n(Mg^{2+})=n(CaO)$$

因此

$$水的总硬度=\frac{c(EDTA)V(EDTA)M(CaO)}{V(s)}=$$
$$\frac{0.010\ 00\times12.34\times10^{-3}\times56.08}{100.0\times10^{-3}}=$$
$$69.20\ (mg\cdot dm^{-3})$$

五、训 练 题

(一) 选择题

1. 定量分析中基准物质的含义是(   )。

A. 纯物质　　B. 标准物质

C. 组成恒定的物质　　D. 纯度高、组成一定、性质稳定且摩尔质量较大的物质

2. 0.002 000 $mol\cdot dm^{-3}$ 的 $K_2Cr_2O_7$ 溶液对 Fe_2O_3 的滴定度为(   )。

A. 0.191 6 $mg\cdot mL^{-1}$　　B. 0.958 2 $mg\cdot mL^{-1}$

C. 0.319 4 $mg\cdot mL^{-1}$　　D. 0.106 5 $mg\cdot mL^{-1}$

3. 下列各组物质中,在水溶液中能大量共存的一组是(   )。

A. H_3PO_4 和 PO_4^{3-}　B. $H_2PO_4^-$ 和 PO_4^{3-}　C. HPO_4^{2-} 和 PO_4^{3-}　D. H_3PO_4 和 HPO_4^{2-}

4. 酸碱滴定中选择指示剂的原则是(   )。

A. 指示剂的变色范围与化学计量点完全相符

B. 指示剂应在 pH = 7.0 时变色

C. 指示剂变色范围应全部落在 pH 值突跃范围之内

D. 指示剂的变色范围应全部或部分落在 pH 值突跃范围之内

5. 已知H_3PO_4的pK_{a1}、pK_{a2}、pK_{a3}分别为2.12、7.20、12.36，则PO_4^{3-}的pK_b为(　　)。

A. 11.88　　B. 6.80　　C. 1.74　　D. 2.12

6. 关于滴定突跃范围，下列说法正确的是(　　)。

A. c不变，K_a越小，范围越宽　　B. c不变，K_a越大，范围越宽

C. K_a不变，c越大，范围越窄　　D. K_a不变，c越小，范围越宽

7. 以0.100 0 $mol \cdot dm^{-3}$的含有CO_2的 NaOH 标准溶液滴定 HCl 溶液，以酚酞作为指示剂，测定结果将(　　)。

A. 偏高　　B. 偏低　　C. 不受影响　　D. 不能判断

8. 某一元弱酸和其共轭碱形成的缓冲液(总浓度为0.4 $mol \cdot dm^{-3}$)的最大缓冲容量为(　　)。

A. 0.575 $mol \cdot dm^{-3}$　B. 2.30 $mol \cdot dm^{-3}$　C. 0.10 $mol \cdot dm^{-3}$　D. 0.23 $mol \cdot dm^{-3}$

9. 在纯水中加入一些酸，则溶液中(　　)。

A. $c(H^+)$与$c(OH^-)$的乘积增大　　B. $c(H^+)$与$c(OH^-)$的乘积减小

C. $c(H^+)$与$c(OH^-)$的乘积不变　　D. $c(H^+)$增大

10. 用 NaOH 标准溶液滴定一元弱酸时，若弱酸和 NaOH 溶液的浓度都比原来减小10倍，则滴定曲线中(　　)。

A. 化学计量点前后0.1%的 pH 值均增大

B. 化学计量点前后0.1%的 pH 值均减小

C. 化学计量点前0.1%的 pH 值均不变，后0.1%的 pH 值减小

D. 化学计量点前0.1%的 pH 值均变大，后0.1%的 pH 值减小

11. 下列说法中正确的是(　　)。

A. $NaHCO_3$中含有氧，故其水溶液呈酸性

B. 物质的量浓度(单位：$mol \cdot dm^{-3}$)相等的一元酸和一元碱反应后，其溶液呈中性

C. 弱酸溶液愈稀，其电离度愈大，因而酸度亦愈大

D. 当$c(H^+)$大于$c(OH^-)$时，溶液呈酸性

12. ① 0.05 $mol \cdot dm^{-3}$的NH_4Cl和0.05 $mol \cdot dm^{-3}$的$NH_3 \cdot H_2O$等体积混合液；② 0.05 $mol \cdot dm^{-3}$的HAc和0.05 $mol \cdot dm^{-3}$的NaAc等体积混合液；③ 0.05 $mol \cdot dm^{-3}$的HAc溶液；④ 0.05 $mol \cdot dm^{-3}$的NaAc溶液。上述各溶液的pH值由高到低的排列顺序是(　　)。

A. ①　②　③　④　　B. ④　③　②　①

C. ③　②　①　④　　D. ①　④　③　②

13. 用0.1 $mol \cdot dm^{-3}$的HCl滴定0.1 $mol \cdot dm^{-3}$的NaOH的突跃范围是9.7 ~ 4.3，则用0.01 $mol \cdot dm^{-3}$的HCl滴定0.01 $mol \cdot dm^{-3}$的NaOH的突跃范围应为(　　)。

A. 9.7 ~ 4.3　　B. 8.7 ~ 4.3　　C. 8.7 ~ 5.3　　D. 10.7 ~ 3.3

14. 根据$\varphi^{\ominus}(Cu^{2+}/Cu) = 0.34$ V，$\varphi^{\ominus}(Fe^{3+}/Fe^{2+}) = 0.77$ V，判断标准态下能将 Cu 氧

化为 Cu^{2+}，但不能氧化 Fe^{2+} 的氧化剂与其还原剂对应的电极电位值 $\varphi^{\ominus}$ 应该是(　　)。

A. $\varphi^{\ominus} < 0.77$ V　　B. $\varphi^{\ominus} > 0.34$ V

C. 0.34 V $< \varphi^{\ominus} <$ 0.77 V　　D. $\varphi^{\ominus} < 0.34$ V，$\varphi^{\ominus} > 0.77$ V

15. 在氧化还原滴定法中，对于1∶1类型的反应，一般氧化剂和还原剂标准电位的差值至少应为(　　)才可用氧化还原指示剂指示滴定终点。

A. > 0.2 V　　B. 0.2 ~ 0.4 V　　C. > 0.4 V　　D. > 0.6 V

16. 氧化还原滴定中，若要使计量点时电势恰好等于两电对条件电势的算术平均值，应满足(　　)。

A. 两电对电子转移数不等

B. 参与反应的同一物质反应前后反应系数相等，而电子转移数不等

C. 两电对电子转移数均为1

D. 参与反应的同一物质反应前后反应系数不等

17. 下列有关氧化还原反应的叙述，不正确的是(　　)。

A. 反应物之间有电子转移

B. 反应物中的原子或离子有氧化数的变化

C. 反应物和生成物的反应系数一定要相等

D. 氧化剂的得电子总数必定与还原剂的失电子总数相等

18. 电对 Ce^{4+}/Ce^{3+}，Fe^{3+}/Fe^{2+} 的标准电极电位分别为1.44 V和0.68 V，则反应 $Ce^{4+} + Fe^{2+} = Ce^{3+} + Fe^{3+}$ 的化学计量点的电位为(　　)。

A. 1.44 V　　B. 0.68 V　　C. 1.06 V　　D. 0.76 V

19. 在间接碘量法中，加入淀粉指示剂的适宜时间是(　　)。

A. 滴定开始时　　B. 滴定近终点时

C. 滴入标准溶液近30%时　　D. 滴入标准溶液至50%时

20. 用0.02 mol·dm^{-3} 和0.06 mol·dm^{-3} 的 $KMnO_4$ 滴定0.1 mol·dm^{-3} 的 Fe^{2+} 溶液，两种情况下滴定突跃的大小(　　)。

A. 相同　　B. 浓度大突跃大

C. 浓度小突跃大　　D. 不能判断突跃大小

21. 以0.010 0 mol·dm^{-3} 的 $K_2Cr_2O_7$ 溶液滴定25.00 mL的 Fe^{2+} 溶液，消耗 $K_2Cr_2O_7$ 溶液25.00 mL，则每毫升 Fe^{2+} 溶液中Fe的质量(mg)为(　　)。

A. 0.335 1　　B. 0.558 5　　C. 1.676　　D. 3.351

22. 用20.00 mL $KMnO_4$ 溶液在酸性介质中恰能氧化0.134 0 g $Na_2C_2O_4$，则溶液的物质的量浓度(mol·dm^{-3})为(　　)。

A. 0.020 00　　B. 0.125 00　　C. 0.010 00　　D. 0.050 00

23. 某溶液中加入一种沉淀剂时，发现有沉淀生成，其原因是(　　)。

A. 离子积 > 溶度积常数　　B. 离子积 < 溶度积常数

C. 离子积 = 溶度积常数　　D. 无法判断

24. 莫尔法测定 Cl^- 含量时，若溶液的酸度过高，则(　　)。

A. AgCl沉淀不完全　　B. Ag_2CrO_4 沉淀不易形成

C. 形成 AgO 沉淀　　D. AgCl 沉淀吸附 Cl^- 的作用增强

25. 加入 $AgNO_3$ 试剂产生白色沉淀,证明溶液中有 Cl^- 存在,则须在(　　)介质中进行滴定。

A. 氨性　　B. NaOH 溶液　　C. 稀 HAc　　D. 稀 HNO_3

26. 在 Ag_2CrO_4 的饱和溶液中加入 HNO_3 溶液,则(　　)。

A. 沉淀增加　　B. 沉淀溶解

C. 无现象发生　　D. 无法判断发生何现象

27. $PbCO_3$ 的溶度积 $K_{sp}^{\ominus} = 7.4 \times 10^{-14}$,在 $c(CO_3^{2-}) = 0.1\ mol \cdot dm^{-3}$ 的溶液中,Pb^{2+} 的平衡浓度是(　　)。

A. $1.0 \times 10^{-12}\ mol \cdot dm^{-3}$　　B. $1.0 \times 10^{-13}\ mol \cdot dm^{-3}$

C. $7.4 \times 10^{-12}\ mol \cdot dm^{-3}$　　D. $7.4 \times 10^{-13}\ mol \cdot dm^{-3}$

28. 用铁铵钒为指示剂,用 NH_4SCN 标准溶液滴定 Ag^+ 时,应在(　　)条件下进行。

A. 酸性　　B. 弱酸性　　C. 中性　　D. 弱碱性

29. 在一混合离子的溶液中,$c(Cl^-) = c(Br^-) = c(I^-) = 0.000\ 1\ mol \cdot dm^{-3}$,若滴加 $1.0 \times 10^{-5}\ mol \cdot dm^{-3}$ 的 $AgNO_3$ 溶液,则出现沉淀的先后顺序为(　　)。

A. AgBr, AgCl, AgI　　B. AgI, AgCl, AgBr

C. AgI, AgBr, AgCl　　D. AgCl, AgBr, AgI

30. 在佛尔哈德法中,指示剂能够指示终点是因为(　　)。

A. 生成 Ag_2CrO_4 沉淀　　B. 指示剂吸附在沉淀上

C. Fe^{3+} 被还原　　D. 生成有色络合物

31. $HgCl_2$ 的 K_{sp} 为 4×10^{-15},则 $HgCl_2$ 水饱和溶液中 Cl^- 浓度是(　　)。

A. $8 \times 10^{-15}\ mol \cdot dm^{-3}$　　B. $4 \times 10^{-5}\ mol \cdot dm^{-3}$

C. $2 \times 10^{-5}\ mol \cdot dm^{-3}$　　D. $6 \times 10^{-7}\ mol \cdot dm^{-3}$

32. 下列叙述中,是沉淀滴定反应必须符合的条件是(　　)。

A. 沉淀的溶解度要不受外界条件的影响　　B. 沉淀不应有显著的吸附现象产生

C. 沉淀滴定反应产物要有颜色　　D. 要有确定滴定反应终点的方法

33. 向银盐溶液中加入稀盐酸使之生成 AgCl 沉淀,若达平衡时 $c(Cl^-) = 0.20\ mol \cdot dm^{-3}$,则此时 $c(Ag^-)$ 为(　　)。

A. $7.8 \times 10^{-5}\ mol \cdot dm^{-3}$　　B. $7.8 \times 10^{-10}\ mol \cdot dm^{-3}$

C. $1.2 \times 10^{-5}\ mol \cdot dm^{-3}$　　D. $1.7 \times 10^{-5}\ mol \cdot dm^{-3}$

34. 以 EDTA 为滴定剂,下列叙述中错误的是(　　)。

A. 在酸性较强的溶液中,可形成 MHY 络合物

B. 在碱性较强的溶液中,可形成 MOHY 络合物

C. 不论形成 MHY 或 MOHY,均有利于滴定反应

D. 不论溶液的 pH 值大小,只形成一种形式的络合物

35. 络合滴定中,关于 EDTA 的副反应系数 $\alpha_{Y(H)}$ 的说法中正确的是(　　)。

A. $\alpha_{Y(H)}$ 随酸度减小而增大　　B. $\alpha_{Y(H)}$ 随 pH 值增大而减小

C. $\alpha_{Y(H)}$ 随酸度增大而增大　　D. $\alpha_{Y(H)}$ 与 pH 值的变化无关

36. 用 EDTA 滴定法滴定 Ag^+,采用的滴定方法是(　　)。

A. 直接滴定　　B. 返滴定　　C. 置换滴定　　D. 间接滴定

37. 已知在 $\lg K_{MY} = 16.5$,pH = 10 的氨溶液中,$\alpha_{Y(H)} = 10^{0.5}$,$\alpha_{M(NH_3)} = 10^{4.7}$,$\alpha_{M(OH)} = 10^{2.4}$,则在此条件下,$\lg K'_{MY}$ 为(　　)。

A. 8.9　　B. 11.8　　C. 14.3　　D. 11.3

38. 在络合滴定法中,下列有关酸效应的说法正确的是(　　)。

A. 酸效应系数越大,络合物的稳定性越大

B. 酸效应系数越小,络合物的稳定性越大

C. pH 值越大,酸效应系数越大

D. 酸效应系数越大,络合滴定曲线的 pH 值突跃范围越大

39. 用含有少量 Ca^{2+} 离子的蒸馏水配制 EDTA 溶液,于 pH = 5.0,用锌标准溶液标定 EDTA 溶液的浓度,然后用上述 EDTA 溶液,于 pH = 10.0 滴定试样中 Ca^{2+} 的含量,则测定结果(　　)。

A. 基本上无影响　　B. 偏高　　C. 偏低　　D. 不能确定

40. 取 200.0 mL 水样测定水的硬度,耗去 0.010 00 $mol \cdot dm^{-3}$ 的 EDTA 标准溶液 22.00 mL,如以 $CaCO_3$ 的质量浓度($mg \cdot dm^{-3}$)表示水的硬度应为(　　)。

A. 11.00　　B. 1.100　　C. 110.0　　D. 1 100

(二) 填空题

1. 用电光天平称某物,零点为 −0.2 mg,当砝码和环码加到 11.850 0 g 时,显示屏上映出停点为 +0.5 mg。此物质的质量应记录为________ g。

2. 根据标准溶液的浓度和所消耗的体积,算出被测组分含量的方法称为________;滴加标准溶液的过程称为________;标准溶液与待测液完全反应的那一点称为________。

3. 物质的量的单位为________,它是一系统的物质的量。如果系统中物质 B 的基本单元与 0.012 kg ^{12}C 的原子数目一样多,则物质 B 的物质的量 n_B 就是________。

4. 酸碱指示剂的理论变色点为________,变色范围为________;选择酸碱指示剂的原则为________。

5. 常见的用于标定 NaOH 的基准物质有________和________。

6. 缓冲溶液的缓冲指数与缓冲溶液的________和________有关。

7. 酸碱滴定曲线是以________变化为特征的。滴定时酸碱的浓度越大,滴定突跃范围越________;酸碱的强度越大,则滴定的突跃范围越________。

8. 以 HCl 标准溶液滴定 $NH_3 \cdot H_2O$ 时,分别以甲基橙和酚酞作指示剂,消耗 HCl 体积分别以 V_1 和 V_2 表示,则 V_1 和 V_2 的关系是________。

9. 氧化还原反应是基于________转移的反应,比较复杂,反应常是分步进行的,需要一定时间才能完成。因此,氧化还原滴定时,要注意________速度与________速度相适应。

10. 氧化还原滴定曲线描述了随________的加入,溶液________的变化情况。

11. 在应用能斯特方程式时,通常用________表示,又由于电对的氧化性、还原性还

存在着__________反应,使计算所得电位与实际电位有较大差异。

12. 氧化还原滴定中,采用的指示剂类型有__________、__________和__________。

13. 氧化还原指示剂的变色点是_________________________,298 K 时,其变色范围是_________________________。

14. 在氧化还原滴定中,两电对的 $\Delta\varphi^{\ominus'} > 0.2$ V 时,才有_________________________,当 $\Delta\varphi^{\ominus'} >$ __________时,才可用指示剂指示终点。

15. 佛尔哈德法是在__________条件下,用__________作为指示剂,用__________作为标准溶液的一种银量法。

16. 莫尔法是以__________为指示剂的银量法,终点时生成砖红色的__________沉淀。

17. 溶度积常数和一切平衡常数一样,同物质的__________和__________有关,而与__________的改变无关。

18. 在法扬司法中,以 $AgNO_3$ 溶液滴定 NaCl 溶液时,化学计量点之前沉淀带__________电荷,等电点之后沉淀带__________电荷。

19. 莫尔法仅适用于测定卤素离子中的__________离子,而不适用于测定__________和__________离子,这是因为后者的银盐沉淀对其被测离子的__________作用太强。

20. AgCl $K_{sp} = 1.8 \times 10^{-10}$,$Ag_2CrO_4$ $K_{sp} = 2.0 \times 10^{-12}$,它们在纯水中溶解度的关系是 $s(AgCl)$ __________ $s(Ag_2CrO_4)$。

21. 对同一类型的难溶电解质,在离子浓度__________的情况下,溶解度__________的首先沉淀析出,然后才是溶解度__________的沉淀析出。

22. 当 EDTA 的酸效应系数 $\alpha_{Y(H)} = 1$ 时,则表示 EDTA 的总浓度[Y′] = __________。

23. 用 EDTA 滴定 Ca^{2+}、Mg^{2+} 总量时,以__________作为指示剂,溶液的 pH 值必须控制在__________;滴定 Ca^{2+} 时,以__________作为指示剂,溶液的 pH 值则应该控制在__________。

24. 金属指示剂必须具备的主要条件是 K'_{MIn} 与 K'_{MY} 常数之差大于__________。即 $\lg(K'_{MY} - K'_{MIn}) >$ __________。

25. 影响络合平衡的因素是__________和__________。

26. 络合滴定曲线突跃范围主要决定于__________、__________和__________。

27. 用 EDTA 滴定等浓度的 Ca^{2+} 时,当浓度增大 10 倍时,滴定突跃范围增大__________个 pH 单位。

28. EDTA 络合物的稳定性与其溶液的酸度有关,酸度越__________,稳定性越__________。

29. 用 EDTA 直接测定钙、镁中的钙时,通常采用__________来消除镁的干扰。

30. 以铬黑 T 为指示剂,溶液 pH 值必须控制在__________,直接滴定法滴定到终点时,溶液由__________色变到__________色。

(三)判断题

1. 凡是基准物质均可直接配制成标准溶液。(　　)

2. 已知准确浓度且可用来标定物质浓度的溶液称标准溶液。(　　)

3. 滴定分析中,滴定至溶液中指示剂恰好发生颜色突变时即为计量点。(　　)

4. 滴定剂体积随溶液 pH 值变化的曲线称为滴定曲线。(　　)

5. 强酸强碱滴定的化学计量点其 pH 值等于 7。(　　)

6. 标准溶液一定要用基准物来配制。(　　)

7. 在缓冲溶液中加入少量酸或碱,溶液的 pH 值几乎不发生变化。(　　)

8. 只要具有酸碱性的物质都可用酸碱滴定法进行测定。(　　)

9. 指示剂所指示的反应终点即是滴定剂与被测组分恰好完全中和的计量点。(　　)

10. 将 pH = 3 和 pH = 5 的两种溶液等体积混合后,其 pH 值变为 4。(　　)

11. 在适宜的条件下,所有可能发生的氧化还原反应中,条件电位值相差最小的电对之间首先进行反应。(　　)

12. 氧化还原滴定中,只要反应达到平衡,理论上就可以用任何一个电对的能斯特方程计算溶液的电势。(　　)

13. 氧化还原指示剂的条件电位和滴定反应计量点的电位越接近滴定误差越小。(　　)

14. 氧化还原滴定能否准确进行主要取决于氧化还原反应的平衡常数的大小。(　　)

15. 作为一种氧化剂,它可以氧化电位比它高的还原态。(　　)

16. 若氧化形配合物比还原形配合物稳定性高,则条件电位升高。(　　)

17. 电极电位既可能是正值,也可能是负值。(　　)

18. 佛尔哈德法在中性或弱碱性溶液中进行,测定对象是 Cl^-、Br^-、I^-、Ag^+ 等。(　　)

19. 溶度积常数相同的两物质,其溶解度也相同。(　　)

20. 难溶电解质的溶度积较小者,其溶解度就一定小。(　　)

21. 用佛尔哈德法测定 Cl^- 时,为了防止 AgCl 沉淀转化为 AgSCN 沉淀,可采取加热煮沸或加入硝基苯的方法。(　　)

22. 所谓沉淀完全,就是用沉淀剂把溶液中某一离子除净。(　　)

23. 溶液中难溶物的离子积等于该难溶电解质的溶度积常数时,该溶液为饱和溶液。(　　)

24. 在配位滴定中,通常利用酸效应或络合效应,使 $\Delta\lg K_{MY} \geqslant 5$,使副反应不干扰主反应正常进行。(　　)

25. EDTA 的副反应系数主要有两类:酸效应系数 $\alpha_{Y(H)}$ 和共存离子效应系数 $\alpha_{Y(N)}$。(　　)

26. 因 1 个 EDTA 分子中有 6 个络合原子,故 1 个 EDTA 分子可满足 6 个金属离子的络合需要。(　　)

27. 络合滴定中的酸效应的产生是由于溶液酸度降低,使得金属离子浓度降低,进而降低了 MY 的稳定性。(　　)

28. 在任何情况下,K'_{MY} 值肯定都小于 K_{MY} 值。(　　)

29. 金属指示剂本身无色，但其与金属离子反应生成的络合物有颜色。(　　)

30. 在络合滴定中，选用的指示剂与金属形成的络合物的稳定性应比金属与 EDTA 生成的络合物的稳定性要高。(　　)

(四) 计算题

1. 配制 1LHAc－NaAc 缓冲液，使用时需稀释 10 倍，如果要求先在操作液中加入 1.0×10^{-3} 的强酸或强碱时(忽略体积变化)，pH 值改变不超过 0.30 个单位，应如何配制？取冰醋酸(17 $mol\cdot L^{-1}$) 多少毫升？醋酸钠多少克？[HAc $K_a=1.8\times10^{-5}$，M(水合醋酸钠)=136.08]

2. 含有 0.10 $mol\cdot L^{-1}$NaOH 和 0.020 $mol\cdot L^{-1}$NaCN 混合溶液 25.00 mL，欲用 0.100 $mol\cdot L^{-1}$HCl 标准溶液滴定其中的 NaOH，试求：

(1) 滴定前溶液的 pH 值；

(2) 滴定至化学计量点时溶液的 pH 值；

(3) 滴定至 pH=10.00 时终点误差(HCN=6.2×10^{-10})

3. 将 25.00 mL 0.400 $mol\cdot L^{-1}$ H_3PO_4 和 30.00 mL 0.500 $mol\cdot L^{-1}$ Na_3PO_4 溶液混合，并稀释至 100.00 mL，问最后溶液的组成是什么？若取该溶液 25.00 mL，用甲基橙作指示剂滴定至终点，需消耗 0.1000 $mol\cdot L^{-1}$ HCl 多少毫升？另取 25.00 mL 溶液，用百里酚酞作指示剂滴定至终点，需消耗 0.100 0 $mol\cdot L^{-1}$ NaOH 多少毫升？

4. 有工业硼砂 1.000 g，用 HCl(0.200 0 $mol\cdot L^{-1}$)24.50 mL 滴定至甲基橙终点，分别求下列组分的质量分数：(1) $Na_2B_4O_7\cdot10H_2O$；(2) $Na_2B_4O_7$；(3) B。

5. 在 1 L 0.1 $mol\cdot L^{-1}$ H_3PO_4 溶液中，加入 6 g NaOH 固体(设体积不变)，则溶液的 pH 值是多少？(已知 H_3PO_4 的 $K_{a1}=1.8\times10^{-3}$，$K_{a2}=6.3\times10^{-8}$，$K_{a3}=4.4\times10^{-13}$)

6. 计算在 1 $mol\cdot L^{-1}$ HCl 介质中反应 $2Fe^{3+}+Sn^{2+}=2Fe^{2+}+Sn^{4+}$ 的平衡常数及化学计量点时反应进行的完全程度。(已知 $\varphi^{\ominus\prime}(Fe^{3+}/Fe^{2+})=0.68$ V，$\varphi^{\ominus\prime}(Sn^{4+}/Sn^{2+})=0.14$ V)

7. 已知 298 K 时，$\varphi^{\ominus}(Ag^+/Ag)=0.80$ V，$\varphi^{\ominus}(Fe^{3+}/Fe^{2+})=0.77$ V，如 Ag^+/Ag、Fe^{3+}/Fe^{2+} 用组成原电池：

(1) 写出标准态下自发进行的电池反应，计算反应的平衡常数；

(2) 求当 $c(Ag^+)=0.01\ mol\cdot L^{-1}$，$c(Fe^{3+})=c(Fe^{2+})=0.10\ mol\cdot L^{-1}$ 时，电池的电动势；

(3) 若在 Ag^+/Ag 电极中加入固体 NaCl 并使 $c(Cl^-)=1.0\ mol\cdot L^{-1}$，$Fe^{3+}/Fe^{2+}$ 电极处于标准态。计算说明 Fe^{3+} 能否氧化 Ag，写出自发进行的反应式，$K_{sp}^{\ominus}(AgCl)=1.8\times10^{-10}$。

8. $KMnO_4$ 在酸性溶液中有下列还原反应：

$$MnO_4^-+8H^++5e=Mn^{2+}+4H_2O\quad \varphi^{\ominus}(MnO_4^-/Mn^{2+})=1.51\ V$$

试求其电位与 pH 的关系，并计算 pH=2.0 和 pH=5.0 时的条件电位。忽略离子强度的影响。

9. 将一块纯铜片置于 0.050 $mol\cdot L^{-1}$ $AgNO_3$ 溶液中，计算溶液达到平衡时的组成。

[$\varphi^{\ominus}(Cu^{2+}/Cu) = 0.34$ V, $\varphi^{\ominus}(Ag^{+}/Ag) = 0.80$ V]

10. 准确称取 0.201 5 g $K_2Cr_2O_7$ 基准物质，溶于水后酸化，再加入过量的 KI，用 $Na_2S_2O_3$ 标准溶液滴定至终点，共用去 35.02 mL $Na_2S_2O_3$。计算 $Na_2S_2O_3$ 标准溶液的物质的量浓度。

11. 用碘量法测定铜矿样品中的铜。欲使每 1.00 mL 的 0.1020 mol · L^{-1} 的 $Na_2S_2O_3$ 标准溶液恰好表示样品中 1% 的铜，试计算必须称取铜矿样品的质量。

12. 用 30.00 mL $KMnO_4$ 溶液恰能氧化一定重量的 $KHC_2O_4 \cdot H_2O$，同样重量 $KHC_2O_4 \cdot H_2O$ 的恰能被 0.200 0 mol · L^{-1} KOH 溶液 25.20 mL 中和。问 $KMnO_4$ 的物质的量的浓度是多少？

13. 用氧化还原滴定法测定钡的含量，是将 Ba^{2+} 用过量 KIO_3 沉淀为 $Ba(IO_3)_2$，然后加入过量的 KI，生成的 I_2 用 $Na_2S_2O_3$ 溶液滴定。现有含 Ba 样品 0.2567 g，用此法处理后消耗 0.1056 mol · L^{-1} 的 $Na_2S_2O_3$ 标准溶液 8.56 mL。计算该样品中 Ba 的质量分数。

14. 把足量的 AgCl 固体放在 1 L 纯水中，溶解度是多少？若放在 1 L 1.0 mol · L^{-1} HCl 中，溶解度又是多少？[$K_{sp}^{\ominus}(AgCl) = 1.8 \times 10^{-10}$]

15. 一溶液中含有 Fe^{2+} 和 Fe^{3+}，它们的浓度均为 0.01 mol · L^{-1}，如果要求 Fe^{3+} 沉淀完全，而 Fe^{2+} 不生成 $Fe(OH)_2$。问溶液 pH 应如何控制？[$K_{sp}^{\ominus}(Fe(OH)_3) = 2.79 \times 10^{-39}$，$K_{sp}^{\ominus}(Fe(OH)_2) = 4.87 \times 10^{-17}$]

16. 纯的 KCl 和 KBr 的混合样品 0.305 6 g，溶于水后，以 K_2CrO_4 为指示剂，用 0.100 0 mol · L^{-1} $AgNO_3$ 标准溶液滴定，终点时用去 30.25 mL，试求该混合物中 KCl 和 KBr 的质量分数。

17. KCN 溶液 25.00 mL 置于 100 mL 容量瓶中，滴加 0.109 5 mol · L^{-1} 的 $AgNO_3$ 溶液 50.00 mol · L^{-1}，稀释至刻度。取此溶液（滤出）50.00 mL，加硫酸铁铵溶液 2 mL 及硝酸 2 mL 后，用 0.098 0 mol · L^{-1} 的 NH_4SCN 溶液滴定，消耗 11.50 mL。求 KCN 溶液的质量浓度。

18. 称取一含银废液 2.075 g，加入适量 HNO_3，以铁铵钒为指示剂，消耗了 25.50 mL 0.046 34 mol · L^{-1} 的 NH_4SCN 溶液，计算废液中银的质量分数。

19. 某碱厂用莫尔法测定原盐中氯的含量，以 0.100 0 mol · L^{-1} $AgNO_3$ 溶液滴定，欲使滴定时用去的标准溶液的毫升数恰好等于氯的百分含量，问应称取试样多少克？

20. 计算 pH = 4 时：(1) EDTA 的酸效应系数 $\alpha_{Y(H)}$；(2) $\lg \alpha_{Y(H)}$；(3) $[Y^{4-}]$ 在总 EDTA 浓度中所占百分数是多少？

21. 计算 pH = 5.0 时，镁离子与 EDTA 形成的络合物的条件稳定常数是多少？此时能否用 EDTA 准确滴定？当 pH = 10.0 时，情况如何？

22. 计算在 pH = 9 的氨性缓冲溶液中，游离氨的浓度为 0.10 mol · L^{-1} 时，以 0.010 00 mol · L^{-1} EDTA 溶液滴定 20.00 mL，0.100 0 mol · L^{-1} Zn^{2+} 溶液，滴定过程中各阶段的 pZn：

(1) 滴定开始时；

(2) 加入 EDTA 溶液滴至 18.00 mL；

(3) 加入 EDTA 溶液滴至 19.98 mL 并绘制滴定曲线。(锌氨络合物的各级稳定常数为:$K_1 = 10^{2.27}$,$K_2 = 10^{2.34}$,$K_3 = 10^{2.40}$,$K_4 = 10^{2.05}$)

23. 称取含硫的试样 0.300 0 g,经处理成 SO_4^{2-} 溶液,加入 0.050 00 mol · L^{-1} $BaCl_2$ 溶液 20.00 mL,加热沉淀后,用 0.025 00 mol · L^{-1} EDTA 溶液 20.00 mL 滴定剩余的 Ba^{2+}。求试样中硫的质量分数。

24. 用 2×10^{-2} mol · L^{-1} EDTA 标准溶液滴定 Zn^{2+}、Al^{3+} 混合溶液中的同浓度的 Zn^{2+}(0.02 mol · L^{-1}),若以 NH_4F 掩蔽 Al^{3+},终点时$[F^-] = 1 \times 10^{-2}$ mol · L^{-1} 问 pH = 5.5 时能否准确滴定?用二甲酚橙作指示剂($pZn_t = 5.7$),计算终点误差?(已知${AlF_6}^{3-}$ 的 lg $\beta_1 = 6.13$,lg $\beta_2 = 11.15$,lg $\beta_3 = 15.00$,lg $\beta_4 = 17.75$,lg $\beta_5 = 19.37$,lg $\beta_6 = 19.84$,$K_{ZnY} = 10^{16.50}$,$K_{AlY} = 10^{16.30}$,pH = 5.5 时,$\alpha_{Y(H)} = 10^{5.5}$ 可以准确滴定)

25. 含 1.0×10^{-3} mol · L^{-1} Zn^{2+} 离子的溶液中,pH = 10.00,NH_3 和 ${NH_4}^+$ 总浓度为 0.10 mol · L^{-1},计算 Zn^{2+} 和 ${Zn(NH_3)_4}^{2+}$ 的分布系数。

26. 将等体积的 0.200 mol · L^{-1} EDTA 和 0.100 mol · L^{-1} $Mg(NO_3)_2$ 混合,问在 pH = 9.00 时,未络合的 Mg^{2+} 的浓度是多少?

27. 已知锌氨络合物的各级稳定常数为:$K_1 = 10^{2.27}$,$K_2 = 10^{2.34}$,$K_3 = 10^{2.40}$,$K_4 = 10^{2.05}$,求:(1) 在 pH = 9.00 的缓冲溶液中,当游离氨的浓度为 0.10 mol · L^{-1} 时,锌的副反应系数 α_{Zn} 是多少?

(2) 在此情况下,锌与 EDTA 反应的条件稳定常数是多少?

28. 用 2.0×10^{-2} mol · L^{-1} EDTA 溶液滴定相同浓度的 Cu^{2+},若溶液 pH 为 10,游离氨浓度为 0.20 mol · L^{-1},计算化学计量点时的 pCu′。

29. 试计算 EDTA 滴定 0.01 mol · L^{-1} Ca^{2+} 溶液允许的最低 pH(lg $K_{CaY} = 10.69$)。

30. 今有一水样,取一份 100 mL,调节 pH = 10,以铬黑 T 为指示剂,用 0.010 mol · L^{-1}EDTA 标准溶液滴定至终点,用去 25.10 mL;另取一份 100 mL 水样,调节 pH = 12,用钙指示剂,用去 0.010 mol · L^{-1} EDTA 标准溶液 14.25 mL,求每升水样中所含 Ca 和 Mg 的质量。

六、参考答案

(一) 选择题

1.D 2.A 3.B 4.C 5.C 6.D 7.C 8.D 9.B 10.A 11.D 12.C 13.C 14.D 15.D 16.D 17.C 18.C 19.C 20.A 21.C 22.C 23.C 24.B 25.A 26.D 27.A 28.D 29.A 30.B 31.D 32.B 33.D 34.A 35.C 36.D 37.C 38.C 39.D 40.B 41.A 42.D 43.C 44.B 45.C 46.D 47.B 48.A 49.B 50.C

(二) 填空题

1. 11.850 7 g

2. 滴定分析,滴定,化学计量点

3. mol，1 mol

4. $pH = pK_a$，$pH = pK_a \pm 1$，指示剂的变色范围全部或部分地落在滴定的pH突跃范围之内

5. 草酸，邻苯二甲酸氢钾

6. 总浓度，pH

7. pH，大，大

8. $V_1 > V_2$

9. 电子，滴定，反应

10. 滴定剂，电极电势

11. 浓度，活度，副

12. 自身指示剂，专属指示剂，氧化还原指示剂

13. $\varphi(In_{Ox}/In_{Red}) = \varphi^{\ominus'}(In_{Ox}/In_{Red})$，$\varphi(In_{Ox}/In_{Red}) = \varphi^{\ominus'}(In_{Ox}/In_{Red}) \pm \frac{0.059}{n}$

14. 较明显的滴定突跃，$\Delta\varphi^{\ominus'} > 0.4$ V

15. 酸性，铁铵钒，NH_4SCN

16. K_2CrO_4，Ag_2CrO_4

17. 本性，温度，离子的浓度

18. 负，正

19. Cl^-，Br^-，I^-，吸附

20. 小于

21. 相同，较小，较大

22. $c(Y)$。

23. 铬黑T，pH = 10左右，钙指示剂，12

24. 100，2

25. 酸效应，络合效应

26. $c(M)$，酸度，$K_f^{\ominus'}(MY)$

27. 一个

28. 低，高

29. 沉淀掩蔽

30. 7 ~ 10，红，蓝

（三）判断题

1. ✓ 2. × 3. × 4. × 5. ✓ 6. × 7. ✓ 8. × 9. × 10. × 11. × 12. ✓ 13. ✓ 14. × 15. × 16. × 17. ✓ 18. × 19. × 20. × 21. ✓ 22. × 23. ✓ 24. ✓ 25. ✓ 26. × 27. × 28. × 29. × 30. ×

（四）计算题

1. 解

$$pH_1 = pK_a + \lg \frac{n_b}{n_a}, \quad pH_2 = pK_a + \lg \frac{n_b - 1.0 \times 10^{-3}}{n_a + 1.0 \times 10^{-3}}$$

$$n_a = n_b = n, \lg \frac{n_b - 1.0 \times 10^{-3}}{n_a + 1.0 \times 10^{-3}} < 0.30, n > 3.0 \times 10^{-3}\ \text{mol}$$

未经稀释的缓冲液　$n = 3.0 \times 10^{-2}$ mol

原缓冲液浓度为　$c = 3.0 \times 10^{-2}\ \text{mol} \cdot \text{L}^{-1}$

$$V = n/c = 3.0 \times 10^{-2} \times 10^3/17 = 1.8\ \text{mL}$$

$$W = 136.08 \times 3.0 \times 10^{-2} = 4\ \text{g}$$

2. 解　(1) 因 NaOH 浓度较大，在 NaOH 存在下，NaCN 的水解可忽略。所以 $[OH^-] = 0.10$，pH = 13

(2) 化学计量点时，产物为 NaCN 是一元弱酸，故 $[OH^-] = \sqrt{K_b c} = 4.0 \times 10^{-4}$，pH = 10.60

(3) $TE = \frac{[H^+] + [HCN] - [OH^-]}{c(NaOH)} \times 100\% = 2.6\%$

3. 解　最后产物为 Na_2HPO_4 和 NaH_2PO_4

用甲基橙作指示剂时

$$4 \times 0.1000 \times V(HCl) = 0.5000 \times 30.00 \times 2 - 0.4000 \times 25.00$$

$$V(HCl) = 50.00\ \text{mL}$$

用酚酞作指示剂时

$$4 \times 0.1000 \times V(NaOH) = 2 \times 0.4000 \times 25.00 - 0.5000 \times 30.00$$

$$V(NaOH) = 12.50\ \text{mL}$$

4. 解　(1) $w(Na_2B_4O_7 \cdot 10H_2O) = 93.44\%$

(2) $w(Na_2B_4O_7) = 49.34\%$

(3) $w(B) = 10.58\%$

5. 解　反应的结果是生成了 Na_2HPO_4 和 NaH_2PO_4，且为等物质量，反应的结果构成了缓冲体系。

$$pH = pK_{a_2} + \lg \frac{[Na_2HPO_4]}{[NaH_2PO_4]} = 12.67$$

6. 解　$\lg K' = 18.31, \frac{c(Fe^{2+})}{c(Fe^{3+})} = \sqrt[3]{K'} = 1.3 \times 10^6$，即反应进行的相当完全

7. 解　(1)　$Ag^+ + Fe^{2+} = Fe^{3+} + Ag$

$$E^\ominus = \frac{0.059}{n} \lg K^\ominus = \varphi^\ominus(Ag^+/Ag) - \varphi^\ominus(Fe^{3+}/Fe^{2+}) = 0.03\ \text{V}$$

$$K^\ominus = 3.2$$

(2)　$\varphi(Ag^+/Ag) = \varphi^\ominus(Ag^+/Ag) + 0.059 \lg c(Ag^+) = 0.68\ \text{V}$

$$\varphi(Fe^{3+}/Fe^{2+}) = \varphi^\ominus(Fe^{3+}/Fe^{2+}) + 0.059 \lg[c(Fe^{3+})/c(Fe^{2+})] = 0.77\ \text{V}$$

$$E = \varphi(Ag^+/Ag) - \varphi(Fe^{3+}/Fe^{2+}) = -0.09\ \text{V}$$

(3) 银电极加入 NaCl 发生下列反应

$$Ag^+ + Cl^- = AgCl \downarrow$$

$$c(Ag^+) = \frac{K_{sp}^\ominus(AgCl)}{c(Cl^-)} = K_{sp}^\ominus(AgCl)$$

$$\varphi(Ag^+/Ag)=\varphi^\ominus(Ag^+/Ag)+0.059\lg c(Ag^+)=0.80+0.059\lg 1.8\times10^{-10}=0.22\ \text{V}$$

$$\varphi^\ominus(Fe^{3+}/Fe^{2+})>\varphi(Ag^+/Ag)$$

所以 Fe^{3+} 能氧化 Ag,其反应式为

$$Fe^{3+}+Ag+Cl^- = AgCl+Fe^{2+}$$

8. 解　H^+ 参加 MnO_4^-/Mn^{2+} 电对反应,用 $\varphi^\ominus$ 代入能斯特公式计算时,应包括[H^+]项,因此酸度的变化对电对的电位影响很大,当 $c(MnO_4^-)=c(Mn^{2+})=1\ \text{mol}\cdot\text{L}^{-1}$ 时,电对的电位即为条件电位 $\varphi^{\ominus\prime}$。

$$\varphi(MnO_4^-/Mn^{2+})=\varphi^\ominus(MnO_4^-/Mn^{2+})+\frac{0.059}{5}\lg\frac{c(MnO_4^-)c(H^+)^8}{c(Mn^{2+})}=$$

$$1.51-0.094\text{pH}+\frac{0.059}{5}\lg\frac{c(MnO_4^-)}{c(Mn^{2+})}$$

当 $c(MnO_4^-)=c(Mn^{2+})=1\ \text{mol}\cdot\text{L}^{-1}$ 时,且忽略离子强度的影响,其条件电位为

$$\varphi^{\ominus\prime}(MnO_4^-/Mn^{2+})=1.51-0.094\ \text{pH}$$

pH = 2.0 时,$\varphi^{\ominus\prime}(MnO_4^-/Mn^{2+})=1.32\ \text{V}$

pH = 5.0 时,$\varphi^{\ominus\prime}(MnO_4^-/Mn^{2+})=1.04\ \text{V}$

9. 解

$$\lg K^\ominus=\lg\frac{c(Cu^{2+})}{c(Ag^+)^2}=\frac{[\varphi^\ominus(Ag^+/Ag)-\varphi^\ominus(Cu^{2+}/Cu)]\times2}{0.059}=15.59$$

$$c(Cu^{2+})=0.050\ 0/2=0.025\ 0\ \text{mol}\cdot\text{L}^{-1}$$

$$c(Ag^+)=2.3\times10^{-9}\ \text{mol}\cdot\text{L}^{-1}$$

10. 解　$c(Na_2S_2O_3)=\dfrac{m(K_2Cr_2O_7)\times6}{M(K_2Cr_2O_7)\times V(Na_2S_2O_3)}=0.117\ 3\ \text{mol}\cdot\text{L}^{-1}$

11. 解　$m=0.667\ 2\ \text{g}$

12. 解　$5c(KMnO_4)c(KMnO_4)=2c(KOH)c(KOH)$

$c(KMnO_4)=0.067\ 20\ \text{mol}\cdot\text{L}^{-1}$

13. 解　$1\ Ba^{2+}\sim12\ Na_2S_2O_3$,　$w(Ba)=4.030\%$

14. 解　在纯水中,$s=\sqrt{K_{sp}^\ominus}=1.3\times10^{-5}\ \text{mol}\cdot\text{L}^{-1}$;

在 HCl 中

$K_{sp}^\ominus(AgCl)=c(Ag^+)c(Cl^-)=s'\times1=1.8\times10^{-10}$,$s'=1.8\times10^{-10}\ \text{mol}\cdot\text{L}^{-1}$

15. 解　Fe^{3+} 沉淀完全时,$c(Fe^{3+})=1.0\times10^{-5}\ \text{mol}\cdot\text{L}^{-1}$

$$[OH^-]=\sqrt[3]{\frac{K_{sp}^\ominus(Fe(OH)_3)}{c(Fe^{3+})}}=6.5\times10^{-12},\quad \text{pH}=2.82;$$

Fe^{2+} 开始沉淀时,$c(Fe^{2+})=0.01\ \text{mol}\cdot\text{L}^{-1}$

$$[OH^-]=\sqrt{\frac{K_{sp}^\ominus(Fe(OH)_2)}{c(Fe^{2+})}}=7.0\times10^{-8},\text{pH}=6.85;$$

所以溶液 pH 应控制在 2.82 ~ 6.85。

16. 解　$w(KCl)=70.15\%$,$w(KBr)=29.85\%$

17. 解　$n(KCN) = 0.003\ 221$ mol,其质量浓度为 8.4 g/L

18. 解　$w(Ag) = 6.14\%$

19. 解　$m = 0.3545$ g

20. 解　(1) $\alpha_{Y(H)} = 1 + \frac{10^{-4}}{10^{-10.26}} + \frac{10^{-8}}{10^{-16.42}} + \frac{10^{-12}}{10^{-19.09}} + \frac{10^{-16}}{10^{-21.09}} + \frac{10^{-20}}{10^{-22.69}} + \frac{10^{-24}}{10^{-23.59}} = 10^{8.44}$

(2) $\lg \alpha_{Y(H)} = 8.44$

(3) $[Y^{4-}] = [Y]/[Y'] = 1/\alpha_{Y(H)} = 10^{-8.44} \times 100\% = 3.63 \times 10^{-7}\%$

21. 解　查酸效应曲线得:pH = 5.0 时,$\lg \alpha_{Y(H)} = 6.45$,pH = 10.0 时,$\lg \alpha_{Y(H)} = 0.45$,$\lg K_{MgY} = 8.7$,则 pH = 5.0 时

$$\lg K'_{MgY} = \lg K_{MgY} - \lg \alpha_{Y(H)} = 8.7 - 6.45 = 2.2 < 8$$

所以在此酸度下 Mg^{2+} 不能用 EDTA 准确滴定。

pH = 10.0 时

$$\lg K'_{MgY} = \lg K_{MgY} - \lg \alpha_{Y(H)} = 8.7 - 0.45 = 8.3 > 8$$

所以在此酸度下 Mg^{2+} 能用 EDTA 准确滴定。

22. 解　(1) 滴定开始时

$$\alpha_{Zn(NH3)} = 10^{5.1}, pH = 9 时, \alpha_{Zn(OH)} = 10^{0.2}, \alpha_{Zn} = 10^{5.1} + 10^{0.2} - 1 = 10^{5.1}$$

$$\alpha_{Zn} = [Zn^{2+}{'}]/[Zn^{2+}], [Zn^{2+}] = 10^{-7.1}, pZn = 7.1$$

(2) 加入 EDTA18.00 mL 时

$$[Zn^{2+}] = 10^{-7.1} \times \frac{20.00 - 18.00}{20.00 + 18.00} = 10^{-8.4}, pZn = 8.4$$

(3) 加入 EDTA19.98 mL 时

$$[Zn^{2+}] = 10^{-7.1} \times \frac{20.00 - 19.98}{20.00 + 19.98} = 10^{-10.4}, pZn = 10.4$$

23. 解　$w(S) = 5.34\%$

24. 解

$$\alpha_{Al(F)} = 1 + \beta_1[F^-] + \beta_2[F^-]^2 + \beta_3[F^-]^3 + \beta_4[F^-]^4 + \beta_5[F^-]^5 + \beta_6[F^-]^6 = 10^{10}$$

$$[Al^{3+}] = c_{Al,sp}/\alpha_{Al(F)} = 0.01/10^{10} = 10^{-12}$$

$$\alpha_{Y(Al)} = 1 + K_{AlY}[Al^{3+}] = 1 + 10^{16.3} \times 10^{-12} = 10^{4.3}$$

pH = 5.5 时,$\lg \alpha_{Y(H)} = 5.6$,$\alpha_{Y(H)} = 10^{5.6}$

$$\alpha_Y = \alpha_{Y(Al)} + \alpha_{Y(H)} - 1 = 10^{5.6}$$

$$\lg K'_{ZnY} = \lg K_{ZnY} - \lg \alpha_Y = 15.6 - 5.6 = 10$$

$$pZn_{sp} = 1/2 \times (10.9 + 2.0) = 6.5$$

$$pM_t = 5.7$$

$$pZn = 5.7 - 6.5 = -0.8$$

$$TE = \frac{10^{-0.8} - 10^{0.8}}{\sqrt{10^{10.9} \times 10^{-0.2}}} \times 100\% = -0.02\%$$

25. 解 $$[NH_3]=\frac{K'_a}{K'_a+[H^+]}c=0.085$$

$$\alpha_{Zn(NH3)}=1+\beta_1[NH_3]+\beta_2[NH_3]^2+\beta_3[NH_3]^3+\beta_4[NH_3]^4=1.83\times10^{-6}$$

$$[Zn^{2+}]=1/\alpha_{Zn(NH_3)}=5.5\times10^{-6}\ mol\cdot L^{-1}$$

$$[Zn(NH_3)_4{}^{2+}]=\beta_4[NH_3]^4/\alpha_{Zn(NH_3)}=0.83$$

26. 解 混合后，$c(Y)=0.1\ mol\cdot L^{-1}$，$c(Mg^{2+})=0.05\ mol\cdot L^{-1}$

pH = 9 时，$\lg\alpha_{Y(H)}=1.29$

$$\lg K'_{MgY}=\lg K_{MgY}-\lg\alpha_{Y(H)}=8.70-1.29=7.41$$

$$K'=\frac{[MgY']}{[Mg^{2+}][Y']}=\frac{0.05}{[Mg^{2+}]\times(0.1-0.05)}=10^{7.41}$$

$$[Mg^{2+}]=3.89\times10^{-8}\ mol\cdot L^{-1}$$

27. 解 (1) $\beta_1=K_1=10^{2.27}$， $\beta_2=K_1K_2=10^{4.61}$， $\beta_3=K_1K_2K_3=10^{7.01}$

$\beta_4=K_1K_2K_3K_4=10^{9.06}$

$$\alpha_{Zn(NH3)}=1+\beta_1[NH_3]+\beta_2[NH_3]^2+\beta_3[NH_3]^3+\beta_4[NH_3]^4=10^{5.1}$$

pH = 9 时，$\alpha_{Zn(OH)}=10^{0.2}$

$$\alpha_{Zn}=10^{5.1}+10^{0.2}-1=10^{5.1}$$

(2) pH = 9 时，$\lg\alpha_{Y(H)}=1.3$

$$\lg\alpha_Y=\lg\alpha_{Y(H)}=1.3$$

$$\lg K'_{ZnY}=\lg K_{ZnY}-\lg\alpha_Y-\alpha_{Zn}=16.5-5.1-1.3=10.1$$

$$K'_{ZnY}=1.3\times10^{10}$$

28. 解 化学计量点时

$$c(Cu_{sp})=1/2\times2.0\times10^{-2}=1.0\times10^{-2}(mol\cdot L^{-1}),\ pCu_{sp}=2.0$$

$$[NH_3]_{sp}=1/2\times0.20=0.10\ mol\cdot L^{-1}$$

$$\alpha_{Cu(NH3)}=1+\beta_1[NH_3]+\beta_2[NH_3]^2+\beta_3[NH_3]^3+\beta_4[NH_3]^4=10^{9.26}$$

pH = 10 时，$\alpha_{Cu(OH)}=10^{1.7}\ll10^{9.26}$

所以 $\alpha_{Cu(OH)}$ 可以忽略，$\alpha_{Cu}\approx10^{9.26}$

pH = 10 时，$\lg\alpha_{Y(H)}=0.45$

所以 $\lg K'_{CuY}=\lg K_{CuY}-\lg\alpha_{Y(H)}-\lg\alpha_{Cu}=18.80$

$$pCu'=1/2(pCu_{sp}+\lg K'_{CuY})=5.54$$

29. 解 $\lg\alpha_{Y(H)}\leqslant\lg c+\lg K_{CaY}-6=2.69$，查表可得 pH ≥ 7.6。

30. 解 铬黑 T 为指示剂时，测得的是 Ca 和 Mg 的总量，用钙指示剂时，测得的是 Ca 的质量，所以与 Mg 反应的 EDTA 标准溶液为

$$25.40-14.25=11.15\ mL$$

$$m(Ca)=5.711\ mg,\ m(Mg)=2.711\ mg$$

(五) 课后习题答案

1. 解 C

2. 解 D

3. 解　D

4. 解　B

5. 解　B

6. 解　A

7. 解　B

8. 解　B

9. 解　pH = 4.88

$$\delta_2 = \delta_{H_2A} = \frac{c^2(H^+)}{c^2(H^+) + K_{a_1} \cdot c(H^+) + K_{a_1} \cdot K_{a_2}} = 0.145$$

$$\delta_1 = \delta_{HA^-} = \frac{K_{a_1} \cdot c^2(H^+)}{c^2(H^+) + K_{a_1} \cdot c(H^+) + K_{a_1} \cdot K_{a_2}} = 0.710$$

$$\delta_0 = \delta_{A^{2-}} = \frac{K_{a_1} \cdot K_{a_2}}{c^2(H^+) + K_{a_1} \cdot c(H^+) + K_{a_1} \cdot K_{a_2}} = 0.145$$

pH = 5.0

$$\delta_2 = \delta_{H_2A} = \frac{c^2(H^+)}{c^2(H^+) + K_{a_1} \cdot c(H^+) + K_{a_1} \cdot K_{a_2}} = 0.109$$

$$\delta_1 = \delta_{HA} = \frac{K_{a_1} \cdot c^2(H^+)}{c^2(H^+) + K_{a_1} \cdot c(H^+) + K_{a_1} \cdot K_{a_2}} = 0.702$$

$$\delta_0 = \delta_{A^2} = \frac{K_{a_1} \cdot K_{a_2}}{c^2(H^+) + K_{a_1} \cdot c(H^+) + K_{a_1} \cdot K_{a_2}} = 0.189$$

$$c(H_2A) = c \cdot \delta_2 = 1.45 \times 10^{-3}$$

$$c(HA^-) = c \cdot \delta = 7.10 \times 10^3$$

$$c(A^{2-}) = c \cdot \delta_0 = 1.45 \times 10^3\ mol \cdot L^{-1}$$

10. 解　(1) NaH_2PO_4 属于两性物质,解题涉及 K_{a_1}、K_{a_2},查附录知 $K_{a_1} = 6.9 \times 10^{-3}$, $K_{a_2} = 6.2 \times 10^{-8}$

$$[H^+] = \sqrt{c_a K_{a_1}}$$

$$pH = \frac{1}{2}(pC_a + pK_{a_1}) = 4.66$$

(2) K_2HPO_4 属于两性物质,解题涉及 K_{a_2}、K_{a_3}. 此处的 K_{a_2}、K_{a_3} 对应公式中的 K_{a_1}、K_{a_2} 查附录五知 $K_{a_2} = 6.2 \times 10^{-8}$, $K_{a_3} = 4.8 \times 10^{-13}$

$$[H^+] = \sqrt{K_{a_2} K_{a_1}}$$

$$pH = \frac{1}{2}(pK_{a_2} + pK_{a_3}) = 9.70$$

11. 解　强酸滴定强碱化学拐点时只有水,pH = 7.00

化学拐点的滴定突越:

滴入 19.98 mL HNO_3 时

$$c(OH^-) = \frac{(20 - 19.98) \times 0.01}{20 + 19.98} = 5.00 \times 10^{-6}\ mol \cdot L^{-1}$$

$$pH = 14 - pOH = 14 - 6.3 = 8.7$$

滴入 20.02 mL HNO_3 时

$$c(OH^-) = \frac{(20.02 - 20) \times 0.01}{20 + 20.02} = 5.00 \times 10^{-6}\ mol \cdot L^{-1}$$

$$pH = 5.3$$

12. **解**　化学计量点时，滴入的 HCl 的量为 20.00 mL，此时：溶液组成为 0.05 $mol \cdot L^{-1}$ 的 HA，即

$$c(H^+) = \sqrt{c \cdot K_a} = 5.55 \times 10^{-6}$$

因此 $pH = -\lg c(H^+) = 5.26$

当加入 HCl19.98 mL 时

$$pH = pK_a - \lg \frac{c(HA)}{c(A)} = 6.21$$

当加入 HCl20.02 mL 时：

$$pH = -\lg c(H^+) = 4.30$$

即实际为 6.21 ~ 4.30，所以应选甲基红作指示剂。

13. **解**

$$n(Na_2CO_3) = \frac{0.613}{10^6} = 0.005\ 79$$

$$n(HCl) = 2n(Na_2CO_3)$$

$$n(HCl) = \frac{n(HCl)}{V} = 0.463\ 7\ mol \cdot L^{-1}$$

14. **解**

$$n(Na_2CO_3) = 23.66 \times 10^{-3} \times 0.278\ 5$$

$$m(Na_2CO_3) = 0.698\ 5\ g$$

所以

$$w(Na_2CO_3) = \frac{m(Na_2CO_3)}{10^6} = \frac{0.698\ 5}{0.947\ 6} = 73.71\%$$

$$w(NaOH) = \frac{0.116\ 5}{0.9476} = 12.30\%$$

15. **解**　由题意

$$Hg_2Cl \Leftrightarrow Hg_2{}^{2+} + 2Cl^-$$

正　$Hg_2Cl + 2e = 2Hg + 2Cl^-$

负　$2Hg - 2e = Hg^{2+}$

由

$$E^{\ominus} = \psi^{\ominus}(Hg_2Cl/Hg) - \psi^{\ominus}(Hg^{2+}/Hg) = \frac{0.059\ 2}{2} \lg K_{sp}$$

有

$$\psi^{\ominus}(Hg_2Cl/Hg) = \psi^{\ominus}(Hg^{2+}/Hg) + \frac{0.059\ 2}{2} \lg K_{sp} =$$

$$0.797\ 1-0.526\ 4=0.270\ 7\ \text{V}$$

16. 解　(1) $Fe^{2+}-Fe-\frac{1}{5}KMnO_4$，所以

$$T=5\times 0.024\ 84\times 10^{-3}\times 56=0.006\ 955\ 2\ \text{g}\cdot\text{mL}^{-1}$$

(2) $Fe^{2+}-FeSO_4-\frac{1}{5}KMnO_4$，所以

$$T=\frac{2}{5}\times 0.024\ 84\times 10^{-3}\times 152=0.009\ 439\ 2\ \text{g}\cdot\text{mL}^{-1}$$

(3) $Fe^{2+}-FeSO_4\cdot 7H_2O-\frac{1}{5}KMnO_4$，所以

$$T=5\times 0.024\ 84\times 10^{3}\times 278=0.003\ 452\ 76\ \text{g}\cdot\text{mL}^{-1}$$

17. 解

$$m(SO_2)=9.277\times 10^{5}\times 64=0.005\ 937\ \text{g}=5.937\ \text{mg}$$

因此 1 L^3 空气试样中 SO_2 的质量为：$\frac{5.937}{12.34}\approx 0.481\ 1\ \text{mg}$

18. 解　设 $w(NaCl)$ 为 x，则 $w(KCl)$ 为 $1-x$，所以试样中 Cl^- 的总含量为

$$n(Cl)=0.132\ 5x\cdot 58.5+0.132\ 5(1-x)\cdot 74.5$$

又用去 $0.103\ 2\ \text{mol}\cdot\text{L}^{-1}\ AgNO_3\ 21.84\ \text{mL}$

因此 $0.132\ 5x\cdot 58.5+0.132\ 5(1-x)\cdot 74.5=0.103\ 2\times 21.84\times 10^{-3}$

解得 $x=0.972\ 8=97.28\%$

即 $w(NaCl)=97.28\%$，$w(KCl)=2.72\%$

19. 解　由化学反应可知

$$H_2O_2+SO_2+H_2O=\!=\!=H_2SO_4+H_2O$$

空气试样中 SO_2 的质量为

$$0.012\ 08\times 7.68\times Mr(SO_2)=5.934\ \text{mg}$$

1 L 空气试样中的 SO_2 的质量为

$$\frac{5.934}{12.34}=0.481\ 6\ \text{mg}\cdot\text{L}^{-1}$$

20. 解　(1) pH = 4 即

$$c(H^+)=10^{-4}\ \text{mol}\cdot\text{L}^{-1}$$

$$\alpha_Y(H)=\frac{c(Y')}{c(Y)}=1+c(H^+)+\beta_2c^2(H^+)+\beta_3c^3(H^+)+\beta_4c^4(H^+)+\beta_5c^5(H^+)+\beta_6c^6(H^+)=10^{8.44}$$

21. 解　查表 5.2 可知当 pH = 5.0 时

$$\lg\alpha Y(H)=6.45$$

Zn^{2+} 与 EDTA 浓度皆为 $10^{-2}\ \text{mol}\cdot\text{L}^{-1}$

$$\lg K'=\lg K_{稳}-\lg\alpha Y(H)=16.50-6.45=10.05>8$$

可以准确滴定。

22. 解　$w(ZnCl_2)=\frac{cV\times 10^{-3}\times 250/25}{m_s}\times 100\%=$

$$\frac{0.010\ 24 \times 17.61 \times 136.3 \times 250/25}{0.25} \times 100\% = 98.31\%$$

23. 解　$w(\mathrm{Al}) = \dfrac{0.020\ 00 \times 20.71 \times 10^{-3} \times 26.98}{0.120\ 0} \times 100\% = 9.31\%$

$$w(\mathrm{Pb}) = \frac{[(0.025 \times 50 - 0.02) \times (20.7 + 5.08)] \times 10^{-3} \times 65.39}{0.120\ 0} \times 100 = 40.02\%$$

24. 解　a. 对于共轭体系，由于构成了缓冲溶液，所以可以将其视为由强酸 HCl 和弱碱 NH_3 反应而来，所以参考水准选为 HCl，NH_3，H_2O 质子的条件式为

$$[H^+] + [NH^{4+}] = [Cl^-] + [OH^-] \text{或} [H^+] + [NH^{4+}] = c_2 + [OH^-]$$

b. 直接取参考水平：H_3PO，HCOOH，H_2O 质子条件式为：

$$[H^+] = [H_2PO^{4-}] + 2[HPO_4{}^{2-}] + 3[PO_4{}^{3-}] + [HCOO^-] + [OH^-]$$

25. 解　计量点 NaOH

$$p(OH) = \frac{1}{2}(pc + pK_b) = 5.28$$

$$pH_{SP} = 8.72$$

$$\Delta pH = 8.00 - 8.72 = -0.72$$

$$E_t = \frac{10^{\Delta pH} - 10^{-\Delta pH}}{\sqrt{c^{sp}K_t}} = \frac{10^{-0.72} - 10^{0.72}}{\sqrt{0.05 \times 10^{9.26}}} \times 100\% = -0.05\%$$

26. 解

$$\alpha_{Cu(OH_3)} = 1 + \beta_1[NH_3] + \beta_2[NH_3]^2 + \beta_3[NH_3]^3 + \beta_4[NH_3]^4 + \beta_5[NH_3]^5 = 10^{9.36}$$

所以

$$\lg K_{CuY} = \lg K_{CuY} - \lg \alpha_{Cu(OH_3)} - \lg \alpha_{Y(H)} = 18.80 - 9.35 - 0.45 = 9.0$$

$$pCu_{sp} = \frac{1}{2}(pCu_{sp} + \lg K_{CuY}) = \frac{1}{2}(2 + 9.0) = 5.5$$

$$pCu_{ep} = pCu_{sp} + \lg \alpha_{Cu(NH_3)} = 13.8 - 9.36 = 4.44$$

$$\Delta pCu = 4.44 - 5.50 = -1.06$$

$$E_t = \frac{10^{-1.06} - 10^{1.06}}{\sqrt{10^{9.0} \times 10^{-2}}} = -0.35\%$$

27. 解

$$E_{sp} = \frac{0.68 + 1.44}{2} = 1.06v$$

$$\Delta E^0 = \Delta E^0_{Ce^{4+}/Ce^{2+}} - \Delta E^0_{Fe^{4+}/Fe^{2+}} = 1.44 - 0.68 = 0.76v$$

$$E_t = \frac{10^{\Delta E/0.059} - 10^{-\Delta E/0.059}}{10^{\Delta E/0.059}} = -0.004\%$$

28. 解　设该铁的氧化物的分子式为 Fe_xO_y，则

$$55.8x + 16.00y = 0.543\ 4$$

$$55.85x = 0.380\ 1$$

所以

$$x = 0.006\,806, y = 0.010\,20$$

所以

$$y/x = 0.010\,20/0.006\,806 = 1.5 = 3:2$$

即该铁的氧化物的分子式为 Fe_3O_4

第14章　质量分析法

一、中学链接

质量分析法中的全部数据都需要由分析天平称量得到，在分析过程中不需要基准物质和由容量器皿引入的数据，因而避免了这方面的误差。质量分析法比较准确，对于高含量的硅、磷、硫、钨和稀土等试样的测定，至今相对误差一般不大于 ±0.1%。

二、教学基本要求

熟悉掌握影响沉淀反应的因素及沉淀的形成条件；掌握质量分析的过程。

三、内容精要

1. 质量分析法的分类

质量分析法是通过称量物质的质量确定被测组分含量的一种定量分析方法。测定时，通常先采用适当的方法将被测组分与其他组分进行分离，然后称量，由称得的质量计算该组分的质量分数。根据分离的方法不同，质量分析法又可分为沉淀法、气化法和电解法。

(1) 沉淀法

沉淀法是将被测组分形成难溶化合物沉淀，经过过滤、洗涤、干燥后称量，计算该组分含量。

(2) 气化法

气化法是通过加热或其他方法使样品中某种挥发性组分逸出，然后根据试样质量的减轻来计算该组分的质量分数；或选择一种适当的吸收剂将逸出的组分全部吸收，根据吸收剂质量的增加来计算该组分的质量分数。

(3) 电解法

电解法是利用电解原理，使待测金属离子在电极上析出，然后称量，计算其的质量分数。

2. 质量分析法的特点

(1) 可直接通过称量得到分析结果，不需要基准物质或标准试样进行比较。

(2) 准确度高，相对误差一般为 0.1% ～0.2%。

(3) 操作繁琐费时，不适合生产中的控制分析，也不适合微量或痕量分析。

3. 沉淀质量分析法对沉淀的要求

(1) 对沉淀形式的要求

① 沉淀的溶解度必须要小,保证被测组分沉淀完全。

② 沉淀易于过滤和洗涤,经过过滤洗涤后,沉淀要纯净。

③ 沉淀容易转化为称量形式。

④ 沉淀纯度要高。

(2) 对称量形式的要求

① 称量形式必须有确定的化学组成。

② 称量形式必须足够稳定。

③ 称量形式的摩尔质量要大。

4. 影响沉淀溶解度的因素

影响沉淀溶解度的因素很多,有同离子效应、盐效应、酸效应、络合效应等。

(1) 同离子效应

同离子效应是指在难溶化合物的饱和溶液中,加入含有共同离子的强电解质时,难溶化合物的溶解度降低的现象。在实际工作中,一般都利用同离子效应即增加沉淀剂的用量,使被测组分沉淀完全。

(2) 盐效应

盐效应是指在难溶化合物的饱和溶液中,加入非共同离子的强电解质时,难溶化合物的溶解度增大的现象。

(3) 酸效应

酸度对难溶化合物溶解度的影响称为酸效应。

(4) 络合效应

络合效应是指溶液中存在能与构成难溶化合物的离子生成络合物的络合剂时,沉淀的溶解度将增大的现象。

5. 沉淀剂的选择

① 沉淀剂容易挥发,多余的沉淀剂可在灼烧和烘干过程中去除。

② 沉淀剂要有好的选择性,即沉淀剂只能与被测组分生成沉淀。

③ 有时可选用合适的有机沉淀剂,一般有机沉淀剂的相对分子质量大,生成的沉淀溶解度小,组成恒定,且有机沉淀剂选择性好,沉淀大多烘干后可直接称量,因此有机沉淀剂在质量分析中应用比较广泛。

6. 沉淀的形成和类型

一般认为要形成沉淀,首先是要有构晶离子,其次是构晶离子在过饱和的溶液中形成晶核,然后晶核进一步成长。沉淀可分为晶形沉淀和无定形沉淀两类。形成哪一种类型沉淀,除与沉淀本身的性质有关外,还与进行沉淀时的聚集速度和定向速度的相对大小有关。聚集速度小于定向速度,易得到晶形沉淀;聚集速度大于定向速度,则得到无定形沉淀。

7. 影响沉淀纯度的因素

(1) 共沉淀

当沉淀从溶液中析出时,溶液中其他可溶性组分被沉淀带下来而混入沉淀之中,这种现象称为共沉淀现象。

(2) 后沉淀

当沉淀和母液一同放置时,溶液中的杂质离子慢慢沉淀到原有沉淀上的现象,称为后沉淀。

(3) 提高沉淀纯度的方法

为了减少杂质对沉淀的污染,常采用以下方法:选择适当的分析程序,降低被吸附杂质离子的浓度,用洗涤剂洗涤,必要时进行再沉淀,创造适宜的沉淀条件。

8. 沉淀条件

(1) 晶形沉淀的沉淀条件

① 在适当的稀溶液中进行沉淀,以免溶液的过饱和度太大。

② 在热溶液中进行沉淀,以减少吸附的杂质,增大沉淀的溶解度,降低相对过饱和度。

③ 不断搅拌,慢慢滴加沉淀剂,尽量避免超过过饱和度。

④ 沉淀完毕后放置陈化。

(2) 无定形沉淀的沉淀条件

① 在较浓的溶液中进行沉淀,使沉淀紧密。

② 在热溶液中进行沉淀,防止形成胶体溶液。

③ 加入适当的电解质,以破坏胶体。

④ 沉淀完全后用热水稀释,降低杂质离子的浓度。

⑤ 必要时进行再沉淀。

9. 沉淀的过滤、洗涤、烘干和灼烧

(1) 沉淀的过滤和洗涤

过滤是使沉淀从溶液中分离出来的一种方法,常用滤纸、玻璃砂芯滤器等进行过滤。

洗涤沉淀是为了洗去沉淀表面吸附的杂质和混杂在沉淀中的母液,洗涤时要尽量减少沉淀的溶解损失和避免形成胶体,因此须选择合适的洗涤液。

(2) 沉淀的烘干和灼烧

烘干是为了除去沉淀中的水分和可挥发物质,使沉淀转化为组成固定的称量形式,烘干温度一般在 250 ℃ 以下。

灼烧是为了烧去滤纸,除去沉淀沾有的洗涤剂,将沉淀烧成符合要求的称量形式,灼烧温度一般在 800 ℃ 以上。

10. 质量分析的计算

被测组分的质量分数可根据称样的质量和称量形式的质量计算求得,其计算公式为

$$w(\mathrm{B}) = \frac{m_{称}}{m_s} \times F \times 100\%$$

式中　B—— 被测组分;

$m_{称}$ —— 称量形式的质量,g;

m_s——被测物质的质量,g;

F—— 称量形式换算为被测组分的换算因数(摩尔质量比值),$F=\frac{M_{被测物质}}{M_{称量形式}}$。

四、典型例题

例 14.1 以$(NH_4)C_2O_4$与Ca^{2+}生成CaC_2O_4沉淀为例,比较 pH = 2.0 和 pH = 4.0 时溶液中CaC_2O_4的溶解度(已知$K_{sp}(CaC_2O_4)=2.0\times10^{-9}$,$H_2C_2O_4$的$K_{a1}=5.9\times10^{-2}$,$K_{a2}=6.4\times10^{-5}$)。

解 在CaC_2O_4饱和溶液中

$$[Ca^{2+}][C_2O_4^{2-}]=K_{sp} \tag{1}$$

溶液中沉淀剂$[C_2O_4^{2-}]$的总浓度为

$$c=[C_2O_4^{2-}]+[HC_2O_4^-]+[H_2C_2O_4]$$

能与Ca^{2+}形成沉淀的是$C_2O_4^{2-}$,其酸效应系数为

$$\alpha(H)=c/[C_2O_4^{2-}]$$

则

$$[C_2O_4^{2-}]=c/\alpha(H) \tag{2}$$

将式(1) 代入式(2) 中,则

$$K_{sp}/[Ca^{2+}]=c/\alpha(H)$$

$$[Ca^{2+}]\cdot c=K_{sp}\cdot\alpha(H)$$

$$s=[Ca^{2+}]=c=\sqrt{K_{sp}\alpha(H)}$$

因此,pH = 2.0 时

$$\alpha(H)=1+\frac{[H^+]}{K_{a2}}+\frac{[H^+]^2}{K_{a1}K_{a2}}=183.74$$

$$s=\sqrt{K_{sp}\alpha(H)}=\sqrt{2.0\times10^{-9}\times183.74}=6.1\times10^{-4}(mol\cdot dm^{-3})$$

pH = 4.0 时

$$\alpha(H)=2.56$$

$$s=\sqrt{K_{sp}\alpha(H)}=7.2\times10^{-5}(mol\cdot dm^{-3})$$

由以上计算可知,CaC_2O_4在 pH = 2.0 时的溶解度已超出质量分析要求;pH = 4.0 时的溶解度比 pH = 2.0 时小 10 倍,如果误差在允许范围之内,沉淀则应在 pH = 4.0 ~ 12.0 的溶液中进行。

例 14.2 已知$HgCl_2$的溶度积常数$K_{sp}=2.0\times10^{-14}$,Hg^{2+}与Cl^-的逐级络合常数为$\lg k_1=6.74$,$\lg k_2=6.48$,$\lg k_3=0.85$,$\lg k_4=1.0$。试计算$HgCl_2$的固有溶解度s(忽略离子强度的影响)。

解

$$k_1k_2=\frac{[HgCl_2(g)]}{[Hg^{2+}][Cl^-]^2}$$

而

$$K_{sp}=[Hg^{2+}][Cl^-]^2,\quad s=[HgCl_2(g)]$$

所以

$$s = k_1 \times k_2 \times K_{sp} = 10^{6.74} \times 10^{6.48} \times 2.0 \times 10^{-14} = 0.33\ (\text{mol} \cdot \text{dm}^{-3})$$

所得结果比实际值可能要大一些，这与所采用的参数的适用条件与题设条件不一致有关。

例 14.3 在镁的测定中，先将 Mg^{2+} 沉淀为 $MgNH_4PO_4$，灼烧生成 $Mg_2P_2O_7$ 后称量。若 $Mg_2P_2O_7$ 质量为 0.351 5 g，则镁的质量为多少？

解 每一个 $Mg_2P_2O_7$ 分子含有两个 Mg 原子，故得

$$m(\text{Mg}) = m(\text{Mg}_2\text{P}_2\text{O}_7) \times \frac{2M(\text{Mg})}{M(\text{Mg}_2\text{P}_2\text{O}_7)} = 0.351\,5 \times \frac{24.31}{222.6} = 0.076\,77\ \text{g}$$

例 14.4 设沉淀含有杂质离子 10 mg，用 36 mL 洗涤液洗涤。每次残留液为 1 mL，分别采用 36 mL 分一次、36 mL 分两次（每次用 18 mL）洗涤和 36 mL 分四次（每次用 9 mL）洗涤，试计算洗涤效果。

解 36 mL 一次洗涤，残留杂质离子的质量为

$$m_1 = \frac{V_0}{V + V_0} = \frac{1}{36 + 1} \times 10 = 0.27\ \text{mg}$$

36 mL 分两次洗涤，残留杂质离子的质量为

$$m_2 = \left(\frac{V_0}{V + V_0}\right)^2 = \left(\frac{1}{18 + 1}\right)^2 \times 10 = 0.027\ \text{mg}$$

36 mL 分四次洗涤，残留杂质离子的质量为

$$m_3 = \left(\frac{V_0}{V + V_0}\right)^4 = \left(\frac{1}{9 + 1}\right)^4 \times 10 = 0.01\ \text{mg}$$

例 14.5 某试样中约含 BaO 的质量分数约为 50%，用 $BaSO_4$ 质量法测定其准确质量分数时，其中的 Fe^{3+} 将共沉淀。若 Fe^{3+} 共沉淀的量为溶液试样中 Fe^{3+} 的量的 5%，那么欲使 Fe^{3+} 共沉淀引起的误差不大于 0.1%，则试样中 Fe 的质量分数应是多少？

解 设 Fe 的质量分数为 x，试样的质量为 1.00 g，则经转化处理后得 $BaSO_4$ 的质量为

$$m(\text{BaSO}_4) = \frac{M(\text{BaSO}_4)}{M(\text{BaO})} = 1.00 \times 50\% = \frac{233.39}{153.33} \times 1.00 \times 50\% = 0.761\,1\ \text{g}$$

由于共沉淀的 Fe^{3+} 经灼烧后转化为 Fe_2O_3，从而影响测定，因此应产生的是 Fe_2O_3，而不仅仅是以 Fe 形式存在于 $BaSO_4$ 中的量。根据反应可知

$$m(\text{Fe}_2\text{O}_3) = \frac{M(\text{Fe}_2\text{O}_3)}{2 \times M(\text{Fe})} = 1.00 \times 5\% \times x = \frac{159.69}{2 \times 55.85} \times 1.00 \times 5\% \times x = 0.071\,5x$$

因 Fe^{3+} 共沉淀引起的误差为

$$\frac{m(\text{Fe}_2\text{O}_3)}{m(\text{BaSO}_4)} = \frac{0.071\,5x}{0.761\,1}$$

欲使误差不大于 0.1%，则

$$\frac{0.071\,5x}{0.761\,1} \leqslant 0.1\%, \quad x \leqslant 0.01\%$$

例 14.6 称取 $CaC_2O_4 - MgC_2O_4$ 混合物 0.6240 g，500 ℃ 下加热定量转化为 $CaCO_3 - MgCO_3$ 混合物 0.4830 g。求 CaC_2O_4 和 MgC_2O_4 的质量分数。如果在 900 ℃ 下加

热定量转化为 CaO - MgO 混合物，其质量为多少？

解 设混合物中 CaC_2O_4 的质量为 x g，则 MgC_2O_4 的质量为 $(0.6240-x)$ g，则

$$x \times m(CaCO_3)/(CaC_2O_4) + x \times m(MgCO_3)/(MgC_2O_4) = 0.4830$$

得

$$x = 0.4773,\ 0.6240 - x = 0.1467$$

所以

$$w(CaC_2O_4) = 76.49\%,\ w(MgC_2O_4) = 23.51\%$$
$$m(CaO - MgO) = 0.2615\ g$$

例 14.7 在 pH = 5.0 的缓冲溶液中，以二甲酚橙(XO)为指示剂，用 0.020 $mol \cdot L^{-1}$ EDTA 滴定浓度均为 0.020 $mol \cdot L^{-1}$ 的 Cd^{2+} 和 Zn^{2+} 混合溶液中的 Zn^{2+}，加入过量的 KI，使其终点时的 $[I] = 1\ mol \cdot L^{-1}$。试通过计算判断 Cd^{2+} 是否产生干扰？能否用 XO 作指示剂准确滴定 Zn^{2+}（已知 pH = 5.0 时，$\lg K^{\ominus}_{CdIn} = 4.5$，$\lg K^{\ominus}_{ZnIn} = 4.8$；$CdI_4^{2-}$ 的 $\lg\beta_1 \sim \lg\beta_4$ 为 2.10，3.43，4.49，5.41；$\lg K_{ZnY} = 16.5$，$\lg K_{CdY} = 16.64$。要求 TE ±0.3%，pM = 0.2）。

解 (1) $\alpha_{(Cd(I))} = 1 + 10^{2.1} + 10^{3.43} + 10^{4.49} + 10^{5.41} = 10^{5.46}$

$$[Cd^{2+}]_{sp} = 0.010/10^{5.46} = 10^{-7.46}\ mol/L,\ pCd_{sp} = 7.46$$

因为此时，$[Cd^{2+}]_{sp} \ll [Cd^{2+}]_{ep}$，故 Cd^{2+} 被掩蔽，不与 XO 显色，因而不产生干扰，可以滴定 Zn^{2+}

(2) $a_{Y(Cd)} = 1 + 10^{16.64} \times 10^{-7.46} = 10^{9.18}$

$$a_Y = a_{Y(Cd)} + a_{Y(H)} - 1 = 10^{9.18}$$
$$\lg K'_{ZnY} = 16.5 - 9.18 = 7.32$$
$$pZn_{sp} = \frac{7.32 + 2.0}{2} = 4.66,\quad DpZn = 4.8 - 4.66 = 0.14$$

可以用 XO 作指示剂准确滴定 Zn^{2+}

五、训 练 题

(一) 选择题

1. 当母液被包夹在沉淀中引起沉淀沾污时，有效减少其沾污的方法是(　　)。

   A. 多次洗涤　B. 重结晶　C. 陈化　D. 改用其他沉淀剂

2. 为了获得纯净而易过滤、洗涤的晶形沉淀，要求(　　)。

   A. 沉淀时的聚集速度小而定向速度大　B. 沉淀时的聚集速度大而定向速度小
   C. 溶液的过饱和程度要大　D. 沉淀的溶解度要小

3. 在质量分析中对无定形沉淀洗涤时，洗涤液应选择(　　)。

   A. 冷水　B. 热的电解质溶液
   C. 沉淀剂稀溶液　D. 有机溶剂

4. 沉淀类型与定向速度有关，定向速度大小的主要相关因素是(　　)。

   A. 离子大小　B. 物质的极性
   C. 溶液浓度　D. 相对过饱和度

5. 以 SO_4^{2-} 沉淀 Ba^{2+} 时，加适量过量的 SO_4^{2-} 可以使 Ba^{2+} 离子沉淀更完全。这是利用(　　)。

A. 盐效应　　B. 酸效应　　C. 络合效应　　D. 共离子效应

6. 在质量分析中，使晶形沉淀颗粒尽量大的措施是(　　)。

A. 在暗处进行沉淀　　B. 沉淀时采用稀溶液

C. 沉淀时加入过量沉淀剂　　D. 沉淀时避免溶液摇晃

7. 下列有关沉淀吸附的一般规律中，不正确的是(　　)。

A. 离子价数高的比低的易被吸附　　B. 离子浓度越大越易被吸附

C. 沉淀的颗粒愈小，吸附能力愈强　　D. 温度愈高，愈有利于沉淀吸附

8. 测定 $Fe_2(SO_4)_3$ 溶液中 SO_4^{2-} 时，欲使 Fe^{3+} 以 $Fe(OH)_3$ 形式除去，溶液酸度应控制在(　　)。

A. 弱酸性溶液中　　B. 强酸性溶液中

C. 弱碱性溶液中　　D. 中性溶液中

9. 在制备纳米粒子时，通常要加入表面活性剂进行保护，这主要是为了防止(　　)。

A. 颗粒聚集长大　　B. 均相成核作用

C. 表面吸附杂质　　D. 生成晶体形态

10. 沉淀类型与聚集速度有关，影响聚集速度的主要因素是(　　)。

A. 物质的性质　　B. 溶液的浓度　　C. 过饱和度　　D. 相对过饱和度

11. 准确称取 0.500 0 g 硅酸盐试样，经碱熔、浸取、凝聚、过滤、灼烧得含杂质的 SiO_2 0.283 5 g，再经过 $HF-H_2SO_4$ 处理后，称得残渣重 0.001 5 g，则试样中 SiO_2 的质量分数为(　　)。

A. 0.557 0　　B. 0.560 0　　C. 0.564 0　　D. 0.570 0

12. 下列不是无定形沉淀的沉淀条件是(　　)。

A. 沉淀作用宜在较浓的溶液中进行　　B. 沉淀作用宜在热溶液中进行

C. 在不断搅拌下，迅速加入沉淀剂　　D. 宜将沉淀放置过夜，使之熟化

13. 下列关于沉淀溶解度的叙述，不正确的是(　　)。

A. 一般来讲，物质的溶解度随温度升高而增加

B. 同一沉淀物，其小颗粒的溶解度小于大颗粒的溶解度

C. 同一沉淀物，其表面积愈大则溶解度愈大

D. 沉淀反应中的陈化作用，对一样大小的沉淀颗粒不起作用

14. 在质量分析中，一般情况下杂质最主要的来源是(　　)。

A. 混晶　　B. 包夹　　C. 表面吸附　　D. 后沉淀

15. 晶形沉淀的沉淀条件是(　　)。

A. 浓、冷、慢、搅、陈　　B. 浓、热、快、搅、陈

C. 稀、冷、慢、搅、陈　　D. 稀、热、慢、搅、陈

（二）填空题

1. 试分析下列效应对沉淀溶解度的影响（填"增大"、"减小"或"不影响"）

(1) 同离子效应__________沉淀的溶解度；

(2) 盐效应__________沉淀的溶解度；

(3) 酸效应__________沉淀的溶解度；

(4) 络合效应__________沉淀的溶解度。

2. 在质量分析中，为减小因沉淀溶解而引起的损失，一般采用的主要方法是________________________________。

3. 沉淀按物理性质的不同可分为__________沉淀和__________沉淀。沉淀形成的类型除了与沉淀的本质有关外，还取决于沉淀的__________和__________的相对大小。形成晶体沉淀时，__________速度大于__________速度。

4. 在质量分析中使用有机沉淀剂具有很多优点。有机沉淀剂所生成的沉淀在水溶液中溶解度一般较小，其原因是____。

5. 在沉淀反应中，沉淀的颗粒愈小，沉淀吸附杂质愈多__________。

6. 利用 $PbCrO_4$(M = 323.2 g · mol^{-1}) 沉淀形式称量，测定 Cr_2O_3(M = 151.99 g · mol^{-1}) 时，其化学因数为__________。

7. 使用 H_2S 溶液沉淀 Hg^{2+} 时，共存的 Ni^{2+}、Zn^{2+} 离子不产生沉淀。但 HgS 沉淀完全后放置一段时间，沉淀表面杂质质量明显增加，产生这一现象是由于____。

8. 若称取 $BaCl_2 \cdot 2H_2O$ 样品 0.480 1 g，经质量分析后得 $BaSO_4$ 沉淀 0.457 8 g，则样品中 $BaCl_2 \cdot 2H_2O$ 的质量分数为__________。

（三）判断题

1. 为了获得纯净的沉淀，洗涤沉淀时洗涤次数越多，每次用的洗涤液越多，则杂质含量越少，结构的准确度越高。(　　)

2. 同离子效应可使难溶强电解质的溶解度降低。(　　)

3. 为了获得纯净而易过滤的晶形沉淀，可在较浓的溶液中进行沉淀。(　　)

4. 溶解度大的物质，聚集速度大，易形成晶形沉淀；溶解度小的物质，聚集速度小，则易形成无定形沉淀。(　　)

5. 沉淀 $BaSO_4$ 时，在盐酸存在下的热溶液中进行，目的是增大沉淀的溶解度。(　　)

6. 酸度对难溶化合物溶解度无影响。(　　)

7. AgCl 在 1.0 mol · dm^{-3} 的 NaCl 溶液中，由于盐效应的影响使其溶解度比在水中要略大。(　　)

8. 用质量法以 AgCl 形式测得 Cl^- 是在 120℃ 干燥称量，这时应当采用的洗涤液是 HCl。(　　)

9. 用 H_2SO_4 沉淀 $BaCl_2$ 时，若溶液中含有少量 $FeCl_3$，则生成 $BaSO_4$ 沉淀中夹杂有 $Fe_2(SO_4)_2$，这是因为后沉淀现象。(　　)

10. 在质量分析中，沉淀表面吸附杂质而引起沉淀的沾污，沉淀表面最优先吸附的离子是浓度高的离子。(　　)

（四）计算题

1. AgI 的溶度积常数为 8.3×10^{-17}，它在 100 mL 水中能溶解多少克？

2. 试计算 CaC_2O_4 沉淀在 pH = 3.0，$c(C_2O_4^{2-}) = 0.010\ mol\cdot dm^{-3}$ 的溶液中的溶解度。（已知：$CaC_2O_4\cdot H_2O$ 的 $K_{sp}=2.0\times10^{-9}$；$H_2C_2O_4$ 的离解常数为 $K_{a1}=5.9\times10^{-2}$，$K_{a2}=6.4\times10^{-5}$）

3. 将过量 AgCl 和 AgBr 与 $0.10\ mol\cdot dm^{-3}$ 的氨水溶液混合，试计算溶液的 pH 值以及 Ag^+、Br^- 和 Cl^- 的浓度。（已知：$K_{sp}(AgCl)=1.8\times10^{-10}$，$K_{sp}(AgBr)=5.0\times10^{-13}$，$\lg\beta_1(Ag^+-NH_3)=3.24$，$\lg\beta_2=7.05$，$K_b(NH_3)=1.8\times10^{-5}$）

4. 称取 0.367 5 g$BaCl_2\cdot 2H_2O$ 样品，将 Ba^{2+} 沉淀为 $BaSO_4$，需要 $0.5\ mol\cdot dm^{-3}$ 的 H_2SO_4 溶液多少？

5. 用质量法标定 20.00 mL HCl 溶液，得到 0.300 0 g 干燥的 AgCl 沉淀，试计算 HCl 溶液物质的量浓度。

6. 称取 0.410 2 g $Al_2(SO_4)_3\cdot H_2O$，若要使 $Al(OH)_3$ 沉淀，需要 2.4% 的氨水（相对密度为 0.989）多少毫升？

7. 称取不纯的 $KHC_2O_4\cdot H_2C_2O_4$ 样品 0.520 0 g，将试样溶解后，沉淀出 CaC_2O_4，灼烧成 CaO，称得其质量为 0.214 0 g，试计算试样中 $KHC_2O_4\cdot H_2C_2O_4$ 的质量分数。

8. 称取 2.100 g 煤试样灼烧后，其中的硫完全氧化成 SO_3，用水处理后，加 25.00 mL 的 $0.050\ 00\ mol\cdot dm^{-3}$ $BaCl_2$ 溶液，使之生成 $BaSO_4$ 沉淀。以玫瑰红酸钠作为指示剂，用 $0.044\ 00\ mol\cdot dm^{-3}$ 的 Na_2SO_4 滴定过量的 Ba^{2+}，用去 1.00 mL。试计算样品中硫的质量分数。

9. 今有 0.501 6 g $BaSO_4$，其中含有少量 BaS，用 H_2SO_4 处理使 BaS 转变成 $BaSO_4$，经灼烧后得 $BaSO_4$ 0.502 4 g，求 $BaSO_4$ 中 BaS 的含量。

10. 以 Fe_2O_3 为称量形式进行质量分析法测铁时，灼烧过程中常有 Fe_3O_4 生成，若测得试样中铁的质量分数为 53.45%，但验核时发现其中有 2% 的 Fe_3O_4，求试样中的铁的实际含量。

11. 氯霉素的化学式为 $C_{11}H_{12}O_5N_2Cl_2$。现有氯霉素眼膏试样 1.03 g，在密闭试管中用金属钠共热以分解有机物并释放出氯化物，将灼烧后的混合物溶于水，过滤，除去碳的残渣，用 $AgNO_3$ 沉淀氯化物，得 0.012 9 g AgCl。试计算试样中氯霉素的质量分数。

12. 称取 CaC_2O_4 和 MgC_2O_4 纯混合试样 0.624 0 g，在 500℃ 下加热，定量转化为 $CaCO_3$ 和 $MgCO_3$ 后为 0.483 0 g。

（1）试计算试样中 CaC_2O_4 和 MgC_2O_4 的质量分数；

（2）若在 900℃ 加热该混合物，定量转化为 CaO 和 MgO 的质量为多少克？

六、参考答案

（一）选择题

1. B　2. A　3. B　4. B　5. D　6. B　7. D　8. C　9. A　10. D　11. C　12. D

13. B　14. C　15. D

（二）填空题

1.（1）减小　（2）增大　（3）增大　（4）增大

2. 加入过量沉淀剂，利用同离子效应，减少沉淀溶解量

3. 晶形　非晶形　聚集速度　定向速度　定向　聚集

4. 有机沉淀剂和金属生成疏水性较强的沉淀物，因而在水溶液中溶解度较无机沉淀剂有明显减小

5. 多

6. 0.2351

7. 后沉淀造成的。在 HgS 沉淀表面，由于表面吸附作用，S^{2-} 离子浓度显著高于溶液中的浓度，因此，溶液中过饱和的 ZnS 将会在 HgS 表面沉淀，且沉淀量随着时间而增加

8. 99.84%

（三）判断题

1. ×　2. ✓　3. ×　4. ×　5. ✓　6. ×　7. ×　8. ✓　9. ×　10. ×

（四）问答题

1 **解**　$m = \sqrt{s} \times m(\text{AgI}) \times 100 = 2.1 \times 10^{-5}$ g

2. **解**　溶液中存在 $C_2O_4^{2-}$，要考虑同离子效应。$H_2C_2O_4$ 为弱酸，而溶液的酸度较大，因此还须考虑酸效应。

根据溶液平衡可知

$$[Ca^{2+}] = s,\quad [C_2O_4^{2-}] = \delta_2 \times [c(C_2O_4^{2-}) + s]$$

$$K_{sp} = [Ca^{2+}][C_2O_4^{2-}] = s \times \delta_2 \times [c(C_2O_4^{2-}) + s] \approx s \times \delta_2 \times c(C_2O_4^{2-})$$

（s 相对 $c(C_2O_4^{2-})$ 来说很小。）

又

$$\delta_2 = \frac{K_{a1}K_{a2}}{[H^+]^2 + K_{a1}[H^+] + K_{a1}K_{a2}} = 5.9 \times 10^{-2}$$

所以

$$s = \frac{K_{sp}}{c(C_2O_4^{2-})\delta_2} = 3.4 \times 10^{-6}(\text{mol} \cdot \text{dm}^{-3})$$

3. **解**　$s = 0.004\,1\ \text{mol} \cdot \text{dm}^{-3}$，　$[NH_3] = 0.10 - 2s = 0.092\ (\text{mol} \cdot \text{dm}^{-3})$

$\text{pH} = 14 - \frac{1}{2}\lg(1.8 \times 10^{-5} \times 0.092) = 11.11$

$c[Cl^-] = [Ag(NH_3)_2^+] = s = 0.004\,1\ \text{mol} \cdot \text{dm}^{-3}$

$c[Ag^+] = 4.4 \times 10^{-8}\ \text{mol} \cdot \text{dm}^{-3}$

$c[Br^-] = 1.1 \times 10^{-5}\ \text{mol} \cdot \text{dm}^{-3}$

4. **解**　为使被测组分完全沉淀，一般须加入 20% ~ 50% 过量的沉淀剂，若多加 50%，则

$$V(H_2SO_4) = \frac{0.367\,5}{M(BaCl_2 \cdot 2H_2O) \times 0.5} \times 1.5 = 4.5\ \text{mL}$$

5. 解　$c(\mathrm{HCl}) = 0.104\,7\ \mathrm{mol \cdot dm^{-3}}$

6. 解　$$V(\text{氨水}) = \frac{\dfrac{0.410\,2}{M(\mathrm{Al_2(SO_4)_3 \cdot H_2O})} \times 6 \times M(\mathrm{NH_3})}{0.989 \times 2.4\%} = 4.9\ \mathrm{mL}$$

7. 解　$w(\mathrm{KHC_2O_4 \cdot H_2C_2O_4}) = 80.06\%$

8. 解　使试样中的硫沉淀所需要的 $\mathrm{BaCl_2}$ 是

$$0.050\,00 \times 25.00 - 0.044 \times 1.00 = 1.206 \times 10^{-3}\ \mathrm{mmol}$$

$$w(\mathrm{S}) = 1.84\%$$

9. 解　$w(\mathrm{BaS}) = 0.42\%$

10. 解　$$w(\mathrm{Fe}) = 53.45\% \times \left[0.980\,0 + 2\% \times \frac{3m(\mathrm{Fe_2O_3})}{2m(\mathrm{Fe_2O_4})}\right] = 0.534\,9$$

11. 解　$$w(\mathrm{C_{11}H_{12}O_5N_2Cl_2}) = \frac{\dfrac{0.012\,9}{m(\mathrm{AgCl})} \times \dfrac{1}{2} \times m(\mathrm{C_{11}H_{12}O_5N_2Cl_2})}{1.03} \times 100\% = 1.40\%$$

12. 解　设混合物中的 $\mathrm{CaC_2O_4}$ 质量为 x g，则 $\mathrm{MgC_2O_4}$ 的质量为 $(0.624\,0 - x)$g，则

$$x \times m(\mathrm{CaCO_3})/m(\mathrm{CaC_2O_4}) + x \times m(\mathrm{MgCO_3})/m(\mathrm{MgC_2O_4}) = 0.483\,0$$

得　$$x = 0.477\,3, 0.624\,0 - x = 0.146\,7\ \mathrm{g}$$

所以　$$w(\mathrm{CaC_2O_4}) = 76.49\%,\quad w(\mathrm{MgC_2O_4}) = 23.51\%$$

$$m = 0.477\,3 \times m(\mathrm{CaO})/m(\mathrm{CaC_2O_4}) + 0.146\,7 \times m(\mathrm{MgO})/m(\mathrm{MgC_2O_4}) = 0.261\,5\ \mathrm{g}$$

（五）课后习题答案

1. 解　溶解度，令

$$(\mathrm{CaSO_4})_{\text{水}} = s_0$$

$$\beta = \frac{s_0}{(\mathrm{Ca^{2+}})(\mathrm{SO_4^{2-}})} = \frac{s_0}{K_{sp}} = 200$$

$$s_0 = \beta K_{sp} = 200 \times 9.1 \times 10 = 1.82 \times 10^{-3}\ \mathrm{mol \cdot L^{-1}}$$

未离解 $\mathrm{Ca^{2+}}$ 质量分数为

$$w(\mathrm{Ca^{+2}}) = \frac{s_0}{s_0 + (\mathrm{Ca^{2+}})} \times 100\% = \frac{1.82 \times 10^{-3}}{1.82 \times 10^{-3} + \sqrt{9.1 \times 10^{-6}}} \times 100\% = 37.6\%$$

2. 解　$[\mathrm{OH^-}] = \sqrt{\dfrac{K_{sp}}{[\mathrm{M^{2+}}]}}$　$\mathrm{p(OH)} = \dfrac{1}{2}(\mathrm{p}K_{sp} + \lg[\mathrm{M^{2+}}])$　$\mathrm{p}K_{sp} = 15 - \lg 4 = 14.4$

(1) $[\mathrm{M^{2+}}] = 0.1(1 - 1\%) = 0.099$　$\mathrm{pOH} = 12(14.4 + \lg 0.099) = 6.7$　$\mathrm{pH} = 7.3$

(2) $[\mathrm{M^{2+}}] = 0.1(1 - 50\%) = 0.05$　$\mathrm{pOH} = 12(14.4 + \lg 0.05) = 6.55$　$\mathrm{pH} = 7.45$

(3) $[\mathrm{M^{2+}}] = 0.1(1 - 99\%) = 0.001$　$\mathrm{pOH} = 12(14.4 + \lg 0.001) = 5.7$　$\mathrm{pH} = 8.3$

3. 解　(1)　$$I = \frac{1}{2}(c_{\mathrm{Na^+}} \times 1^2 + c_{\mathrm{Cl^-}} \times 1^2) = 0.1$$

由 $-\lg \gamma_i = 0.512\,2 Z_i^2 \dfrac{\sqrt{I}}{1 + \mathrm{B}a^0\sqrt{I}}$

计算得　$$\gamma_{\mathrm{Ba^{2+}}} = 0.38,\quad \gamma_{\mathrm{SO_4^{2-}}} = 0.355$$

$$s = \sqrt{K_{sp}} = \sqrt{\frac{1.1 \times 10^{-10}}{0.38 \times 0.355}} = 2.8 \times 10^{-5}\ \text{mol} \cdot \text{L}^{-1}$$

(2)
$$I = \frac{1}{2}(c_{Ba^{2+}} \times 2^2 + c_{Cl^-} \times 1^2) = 0.3$$

由 $-\lg \gamma_i = 0.512 Z_i \frac{\sqrt{I}}{1 + Ba^0\sqrt{I}}$

计算得 $\gamma_{Ba^{2+}} = 0.256, \gamma_{SO_4^{2-}} = 0.223$

$$K_{sp} = \frac{K_{sp}^0}{\gamma_{Ba^{2+}}\gamma_{SO_4^{2-}}} = \frac{1.1 \times 10^{-10}}{0.256 \times 0.223} = 1.9 \times 10^{-9}$$

$$s = [SO_4^{2-}] = K_{sp}[Ba^{2+}] = \frac{1.9 \times 10^{-9}}{0.1} = 1.9 \times 10^{-8}\ \text{mol} \cdot \text{L}^{-1}$$

4.解　按题意，只考虑酸效应，忽略盐效应，取 $K_{sp} \approx K_{sp}^0$

(1) CaF_2 在 pH = 2.0 溶液中，$K_{sp} = 2.7 \times 10^{-11}$，$[Ca^{2+}] = s$，$[F^-] = 2s$

$$\delta_F = \frac{K_\alpha}{[H^+] + K_\alpha} = \frac{6.6 \times 10^{-4}}{10^{-2} + 6.6 \times 10^{-4}} = 6.19 \times 10^{-2}$$

$$[Ca^{2+}] = s, [F^-] = \delta_F[F^-] = \delta_F \cdot 2s$$

$$K_{sp} = [Ca^{2+}][F^-]^2 = s(\delta_F 2s)^2 = 4\delta_{F^-}^2 s^3$$

所以

$$s = \sqrt[3]{\frac{K_{sp}}{4\delta_{F^-}^2}} = \sqrt[3]{\frac{2.7 \times 10^{-11}}{4 \times (6.19 \times 10^{-2})^2}} = 1.2 \times 10^{-3}\ \text{mol} \cdot \text{L}^{-1}$$

(2) $BaSO_4$ 在 2.0 mol·L^{-1}HCl 中

$$\delta_{SO_4^{2-}} = \frac{K_{\alpha_2}}{[H^+] + K_{\alpha_2}} = \frac{1.0 \times 10^{-2}}{2.0 + 1.0 \times 10^{-2}} = 5.0 \times 10^{-3}$$

$$[SO_4^{2-}] = s,\quad [SO_4^{2-}] = \delta_{SO_4^{2-}} s, K_{sp} = s \cdot \delta_{SO_4^{2-}} s = s^2 \delta_{SO_4^{2-}}$$

所以

$$s = \sqrt{\frac{K_{sp}}{\delta_{SO_4^{2-}}}} = \sqrt{\frac{1.1 \times 10^{-10}}{5.0 \times 10^{-3}}} = 1.5 \times 10^{-4}\ \text{mol} \cdot \text{L}^{-1}$$

(3) $PbSO_4$ 在 0.1 mol·L^{-1}HNO_3 中，$[Pb^{2+}] = s\ [SO_4^{2-}] = s$

$$\delta_{SO_4^{2-}} = \frac{K_{\alpha_2}}{[H^+] + K_{\alpha_2}} = \frac{1.0 \times 10^{-2}}{0.1 + 1.0 \times 10^{-2}} = 0.091$$

$$K_{sp} = [Pb^{2+}][SO_4^{2-}] = s \cdot \delta_{SO_4^{2-}} \cdot s = s^2 \cdot \delta_{SO_4^{2-}}$$

$$s = \sqrt{\frac{K_{sp}}{\delta_{SO_4^{2-}}}} = \sqrt{\frac{1.6 \times 10^{-8}}{0.091}} = 4.2 \times 10^{-4}\ \text{mol} \cdot \text{L}^{-1}$$

5.解　此题需同时考虑盐效应、酸效应和同离子效应：$[SO_4^{2-}] = s$

$$c_{Ba^{2+}} = 0.01, c_{Cl^-} = 0.07 + 0.02 = 0.09, c_{H^+} = 0.07$$

$$I = \frac{1}{2}(c_{Ba^{2+}} \times 2^2 + c_{Cl^-} \times 1^2 + c_{H^+}) = 0.1$$

由德－休公式计算得　　$\gamma_{Ba^{2+}} = 0.38, \gamma_{SO_4^{2-}} = 0.355$

$$\delta_{SO_4^{2-}} = \frac{K_{\alpha_2}}{[H^+] + K_{\alpha_2}} = \frac{1.0 \times 10^{-2}}{0.07 + 1.0 \times 10^{-2}} = 0.125$$

$$K_{sp} = [Ba^{2+}][SO_4^{2-}] = \frac{k_{sp}^0}{\gamma_{Ba^{2+}} + \gamma_{SO_4^{2-}}} = 8.15 \times 10^{-10}$$

$$[SO_4^{2-}] = \delta_{SO_4^{2-}} \cdot s = K_{sp}[Ba^{2+}]$$

所以

$$s = \frac{K_{sp}}{[Ba^{2+}]\delta_{SO_4^{2-}}} = \frac{8.15 \times 10^{-10}}{0.01 \times 0.125} = 6.5 \times 10^{-7}\ mol \cdot L^{-1}$$

6. 解　设 AgBr 的溶解度为 s_1，AgCl 的溶解度为 s_2，则

$$[Ag^+][Br^-] = s_1(s_2 + s_1) = 5.0 \times 10^{-13}$$

$$[Ag^+][Cl^-] = s_2(s_1 + s_2) = 1.8 \times 10^{-10}$$

可以求得 $s_1 = 3.72 \times 10^{-8}$，$s_2 = 1.34 \times 10^{-5}$

$$[Ag^+] = 3.72 \times 10^{-8} + 1.34 \times 10^{-5} \approx 1.34 \times 10^{-5}\ mol \cdot L^{-1}$$

7. 解　(1)

$$\alpha_{A(H)} = 1 + \frac{[H^+]}{K_a} = \frac{[H^+] + K_a}{K_a}, s \cdot \left(\frac{2s}{\alpha_{A(H)}}\right)^2 = K_{sp}$$

$$s = \sqrt[3]{K_{sp}\left(\frac{\alpha_{A(H)}}{2}\right)^2} = \sqrt[3]{K_{sp}\left(\frac{[H^+] + K_a}{2K_a}\right)^2}$$

(2)

$$\alpha_{A(H)} = \frac{[H^+] + K_a}{K_a}, s \cdot (\frac{c_A}{\alpha_{A(H)}})^2 = K_{sp}$$

$$s = K_{sp}\ (\frac{c_A}{\alpha_{A(H)}})^2 = K_{sp}\ (\frac{[H^+] + K_a}{c_A \cdot K_a})^2$$

(3)

$$\alpha_{A(H)} = \frac{[H^+] + K_a}{K_a}, c_{M^{2+}} \cdot (\frac{2s}{\alpha_{A(H)}})^2 = K_{sp}$$

$$s = \sqrt{\frac{K_{sp}}{c_{M^{2+}}}} \cdot \frac{\alpha_{A(H)}}{2} = \sqrt{\frac{K_{sp}}{c_{M^{2+}}}}\ (\frac{[H^+] + K_a}{2K_a})^2$$

(4)

$$\alpha_{A(H)} = \frac{[H^+] + K_a}{K_a}$$

$$\alpha_{M(L)} = 1 + [L] \cdot \beta = 1 + \frac{c_L}{\alpha_{L(H)}}\beta \approx \frac{c_L}{\alpha_{L(H)}}\beta$$

$$\frac{s}{\alpha_{M(L)}}\left(\frac{2s}{\alpha_{A(H)}}\right)^2 = K_{sp}$$

$$s = \sqrt[3]{K_{sp} \cdot \alpha_{M(L)} \cdot \left(\frac{\alpha_{A(H)}}{2}\right)^2} = \sqrt[3]{K_{sp} \cdot \frac{c_L}{\alpha_{L(H)}} \cdot \beta\left(\frac{[H^+] + K_a}{2K_a}\right)^2}$$

8. 解　设该铁的氧化物的分子式为 Fe_xO_y，则

$$x \cdot 55.85 + y \cdot 16 = 0.543\,4, x \cdot 55.85 = 0.380\,1$$

解方程组，得 $x = 0.006\ 806, y = 0.102\ 0$

$$y \cdot x = \frac{0.010\ 20}{0.006\ 806} = \frac{1.5}{1} = 3:2$$

故为 Fe_2O_3。

9.**解**　设 K_2O 为 $x(g)$，Na_2O 为 $y(g)$，则

$$x \cdot \frac{2M(KCl)}{M(K_2O)} + y \cdot \frac{2M(NaCl)}{M(Na_2O)} = 0.120\ 8$$

$$x \cdot \frac{2M(AgCl)}{M(K_2O)} + y \cdot \frac{2M(AgCl)}{M(Na_2O)} = 0.251\ 3$$

解方程组，得 $x = 0.053\ 70$ g，$y = 0.019\ 00$ g，所以

$$w(K_2O) = \frac{0.053\ 70}{0.503\ 4} = 10.6\%$$

$$w(Na_2O) = \frac{0.019\ 00}{0.503\ 4} = 3.77\%$$

10.**解**　(1)

$$w(S) = \frac{m(BaSO_4) \cdot M(S)}{M(BaSO_4) \cdot m_s} \times 100\% = \frac{1.089\ 0 \times 32.066}{233.39 \times 1.000} \times 100\% = 14.96\%$$

(2) 设该有机化合物含有 n 个硫原子。

$$n = \frac{\dfrac{m(BaSO_4)}{M(BaSO_4)}}{\dfrac{m_s}{M_s}} = \frac{\dfrac{1.089\ 0}{233.39}}{\dfrac{1.000}{214.33}} = 1$$

故该有机化合物中硫原子个数为 1。

11.**解**

$$As \sim AsO_4^{3-} \sim Ag_3AsO_4 \sim 3Ag^+ \sim 3NH_4SCN$$

$$n(As) = \frac{1}{3}n(NH_4SCN)$$

$$w(As) = \frac{\frac{1}{3}n[NH_4SCN] \cdot M(As)}{m_a} \times 100\% =$$

$$\frac{\frac{1}{3} \times 0.100\ 0 \times 45.45 \times 10^{-3} \times 74.922}{0.500\ 0} \times 100\% = 22.70\%$$

12.**解**　(1) 设试样中 $CaCO_3$ 的质量为 $x(g)$，则 $MgCO_3$ 的质量为 $0.624\ 0 - x(g)$

$$\frac{M(CaCO_3)}{M(CaC_2O_4)} \cdot x + (0.624\ 0 - x)\frac{M(MgCO_3)}{M(MgC_2O_4)} = 0.483\ 0$$

$$\frac{100.09}{128.1} \cdot x + (0.624\ 0 - x)\frac{84.314}{112.33} = 0.483\ 0$$

解得

$$x = 0.475\ 7 \text{ g}$$

故

$$w(CaC_2O_4) = \frac{0.475\ 7}{0.624\ 0} = 76.25\%$$

$$w(MgC_2O_4) = 1 - 76.24\% = 23.75\%$$

(2) 换算为 CaO 和 MgO 的质量为

$$m = \frac{M(CaO)}{M(MgC_2O_4)} \cdot 0.4757 + \frac{M(MgO)}{M(MgC_2O_4)}(0.624\ 0 - 0.475\ 7) =$$

$$\frac{56.08}{128.10} \times 0.475\ 7 + \frac{40.304}{112.33} \times 0.148\ 3 = 0.261\ 5\ g$$

第 15 章　吸光光度法

一、中学链接

关于焰色反应

1. 钠离子

钠的焰色反应本应不难做，但实际做起来最麻烦。因为钠的焰色为黄色，而酒精灯的火焰因灯头灯芯不干净、酒精不纯而使火焰大多呈黄色。即使是近乎无色（浅淡蓝色）的火焰，一根新的铁丝（或镍丝、铂丝）放在外焰上灼烧，开始时火焰也是黄色的，因此很难说明产生的焰色是钠离子的还是原来酒精灯的。要明显看到钠的黄色火焰，可用如下方法。

方法一（镊子 - 棉花 - 酒精法）：用镊子取一小团棉花（脱脂棉，下同）吸少许酒精（95% 乙醇，下同），把棉花上的酒精挤干，用该棉花沾一些氯化钠或无水碳酸钠粉末（研细），点燃。

方法二（铁丝法）：① 取一条细铁丝，一端用砂纸擦净，在酒精灯外焰上灼烧至无黄色火焰；② 用该端铁丝沾一下水，再沾一些氯化钠或无水碳酸钠粉末；③ 点燃一盏新的酒精灯（灯头灯芯干净、酒精纯）；④ 把沾有钠盐粉末的铁丝放在外焰尖上灼烧，这时外焰尖上有一个小的黄色火焰，那就是钠焰。

以上做法教师演示实验较易做到，但学生实验因大多数酒精灯都不干净而很难看到焰尖，可改为以下做法：沾有钠盐的铁丝放在外焰中任一有蓝色火焰的部位灼烧，黄色火焰覆盖蓝色火焰，就可认为黄色火焰就是钠焰。

2. 钾离子

方法一（烧杯 - 酒精法）：取一小药匙无水碳酸钠粉末（充分研细）放在一倒置的小烧杯上，滴加 5 ~ 6 滴酒精，点燃，可看到明显的浅紫色火焰，如果隔一钴玻璃片观察，则更明显看到紫色火焰。

方法二（铁丝 - 棉花 - 水法）：取少许碳酸钠粉末放在一小蒸发皿内，加一两滴水调成糊状；再取一条小铁丝，一端擦净，弯一个小圈，圈内夹一小团棉花，棉花沾一点水，又把水挤干，把棉花沾满上述糊状碳酸钠，放在酒精灯外焰上灼烧，透过钴玻璃片可看到明显的紫色火焰。

焰色反应现象要明显，火焰焰色要像彗星尾巴才看得清楚，有的盐的焰色反应之所以要加少量水溶解，是为了灼烧时离子随着水分的蒸发而挥发成彗星尾巴状，现象明显；而有的离子灼烧时较易挥发成彗星尾巴状，就不用加水溶解了。

总结：Na 黄色、K 紫色（透过蓝色的钴玻璃）、Cu 绿色、Ca 砖红、Na^+（黄色）、K^+（紫色)。

铁丝在 Cl_2 中燃烧,产生棕色的烟;

Cu 丝在 Cl_2 中燃烧产生棕色的烟;

H_2 在 Cl_2 中燃烧是苍白色的火焰;

Na 在 Cl_2 中燃烧产生大量的白烟;

P 在 Cl_2 中燃烧产生大量的白色烟雾;

镁条在空气中燃烧产生刺眼白光。

SO_2 通入品红溶液先褪色,加热后恢复原色;

NH_3 与 HCl 相遇产生大量的白烟;

铝箔在氧气中激烈燃烧产生刺眼的白光;

$Fe(OH)_2$ 在空气中被氧化:由白色变为灰绿最后变为红褐色;

向盛有苯酚溶液的试管中滴入 $FeCl_3$ 溶液,溶液呈紫色;

苯酚遇空气呈粉红色。

蛋白质遇浓 HNO_3 变黄,被灼烧时有烧焦羽毛气味。

在空气中燃烧,S 呈微弱的淡蓝色火焰,H_2 呈淡蓝色火焰,H_2S 呈淡蓝色火焰,CO 呈蓝色火焰,CH_4 呈明亮并呈蓝色的火焰;S 在 O_2 中燃烧呈明亮的蓝紫色火焰。

使品红溶液褪色的气体有,SO_2(加热后又恢复红色)、Cl_2(加热后不恢复红色)。

二、教学要求

掌握吸光光度法基本原理、特点及其应用,掌握朗伯 - 比尔定律以及透光率、吸光度等概念,掌握使用分光光度计的方法,学会绘制吸收光谱图和标准曲线图,能够正确选择显色反应及测定条件。

三、内容精要

1. 吸光光度法的特点

吸光光度法是基于物质对光的选择性而建立的分析方法,包括比色法、可见 - 紫外分光光度法及红外光谱法等。吸光光度法具有以下特点。

① 灵敏度高:测定试液的浓度下限可达 $10^{-6} \sim 10^{-5}\ mol \cdot dm^{-3}$,适用于微量组分的测定。

② 准确度高:测定的相对误差为 2% ~ 5%,可满足微量组分测定对准确度的要求。

③ 测定迅速:仪器操作简单。

④ 应用广泛:几乎所有的无机物和许多有机物都能直接或间接地用该法进行测定。

2. 吸光光度法的基本原理

(1) 物质对光的选择性吸收

① 互补色光:具有同一波长的光称为单色光,由不同波长组成的光称为复合光。当一束白光(由各种波长的光按一定比列组成),如钨灯光通过某一有色溶液时,一些波长

的光被溶液吸收，另一些波长的光则透过。透射光（或反射光）刺激人眼而使人感觉到颜色的存在。因此溶液的颜色由透射光的波长所决定。能够组成白光的两种光称为互补色光，如高锰酸钾溶液因吸收了白光中的绿光而呈紫色。

② 光吸收曲线：任何一种溶液对不同波长的光的吸收程度不同，将不同波长的光透过某一固定浓度和厚度的有色溶液，测量每一波长下有色溶液对光的吸收程度，以波长 λ 为横坐标、吸光度 A 为纵坐标绘图，该曲线即为吸收曲线。

从吸收曲线可知，不同物质的吸收曲线和最大吸收波长不同，根据此特性，s 可对物质进行初步定性分析；不同浓度的同一物质，在一定波长处其吸光度随溶液浓度的增大而增加，根据此特性，可对物质进行定量分析；在波长最大处测定吸光度，灵敏度最高，因此可根据吸收曲线来选择测定波长。

(2) 光吸收的基本定律——朗伯－比尔定律

朗伯－比尔定律描述了物质的分子对特定波长光的吸收情况的数量关系，其数学表达式为

$$A = \lg \frac{I_0}{I} = abc \tag{15.1}$$

式中，I_0 为入射光强度；I 为透射光强度；a 为吸光系数，单位为 $L \cdot g \cdot cm^{-1}$；b 为液层厚度，单位为 cm；c 为物质的质量浓度（其符号为 ρ），单位为 $g \cdot L^{-1}$。如果 c 的单位用 $mol \cdot dm^{-3}$ 来表示，则吸收系数称为摩尔吸收系数，用符号 ε 表示，单位为 $L \cdot mol^{-1} \cdot cm^{-1}$。式(15.1)可表示为

$$A = \varepsilon bc$$

式中，ε 是吸光物质在特定波长和溶剂条件下的一个特征常数，数值上等于浓度为 $1\ mol \cdot dm^{-3}$ 吸光物质在 1 cm 光程中的吸光度，是物质吸光能力的量度。

物质对光的吸收情况也可以用透光率表示为

$$T = \frac{I}{I_0}$$

透光率与吸光度的关系可以表示为

$$A = \lg \frac{1}{T} = -\lg T$$

(3) 偏离朗伯－比尔定律的原因

① 非单色光引起的偏离：朗伯－比尔定律的基本假设条件是入射光为单色光，但目前仪器所提供的入射光实际上是由波长范围较窄的光带组成的复合光。由于物质对不同波长光的吸收程度不同，因而引起了对朗伯－比尔定律的偏离。

② 化学因素引起的偏离：朗伯－比尔定律仅适用于稀溶液。在高浓度时，由于吸光粒子间的平均距离减小，以致每个粒子都可影响其邻近粒子的电荷分布，这种相互作用可使它们的吸光能力发生改变。由于相互作用的程度与浓度有关，随浓度增大，吸光度与浓度间的关系就偏离线性关系。

3. 显色反应与测量条件的选择

(1) 显色反应的选择

将待测组分转变为有色化合物的反应称为显色反应，与待测组分形成有色化合物的

试剂称为显色剂。显色反应主要有络合反应和氧化还原反应两大类,其中络合反应是最主要的显色反应。同一组分可与多种显色剂反应,生成不同的有色物质,在选用显色剂时,应考虑以下几方面:

① 显色反应的灵敏度高。

② 显色反应选择性好,干扰少或干扰易消除。

③ 显色剂在测定波长处无明显吸收。

④ 反应生成的有色化合物组成恒定,稳定性高。

⑤ 反应生成的有色化合物与显色剂之间的颜色差别要大。

(2) 显色条件的选择

① 显色剂的用量:根据溶液平衡原理来看,有色络合物稳定常数越大,显色剂过量越多,越有利于待测组分形成有色配合物。但显色剂过多时,有时会引起副反应的发生。因此,显色剂的用量要适宜。

② 溶液的酸度:酸度对显色反应的影响有以下几个方面:

(Ⅰ)酸度影响显色剂平衡浓度和颜色。

(Ⅱ)酸度影响被测离子的存在状态。

(Ⅲ)酸度影响络合物的组成。

③ 显色温度:不同的显色反应对温度的要求也不同,可通过实验来确定各显色反应的适宜温度范围。

④ 显色时间:各显色反应的反应速率不同,因此完成反应的时间也不同。可通过实验可求出适宜的显色反应时间。

⑤ 干扰的消除:在显色反应中,共存离子会影响显色反应的显色,干扰测定,消除干扰,可采用下列方法:

(Ⅰ)选择适当的显色条件避免干扰。

(Ⅱ)加入络合掩蔽剂或氧化还原掩蔽剂。

(Ⅲ)分离干扰离子。

(3) 测量条件的选择

① 入射波长的选择:为使测定结果有较高的灵敏度,一般选择波长等于被测物质的最大吸收波长的光作为入射光。因为在此波长处摩尔系数最大,测定具有较高的灵敏度,而且,在此波长处的一个较小范围内,吸光度变化不大,偏离朗伯-比尔定律的程度减少,具有较高的准确度。

② 控制合适的吸光度范围:当$A=0.434$时,误差最小;$A=0.2\sim0.8$时,误差比较小,一般控制试液的吸光度在$0.2\sim0.8$($T=15\%\sim65\%$)。

③ 选择合适的参比溶液。

4. 分光光度计及其基本部件

吸光度的测定使用分光光度计进行。分光光度计一般按工作波长分类,紫外-可见分光光度法主要用于无机物和有机物含量的测定,红外分光光度法主要用于结构分析。

一般的分光光度计各部件的作用和性能如下。

(1) 光源

光源通常有钨丝灯和氢灯两种,可见光区用6 ~ 12 V的钨丝灯,紫外光区则用氢灯。钨丝灯发出的光波长为400 ~ 1 100 nm,氢灯发射紫外光,波长范围为200 ~ 400 nm。

(2) 单色器

将光源发出的连续光谱分解为单色光的装置,称为单色器。常见的单色器有滤光片、棱镜和光栅。

(3) 吸收池

吸收池亦称比色皿,盛放试液,能透过所需光谱范围内的光线。可见光适用于耐腐蚀的玻璃比色皿,紫外光用石英比色皿,红外光谱仪则选用能透红外线的萤石比色皿。大多数仪器配有厚度为0.5 cm、1 cm、2 cm、3 cm 等一套长方形吸收池。

(4) 检测器

检测器是一类光电转换元件,它将所接受到的光信息转变成电信息。常用的检测器有光电池、光电管和光电配增管。

(5) 显示器

显示器是将光电转换器输出的信号显示出来或记录下来的装置。其作用是放大电信号并以吸光度 A 或透光度 T 显示出来。

5. 分光光度测定的方法

(1) 标准曲线法

先配制一系列浓度不同的标准溶液,用选定的显色剂进行显色,在一定波长下测定标准溶液的吸光度A,然后以吸光度A为纵坐标、浓度c为横坐标,绘制$A-c$曲线。若符合朗伯 - 比尔定律,则是一条通过原点的直线,称为标准曲线。用与测定标准曲线完全相同的方法和步骤测定待测试样的吸光度,就可从标准曲线上找到对应吸光度的待测试样的浓度和含量,这就是标准曲线法。在仪器、方法和条件都固定的情况下,标准曲线可以重复使用而不需要重新测定制作,因此标准曲线法适用于大量的经常性的测定。

(2) 标准对照法

标准对照法又称直接比较法。其方法是配制一个与试液浓度相近的标准溶液,然后将试液和标准溶液在相同条件下进行显色、定容,分别测出它们的吸光度,得到下式

$$\frac{A_{测}}{A_{标}}=\frac{\varepsilon_{测}\,b_{测}\,c_{测}}{\varepsilon_{标}\,b_{标}\,c_{标}}$$

在相同入射光及同样比色皿测量同一物质时

$$\varepsilon_{标}=\varepsilon_{测},\quad b_{标}=b_{测}$$

因此

$$c_{测}=\frac{A_{测}}{A_{标}}c_{标}$$

6. 吸光光度法的应用

(1) 示差吸光光度法

当待测组分含量较高时,常采用示差法测定。示差法是采用比待测试液浓度稍低的标准溶液作为参比溶液,测量待测试液的吸光度,从而求出试样的含量。设用做参比溶液

的标准溶液的浓度为 c_S，待测试液浓度为 c_X，且 $c_X > c_S$。根据朗伯－比尔定律

$$A_S = \varepsilon b c_S$$

$$A_X = \varepsilon b c_X$$

$$A_{相对} = VA = A_X - A_S = \varepsilon b(c_X - c_S) = \varepsilon b V c$$

上式表明在复合比尔定律范围内，示差法测得的吸光度之差与被测溶液和参比溶液的浓度差成正比。

作 $\Delta A - \Delta c$ 标准曲线，根据测得的 ΔA 求出对应的 Δc，再从 $c_X = c_S + \Delta c$ 求出待测溶液的浓度。

(2) 溶液中多组分的测定

假定溶液中同时存在两种组分 X 和 Y，在每一组分的最大吸收波长下测量总吸光度，由吸光度值的加和性得下列方程

$$A_1 = \varepsilon_{X1} b c_X + \varepsilon_{Y1} b c_Y$$

$$A_2 = \varepsilon_{X2} b c_X + \varepsilon_{Y2} b c_Y$$

其中，各 ε 可预先用 X 和 Y 的标准溶液获得，联立上述方程，可解得 c_X 和 c_Y。

四、典型例题

例 15.1 某试液显色后用 2.0 cm 吸收池测量时，$T = 50.0\%$。若用 1.0 cm 或 5.0 cm 吸收池测量，T 及 A 各为多少？

解
$$A = -\lg T = \varepsilon b c$$

对于同一溶液，ε 和 c 为定值，故

$$\frac{\lg T_1}{\lg T_2} = \frac{b_1}{b_2}$$

使用 1.0 cm 吸收池时

$$\lg T_2 = \frac{1}{2}\lg 0.500 = -0.150$$

$$A_2 = 0.150, \quad T_2 = 70.8\%$$

使用 5.0 cm 吸收池时

$$\lg T_3 = \frac{5}{2}\lg 0.500 = -0.752$$

$$A_2 = 0.752, \quad T_2 = 17.7\%$$

例 15.2 欲使某溶液的吸光度在 0.2 ~ 0.8 之间，吸光物质摩尔吸收系数为 $5.0 \times 10^5\ \mathrm{L \cdot cm^{-1} \cdot mol^{-1}}$，则样品溶液的浓度范围为多少（吸收池 $b = 1$ cm）？

解 吸光度为 0.2 时，溶液浓度为

$$c_1 = \frac{A_1}{\varepsilon b} = \frac{0.2}{5.0 \times 10^5 \times 1} = 4.0 \times 10^{-7}(\mathrm{mol \cdot dm^{-3}})$$

吸光度为 0.8 时，溶液浓度为

$$c_1 = \frac{A_2}{\varepsilon b} = \frac{0.8}{5.0 \times 10^5 \times 1} = 1.6 \times 10^{-6}(\mathrm{mol \cdot dm^{-3}})$$

所以样品溶液的浓度范围为$4.0 \times 10^{-7} \sim 1.6 \times 10^{-6}$ mol · dm^{-3}。

例15.3 用一般分光光度法测量0.001 0 mol · dm^{-3}的锌标准溶液和含锌的试液，分别测得$A = 0.700$和$A = 1.000$，两种溶液的透光度相差多少？如果用0.001 0 mol · dm^{-3}的锌标准溶液作为参比溶液，试液的吸光度是多少？示差分光光度法与一般分光光度法相比较，读数标尺放大了多少倍？

解 $A = -\lg T$

当$A = 0.700$时 $T = 20\%$

当$A = 1.000$时 $T = 10\%$

故两种溶液透光度之差为

$$\Delta T = 20\% - 10\% = 10\%$$

若将标准溶液的透光度20%作为100%计，则试液的透光度为

$$T = \frac{1.0 \times 0.10}{0.20} = 50\%$$

$$A = -\lg T = -\lg(50/100) = 0.301$$

示差法将读数标尺放大的倍数为100/20 = 5倍。

例15.4 某酸性溶液含0.088 mg Fe^{3+}，用KSCN显色后稀释至50 mL，在480 nm波长处用1 cm比色皿测得吸光度为0.740，试计算Fe－SCN络合物的摩尔吸光系数。称取未知样品0.040 0 g，处理后用同样方法测得吸光度为0.360，试计算样品中铁的质量分数。

解

$$\varepsilon = \frac{A}{bc} = \frac{0.740}{1 \times \dfrac{0.088 \times 10^{-3}}{50 \times 10^{-3} \times 55.85}} = 2.35 \times 10^{4}(\text{mol} \cdot \text{cm})$$

$$w(\text{Fe}) = \frac{\dfrac{0.36}{0.74} \times 0.088 \times 10^{-3}}{0.040\,0} \times 100\% = 0.11\%$$

例15.5 称取0.30 g含有磷的样品，利用钼蓝反应显色后，用1 cm的比色皿在一定波长下测得其吸光度为0.62。若取含磷为0.35%的标准样品0.60 g，处理后显色，在同样的条件下测得其吸光度为0.58。求未知样品中P_2O_5的质量分数。

解 测量时两种样品都会处理成同体积的溶液，所以其中的纯物质的质量也应该与溶液的浓度成正比，所以根据吸收定律

$$\frac{A_X}{A_S} = \frac{a_X b_X c_X}{a_S b_S c_S}$$

式中 $a_X = a_S, b_X = b_S$

所以

$$c_X = \frac{A_X}{A_S} c_S = \frac{0.62}{0.58} \times 0.6 \times 0.35\% = 2.24 \times 10^{-3}\ \text{g}$$

$$w(P_2O_5) = \frac{\dfrac{2.24 \times 10^{-3}}{30.97} \times \dfrac{1}{2} \times 141.94}{0.30} \times 100\% = 1.71\%$$

五、训练题

(一) 选择题

1. 某溶液的透光率为 26%,稀释一倍后其透光率为(　　)。

A. 13%　　B. 52%　　C. 26%　　D. 51%

2. 以下说法错误的是(　　)。

A. 吸光度 A 与浓度呈直线关系

B. 透射比随浓度的增大而减小

C. 当透射比为 0 时吸光度值为 ∞

D. 选用透射比与浓度作工作曲线准确度高

3. 吸光光度分析中,在某浓度下以 1.0 cm 比色皿测得透光度为 T。若浓度增大 1 倍,透光度为(　　)。

A. T^2　　B. $\frac{1}{2}T$　　C. $2T$　　D. $\sqrt{T}$

4. 在符合朗伯 - 比尔定律的范围内,有色物的浓度、最大吸收波长、吸光度三者的关系是(　　)。

A. 增加,增加,增加　　B. 减小,不变,减小

C. 减小,增加,增加　　D. 增加,不变,减小

5. 在分光光度法中,测试的样品浓度不能过大。这是因为高浓度的样品(　　)。

A. 不满足朗伯 - 比尔定律　　B. 在光照射下易分解

C. 光照下形成的络合物部分离解　　D. 显色速度无法满足要求

6. 参比溶液是指(　　)。

A. 吸光度为 0 的溶液　　B. 吸光度为固定值的溶液

C. 吸光度为 1 的溶液　　D. 以上三种溶液均不是

7. 分光光度分析中比较适宜的吸光度范围是(　　)。

A. 0.1 ~ 0.2　　B. 0.2 ~ 0.7　　C. 0.05 ~ 0.6　　D. 0.2 ~ 1.5

8. 在分光光度分析中,常出现工作曲线不过原点的情况。下列说法中不会引起这一现象的是(　　)。

A. 测量和参比溶液所用吸收池不对称　　B. 参比溶液选择不当

C. 显色反应的灵敏度太低　　D. 显色反应的检测下限太高

9. 吸光性物质的摩尔吸光系数与下列因素有关的是(　　)。

A. 比色皿厚度　　B. 该物质浓度　　C. 吸收池材料　　D. 入射光波长

10. 下列表述中错误的是(　　)。

A. 比色分析所用的参比溶液又称空白溶液

B. 滤光片应选用使溶液吸光度最大者较适宜

C. 吸光度具有加和性

D. 一般来说,摩尔吸光系数 ε 达到 $10^5 \sim 10^6\ L \cdot cm^{-1} \cdot mol^{-1}$,可认为该反应灵敏度高

11. 分光光度计测量有色化合物的浓度相对标准偏差最小时的吸光度为(　　)。

A. 0.368　　B. 0.334　　C. 0.443　　D. 0.434

12. 质量相同的 A、B 两物质，其摩尔质量 $M_A > M_B$。经相同方式显色测量后，所得吸光度相等，则它们摩尔吸收系数的关系是(　　)。

A. $\varepsilon_A > \varepsilon_B$　　B. $\varepsilon_A < \varepsilon_B$　　C. $\varepsilon_A = \varepsilon_B$　　D. $\varepsilon_A = \frac{1}{2}\varepsilon_B$

13. 透射比与吸光度的关系是(　　)

A. $1/T = A$　　B. $-\lg T = A$　　C. $\lg T = A$　　D. $T = -\lg A$

14. 用普通分光光度法测定标准溶液 c_1 的透光度为20%，试液的透光度为12%；若以示差分光光度法测定，以为参比，则试液的透光度为(　　)。

A. 40%　　B. 50%　　C. 60%　　D. 70%

15. 有 A、B 两份不同浓度的有色溶液，A 溶液用1.0 cm 吸收池，B 溶液用3.0 cm 吸收池，在同一波长下测得吸光度值相等，则它们的浓度关系为(　　)。

A. A 是 B 的 1/3　　B. A 等于 B

C. A 是 B 的 3 倍　　D. B 是 A 的 1/3

(二) 填空题

1. 测量某有色络合物的透光度时，若吸收池厚度不变，当有色络合物浓度为 c 时的透光度为 T，当其浓度为 $\frac{1}{3}c$ 时的透光度为__________。

2. 在紫外可见分光光度计中，色散元件一般是__________或__________；所起的作用是分解__________得到的__________。

3. 某有色络合物的浓度为 1.0×10^{-5} mol · dm^{-3}，以1.0 cm 比色皿在 λ_{max} 下的吸光度为0.280，在此波长下该物质的 ε 为__________。

4. 测定溶液吸光度或透射比所用的分光光度计一般都包括__________、__________、__________、__________和__________五大部分。

5. 影响有色络合物的摩尔吸收系数的因素是__________。

6. 偏离朗伯 - 比尔定律的主要原因有__________和__________。

7. 用分光光度法测定时，标准曲线是以__________为横坐标，以__________为纵坐标绘制的。

8. 有色溶液的光吸收曲线是以__________为横坐标，以__________为纵坐标绘制的。

(三) 判断题

1. 高锰酸钾溶液呈紫红色，是因为其吸收了可见光中的紫色光。(　　)

2. 有两种均符合朗伯 - 比尔定律的不同有色溶液，测定时若 b、I_0 及溶液浓度相等，则吸光度相等。(　　)

3. 摩尔吸光系数与溶液浓度、液层厚度无关，而与入射光波长、溶剂性质和温度有关。(　　)

4. 只要被测溶液不变，在任何分光光度计上测得的吸光度都相同。（　）

5. 在进行比测量时，一般应选择 A 在 0.2 ～0.7 范围内，所以只需调节比色皿的厚度即可。（　）

6. 如果用 1 cm 比色皿测得某溶液的 $T\% = 10$，为了减小光度误差，最方便的办法是改用 3 cm 的比色皿。（　）

7. 吸光度每增加一倍，则透光率减少一倍。（　）

8. 有色溶液的液层厚度越宽，其透光率越小。（　）

9. 吸光越大，表示该有色物质的吸收能力越强，显色反应越灵敏。（　）

10. 由于显色反应的存在，实际测量的是有色物质的吸光度。（　）

11. 在进行显色反应时，为了保证被测物质全部生成有色产物，显色剂的用量越多越好。（　）

12. 在制作标准曲线时，可能会出现标准曲线上部向下弯曲的情况，这主要是溶液浓度较大时，将偏离朗伯－比尔定律的缘故。（　）

13. 两种不同透光率的溶液混合时，混合物的透光率是两溶液透光率的平均值。（　）

14. 光度分析中参比溶液的作用是用来消除溶液中的共存组分和溶剂对光吸收所引入的误差。（　）

15. 标准曲线可以是曲线而不一定是直线。（　）

（四）计算题

1. 有一溶液，每毫升含 Fe 0.056 mg，吸取此试液 2.0 mL 于 50.0 mL 容量瓶中显色，用 1.0 cm 比色皿于波长 508 nm 处测得 $A = 0.400$，计算吸光系数 a、摩尔吸光系数 ε。

2. 50 mL 含 Cd^{2+} 5.0 μg 的溶液，用 10.0 mL 二苯硫腙氯仿溶液萃取，萃取率约为 100%，于波长 518 nm 处用 1 cm 吸收池进行测定，测得 $T = 44.5$。求摩尔吸收系数。

3. 称取钢样 0.500 g，溶解后定量移入 100.0 mL 容量瓶中定容。从中吸取 10.0 mL 试液于 50.0 mL 容量瓶中，将其中的 Mn^{2+} 氧化为 MnO_4^-，用水稀释至刻度。于 520 nm 处用 2.0 cm 比色皿测吸光度 A 为 0.50，已知 $\varepsilon = 2.3 \times 10^3\ L \cdot cm^{-1} \cdot mol^{-1}$。试计算钢样中 Mn 的质量分数。

4. 进行水中微量铁的测定时，所用的标准溶液含铁 0.087 5 $mg \cdot dm^{-3}$，测得其吸光度为 0.37，将试样稀释 5 倍后，再以同样的条件显色，测得其吸光度为 0.41。求原试样中 Fe_2O_3 的质量浓度。

5. 用磺基水杨酸分光光度法测铁，称取 0.500 0 g 铁铵矾 $[NH_4Fe(SO_4)_2 \cdot 12H_2O]$ 溶于 250 mL 水中制成铁标准溶液。吸取 5.00 mL 铁标准溶液显色定容至 50 mL，测量吸光度为 0.380。另吸取 5.00 mL 试样溶液稀释至 250 mL，从中吸取 2.00 mL 按标准溶液显色条件显色定容至 50 mL，测得 $A = 0.400$。求试样溶液中铁的质量浓度（以 $g \cdot L^{-1}$ 计）。

6. 用示差分光光度法测得某抗菌素注射液中抗菌素的浓度，以含 10.0 $mg \cdot mL^{-1}$ 的标准溶液作为参比溶液，其对蒸馏水的透光率为 $T = 20.0\%$，并以此调节透光率为 100%，此时测得注射液的透光率为 $T = 40.0\%$，计算其中抗菌素的质量浓度($mg \cdot dm^{-3}$)。

7. 钴、镍离子与2,3－双硫苯骈哌嗪形成络合物，其摩尔吸收系数如下表所示。

波长/nm	$\varepsilon(Co)$	$\varepsilon(Ni)$
510	36 400	5 520
656	1 240	17 500

现将0.376 g试样溶解后，转移至50 mL容量瓶中并稀释到刻度。从中取出25.00 mL处理，以除去杂质干扰；加入2,3－双硫苯骈哌嗪，再将其稀释到50.00 mL。用1.0 cm的吸收池，在510 nm和656 nm处测得吸光度分别为0.475及0.347。试计算试样中钴、镍的质量分数。

8. 将0.088 mgFe^{3+}用硫氰酸盐显色后，在容量瓶中用水稀释至50 mL，用1 cm比色皿，在波长480 nm处测得 $A = 0.740$，求吸光系数 a 及 ε。

9. 取钢试样1.00 g，溶解于酸中，将其中锰氧化成高锰酸盐，准确配制成250 mL，测得其吸光度为 $1.00 \times 10^{-3}\ mol \cdot dm^{-3}$ 高锰酸钾溶液的吸光度的1.5倍。试计算钢中锰的质量分数。

六、参考答案

（一）选择题

1. D　2. D　3. D　4. B　5. A　6. D　7. B　8. C　9. D　10. A　11. D　12. A　13. B　14. C　15. D

（二）填空题

1. $\sqrt[3]{T}$

2. 棱镜　光栅　光源光　单色光

3. $2.8 \times 10^4\ L \cdot cm^{-1} \cdot mol^{-1}$

4. 光源　单色器　吸收池　检测器　显示器

5. 入射光的波长

6. 非单色光引起的偏离　化学因素引起的偏离

7. 浓度　吸光度

8. 波长　吸光度

（三）判断题

1. ×　2. ×　3. ✓　4. ×　5. ×　6. ×　7. ×　8. ✓　9. ×　10. ✓　11. ×　12. ✓　13. ×　14. ✓　15. ×

（四）计算题

1. 解

$$c = \frac{0.056 \times 10^{-3} \times 2.0 \times 10^{3}}{50.0} = 2.2 \times 10^{-3}(g \cdot L)$$

$$a = \frac{A}{bc} = \frac{0.400}{1.0 \times 2.2 \times 10^{-3}} = 1.8 \times 10^{2}(L \cdot g^{-1} \cdot cm^{-1})$$

$$\varepsilon = \frac{A}{bc} = \frac{0.400}{1.0 \times \frac{2.2 \times 10^{-3}}{55.85}} = 1.0 \times 10^4 (\mathrm{L \cdot mol^{-1} \cdot cm^{-1}})$$

2. 解　显色溶液的吸光度为

$$A = 2 - \lg T = 2 - \lg 44.5 = 0.352$$

显色溶液的浓度为

$$c(\mathrm{Cd^{2+}}) = \frac{5.0 \times 10^{-6} \times 10^3}{112.4} = 4.4 \times 10^{-6} (\mathrm{mol \cdot dm^{-3}})$$

则该萃取光度法的摩尔吸收系数为

$$\varepsilon = \frac{A}{bc} = \frac{0.352}{1 \times 4.4 \times 10^{-6}} = 8.8 \times 10^4 (\mathrm{L \cdot mol^{-1} \cdot cm^{-1}})$$

3. 解　50 mL 有色溶液中 MnO_4^- 的浓度为

$$c' = \frac{A}{bC} \cdot \frac{0.500}{2.3 \times 10^3 \times 2.0} = 1.1 \times 10^{-4} (\mathrm{mol \cdot dm^{-3}})$$

100.0 mL 试液中 Mn^{2+} 的浓度为

$$c' = c \times (50.0/100.0) = 5.5 \times 10^{-4} (\mathrm{mol \cdot dm^{-3}})$$

100.0 mL 试液中 Mn 的质量为

$$m = 5.5 \times 10^{-4} \times 100.0 \times 54.94 = 3.0 \times 10^{-3}\ \mathrm{g}$$

钢样中 Mn 的质量分数为

$$w(\mathrm{Mn}) = \frac{3.0 \times 10^{-3}}{0.500} \times 100\% = 0.60\%$$

4. 解　设原试样中 Fe 的质量浓度为 ρ，则根据题意有

$$0.37 = ab \times 0.087\ 5$$

$$0.41 = ab \times \rho/5$$

可得

$$\rho = 0.485\ \mathrm{mg \cdot dm^{-3}}$$

原试样中含 Fe_2O_3 的浓度为 c'，则

$$c' = 0.485 \times M(\mathrm{Fe_2O_3})/2M(\mathrm{Fe}) = 0.693\ (\mathrm{mg \cdot dm^{-3}})$$

5. 解　铁标准溶液的浓度为

$$c(\mathrm{Fe}) = \frac{0.500\ 0 \times 1\ 000}{250} \times \frac{55.85}{482.18} = 0.231\ 7\ (\mathrm{g \cdot L^{-1}})$$

由铁标准溶液显色后，显色溶液中的铁浓度为

$$c_1(\mathrm{Fe}) = 0.231\ 7 \times (5.00/50) = 0.023\ 17\ (\mathrm{g \cdot L^{-1}})$$

由试样溶液显色后显色溶液中铁的浓度为

$$c'_{试} = \frac{A_{试}}{A_{标}} c_{标} = \frac{0.400}{0.380} \times 0.023\ 17 = 0.024\ 39\ (g \cdot L^{-1})$$

则试样溶液中铁的质量浓度为

$$c = \frac{\rho'_{试} \times 50 \times 250}{2.00 \times 5.00} = 30.5\ (\mathrm{g \cdot L^{-1}})$$

6. 解

$$A_X - A_S = \varepsilon b (c_X - c_S)$$

故
$$c_X = c_S + c_S\Delta A/A_S$$
$$A_S = -\lg T_S = -\lg 0.20 = 0.699$$
$$\Delta A = -\lg T_S = -\lg 0.40 = 0.398$$
所以
$$c_X = 10.0 + 10.0 \times 0.398/0.699 = 15.7\ (\text{mg} \cdot \text{mL}^{-1})$$

7. 解　由公式
$$A_1 = \varepsilon_{X1} bc(\text{Co}) + \varepsilon_{Y1} bc(\text{Ni})$$
$$A_2 = \varepsilon_{X2} bc(\text{Co}) + \varepsilon_{Y2} bc(\text{Ni})$$
可得

在 510 nm 处
$$0.467 = 36\,400c(\text{Co})/(\text{mol} \cdot \text{dm}^{-3}) \times 1 + 5\,520c(\text{Ni})/(\text{mol} \cdot \text{dm}^{-3}) \times 1$$
在 656 nm 处
$$0.347 = 1\,240c(\text{Co})/(\text{mol} \cdot \text{dm}^{-3}) \times 1 + 17\,500c(\text{Ni})/(\text{mol} \cdot \text{dm}^{-3}) \times 1$$
解联立方程可得
$$c(\text{Co}) = 9.93 \times 10^{-6}\ \text{mol} \cdot \text{dm}^{-3}$$
$$c(\text{Ni}) = 1.91 \times 10^{-5}\ \text{mol} \cdot \text{dm}^{-3}$$
$$w(\text{Co}) = \frac{c(\text{Co}) \times \frac{50}{1\,000} \times \frac{50}{25} \times M(\text{Co})}{m_{样}} \times 100\% = 0.015\,9\%$$
$$w(\text{Ni}) = \frac{c(\text{Ni}) \times \frac{50}{1\,000} \times \frac{50}{25} \times M(\text{Ni})}{m_{样}} \times 100\% = 0.030\,5\%$$

8. 解　由公式 $A = \varepsilon bc$ 得到
$$0.740 = \varepsilon \times 1 \times \frac{0.088 \times 10^{-3}}{56 \times 50 \times 10^{-3}}$$
$$\varepsilon = 2.35 \times 10^{-4}\ \text{dm}^3 \cdot \text{mol}^{-1} \cdot \text{cm}^{-1}$$
由公式 $A = abc$ 得到
$$0.740 = a \times 1 \times \frac{0.088 \times 10^{-3}}{50 \times 10^{-3}}$$
$$a = 4.2 \times 10^{-2}\ \text{dm}^3 \cdot \text{g}^{-1} \cdot \text{cm}^{-1}$$

9. 解　由公式
$$A_1 = \varepsilon bc_1$$
$$A_2 = \varepsilon bc_2$$
$$\frac{A_1}{A_2} = \frac{c_1}{c_2}$$
解得
$$c_1 = 1.5 \times 10^{-3}\ \text{dm}^3 \cdot \text{mol}^{-1} \cdot \text{cm}^{-1}$$
设锰的质量分数为 x,则
$$\frac{1 \times x}{55 \times 250 \times 10^{-3}} = 1.5 \times 10^{-3}$$
解得
$$x = 2.06\%$$

（五）课后习题答案

1. C　2. B

3. 光的吸收程度只与溶液的浓度和厚度有关；A = bc；吸光度、吸光系数、厚度、浓度；吸光系数；摩尔吸光系数；$L \cdot g^{-1} \cdot cm^{-1}$；$L \cdot mol^{-1} \cdot cm^{-1}$

4. 光度、单色器、吸收池、检测系统；棱镜；光电器

5. 0.2 – 0.8，0.5

6. 略

7. 略

8. 略

9. 解　$A = abc, A = \varepsilon bc$

计算得 $a = 4.12 \times 10^2\ L \cdot g^{-1} \cdot cm^{-1}$，$\varepsilon = 2.35 \times 10^4\ L \cdot g^{-1} \cdot cm^{-1}$

10. 解　$A = abc$，$c = 0.092\ mol \cdot L^{-1}$

解得锰的质量分数为2.06%

11. 解　$277\ g^{-1} \cdot cm^{-1}$

12. 解　K 在 3000 cm^{-1} 左右为 $COOH^-$ 振动吸收峰

L 为甲基振动吸收峰；m，n 为亚甲基振动吸收峰

13. 解　1 860 ~ 1 600 cm^{-1} 处为—C═O 的振动吸收峰，3 000 cm^{-1} 左右为 C—O 振动吸收峰，2 920 cm^{-1} 为 $—CH_3$ 振动吸收峰，1 605 cm^{-1}，1 511 cm^{-1} 为苯环上 C═C 的振动吸收峰。

第 16 章　电位分析和电导分析

一、中学链接

电位分析和电导分析是利用物质的电参数与待测物热力学参数之间的确定关系，通过对电参数的测量而得到物质的质量分数信息的电化学分析法。该分析方法具有仪器设备简单，操作方便，分析快速，测量范围广，不破坏试液，易于实现自动化的特点，因此应用范围广。

二、教学基本要求

熟悉电位分析和电导分析的基本方法；掌握离子选择电极的构造、作用原理、类型和特性选择参数，掌握电位分析法的基本原理、实际应用。

三、内容精要

1. 电位分析法基本原理

电位分析法是利用电极电位和浓度之间的关系来确定物质含量的分析方法，表示电极电位的基本公式是 Nernst 方程式。

电位分析法可分为直接电位法和电位滴定法。直接电位法或称离子选择性电极法，利用膜电极把被测离子的活度表现为电极电位（或电极电势）；在一定离子强度时，活度又可转换为浓度，而实现分析测定。电位滴定法是利用原电池电动势（或电极电位）的突变来指示滴定终点的滴定分析方法。

2. 电极分类

(1) 第一类电极

第一类电极又称为金属电极，这是一种金属和它自己的离子相平衡的电极。

第一类电极的反应为

$$M^{2+} + ne^- \rightleftharpoons M$$

电极电势由 Nernst 方程可得

$$\varphi = \varphi^\ominus + \frac{RT}{nF}\ln a(M^{n+})$$

(2) 第二类电极

第二类电极又称为金属／金属难溶盐电极或阴离子电极，由金属与金属难溶盐浸入该难溶盐的阴离子溶液中构成。

(3) 第三类电极

第三类电极是金属与具有同阴离子的两种难溶盐（或络合物）的溶液相平衡构成的电极。

(4) 零类电极

零类电极又称为惰性金属电极或氧化还原电极。这类电极中，电极本身并不参与电极反应，它只提供电子转移的场所，起导电作用。该类电极的电极电势反映了相应氧化还原体系中氧化态物质活度与还原态物质活度的比值。

(5) 膜电极

此类电极是一类电化学传感器，由固体膜和液体膜为传感器，包括测量溶液 pH 值的玻璃膜电极以及近年来发展起来的离子选择性电极。其电极电位或膜电位与溶液中特定离子活（浓）度的对数呈线性关系，故可由膜电位的测定求出溶液中特定离子的活（浓）度。离子选择电极的电极电位的一般公式为(298 K)

$$\varphi = K \pm \frac{0.059\ 2}{n}\lg a(\mathrm{A}) = K' \pm \frac{0.059\ 2}{n}\lg c(\mathrm{A})$$

① 离子选择性电极的结构和分类：离子选择性电极是一类具有薄膜的电极，基于薄膜的特性，电极的电极电势对溶液中某特定的离子有选择性响应，因而可用来测定该离子。

② 玻璃电极：玻璃电极是离子选择性电极的一种，属于非晶体固定基体电极。其中 pH 玻璃电极是离子选择性电极中最重要的电极。

③ 离子选择性电极的响应机理：玻璃膜两侧电势的产生不是由于电子得失和转移，而是由于离子(H^+) 在溶液和溶胀层界面间进行交换和扩散的结果。

由热力学可以证明，相界电势与 H^+ 活度之间符合下列关系(298 K时)

$$\varphi(外) = K_1 + 0.059\ 2\ \lg\frac{a(\mathrm{H}^+,外)}{a'(\mathrm{H}^+,外)}$$

$$\varphi(内) = K_2 + 0.059\ 2\ \lg\frac{a(\mathrm{H}^+,内)}{a'(\mathrm{H}^+,内)}$$

式中，K_1、K_2 为常数，分别与玻璃外膜和内膜表面性质有关。

④ 直接电位法测定溶液 pH 值：测标准缓冲溶液时

$$E_\mathrm{S} = K' + 0.059\ 2\ \mathrm{pH_S}$$

测待测试液时

$$E_\mathrm{X} = K' + 0.059\ 2\ \mathrm{pH_X}$$

两式相减得

$$\mathrm{pH_X} = \mathrm{pH_S} + \frac{E_\mathrm{X} - E_\mathrm{S}}{0.059\ 2}$$

3. 电位滴定法

(1) 电位滴定法是根据指示电极在滴定过程中电位的变化，即发生相对的电位突跃来判断滴定终点的方法。

① 电位滴定法终点的确定方法：$E-V$ 曲线法以电位(E) 为纵坐标，以滴定液体积(V) 为横坐标，绘制 $E-V$ 曲线。在S形滴定曲线上，作两条与滴定曲线相切的平行直线，两平行线的等分线与曲线的交点为曲线的拐点，即为滴定终点。

$\Delta E/\Delta V-V$ 曲线法以 $\Delta E/\Delta V$(即相邻两次的电位差和加入滴定液的体积差之比，它是 $\frac{dE}{dV}$ 的估计值) 为纵坐标，以滴定液体积(V) 为横坐标，绘制 $\Delta E/\Delta V-V$ 曲线。曲线的最高点($\Delta E/\Delta V$ 的极大值) 对应的体积即为滴定终点。

二次微商法根据求得的 $\Delta E/\Delta V$ 值，计算相邻数值间的差值，即为 $\Delta^2E/\Delta V^2$。绘制 $\Delta^2E/\Delta V^2-V$ 曲线，曲线过零时的体积即为滴定终点。

② 电位滴定法的应用和指示电极的选择：

(Ⅰ) 酸碱滴定法：通常以pH玻璃电极为指示电极，用pH计指示滴定过程的pH值变化。

(Ⅱ) 氧化还原法：一般可用惰性金属电极(Pt, Au, Hg)，最常用的是Pt电极作为指示电极，它本身不参与反应，只是作为物质氧化态与还原态交换电子的场所，通常它显示溶液中氧化还原体系的平衡电位。氧化还原反应都能用电位法确定终点。

(Ⅲ) 沉淀滴定法：在沉淀滴定中，可选用金属电极、离子选择性电极和惰性电极等作为指示电极，使用最广泛的是银电极。当溶液中含有三种混合离子时，由于其溶度积差较大，可利用分步沉淀的原理达到分别测定的目的。

(Ⅳ) 络合滴定法：在络合滴定法中，以汞电极(第三类电极) 为指示电极，可用EDTA滴定 Cu^{2+}、Zn^{2+}、Ca^{2+}、Mg^{2+}、Al^{3+} 等多种离子。也可以用离子选择性电极为指示电极。

4. 电导分析

(1) 电导分析法基本原理

电导分析法是在外加电场的作用下，电解质溶液中的阴、阳离子以相反的方向定向移动产生电现象，以测定溶液导电值为基础的定量分析方法。

电导分析法可以分为直接电导法和电导滴定法。进行电导分析时，直接根据溶液电导大小确定待测物质的含量，称为直接电导法，简称为电导法。而根据滴定过程中滴定液电导值的突变来确定滴定终点，然后根据到达滴定终点时所消耗滴定剂的体积和浓度，求算出待测物质的含量，则称为电导滴定法。

① 电导和比电导：电导 G 是电阻的倒数。其单位为S。于是有

$$G=\frac{A}{\rho L}=\kappa\frac{A}{L}=\frac{\kappa}{K_{\mathrm{cell}}}$$

式中，κ 为 $\frac{1}{\rho}$，是常数，称为比电导或电导率，其值为长1 cm，截面积为1 cm^2 的导体的电导值，对溶液来说，它是两电极面积分别为1 cm^2，电极间距离为1 cm时溶液的电导值，其单位为 $S\cdot cm^{-1}$。

② 摩尔电导和无限稀释摩尔电导：摩尔电导也称摩尔电导率，是指相距单位长度(1 cm)、单位面积(1 cm^2) 的两个平行电极间，放置含1 mol电解质的溶液，所具有的电导，以 Λ_m 为其表示符号，如电解质B的摩尔电导，则以 $\Lambda_{m,B}$ 表示

$$\Lambda_{m,B} = \kappa V_B$$

当电解质溶液的浓度极稀($c_B \to 0$),即溶液无限稀释时($V_B \to \infty$),离子间的相互作用可以忽略不计,此时电解质的摩尔电导称为无限稀释摩尔电导或极限摩尔电导,以 Λ_m^∞ 为表示符号。$\lambda_{m,+}^\infty$ 和 $\lambda_{m,-}^\infty$ 分别表示电解质 B 的阴、阳离子的无限摩尔电导,则

$$\Lambda_{m,B}^\infty = \lambda_{m,+}^\infty + \lambda_{m,-}^\infty$$

(2) 测量溶液电导的方法和仪器

① 电导池:在分析化学中,均采用浸入式的、固定双铂片的电导电极测定溶液的电导。电导电极一般由铂片构成,可分为铂黑和光亮两种。在测定电导较大的溶液时,要用铂黑电极;在测定电导较小的溶液,如测蒸馏水的纯度时,应选用光亮电极。为了测定电导率,必须知道电导池 K_{cell} 常数。由下式和电导是电阻的倒数可知

$$\kappa = \frac{K_{cell}}{R}$$

② 测量电源:不使用直流电,因为直流电通过电解质溶液时,会发生电解作用,而使溶液组分的浓度产生变化,电阻亦随之而变,同时由于两极上的电极反应,产生反电动势,影响测定。一般使用频率为 50 Hz 的交流电源。测量低电阻的试液时,为了防止极化现象,则宜采用频率为 1 000 ~ 2 500 Hz 的高频电源。

③ 测量电路:实验室常用电导仪的测量电路大致可分为两类。一是桥式补偿电路,另一类是直读式电路,其中桥式补偿电路是用于电导测量的典型设备。

④ 温度的影响:电导法测定溶液的电导值受温度的影响比较大。离子电导随温度变化,对大多数离子而言温度每增加 1 K,电导约增加 2%,但是对各种离子电导的温度系数是不同的。

(3) 直接电导法

直接电导法是利用溶液电导率与溶液中离子浓度成正比的关系进行定量分析的,即

$$G = K \cdot c$$

① 定量方法:标准曲线法、直接比较法或标准加入法。

(Ⅰ)标准曲线法:是先测量一系列已知浓度的标准溶液的电导,以电导为纵坐标、浓度为横坐标作图得一条通过原点的直线,然后在相同条件下测量未知液的电导 G_X。从标准曲线上就可查得未知液中待测物的浓度。

(Ⅱ)直接比较法:是在相同的条件下同时测量未知液和一个标准溶液的电导 G_X 和 G_S 根据下式可得

$$G_X = Kc_X; \quad G_S = Kc_S$$

所以有

$$c_X = c_S \cdot \frac{G_X}{G_S}$$

(Ⅲ)标准加入法:先测量未知液的电导 G_X,再向未知液中加入已知量的标准溶液(约为未知液体积的 1/100),然后再测量溶液的电导 G。根据上式有

$$G_X = Kc_X; \quad G = K \cdot \frac{V_0 c_X + V_S c_S}{V_0 + V_S}$$

② 直接电导法的应用:

（Ⅰ）水质的检验。纯水中的主要杂质是一些可溶性的无机盐类，它们在水中以离子状态存在，所以通过测定水的电导率，可以鉴定水的纯度。

（Ⅱ）钢铁中总碳量的测定。

（Ⅲ）大气中有害气体的测定。

（Ⅳ）某些物理化学常数的测定。直接电导法不仅可用于定量分析，还可以测量许多常数，如介电常数、弱电解质的离解常数、反应速率常数等。

(4) 电导滴定法

以溶液的电导率对滴定剂体积作图，由于滴定终点前后电导率变化规律不同（例如终点前取决于剩余被测物，终点后取决于过量滴定剂），得到两条斜率不同的直线，延长使之相交，其交点所对应滴定剂体积即为滴定终点。该滴定称为电导滴定法。

四、典型例题

例 16.1 在 25℃ 时测定 F^- 离子浓度，在 100.0 mL F^- 溶液中加入1.0 mL 的 0.1 $mol\cdot dm^{-3}$ 的 NaF 溶液后，F^- 选择性电极的电位减少了 6 mV，求原溶液中 F^- 的浓度。

解 F^- 离子选择性电极在原试液中的电位为

$$\varphi_X = K - 0.059\,2\lg c_X$$

当加入 NaF 溶液后，电极的电位为

$$\varphi_{X+S} = K - 0.059\,2\lg[(c_XV_X + c_SV_S)/(V_X + V_S)]$$

两式相减得

$$\Delta\varphi = \varphi_X - \varphi_{X+S} = 0.059\,2\lg[(c_XV_X + c_SV_S)/(c_S(V_S + V_S))]$$

因为 $V_X \gg V_S$，所以 $V_X + V_S = V_X$，解上式得

$$c_X = 3.85\times10^{-3}\ mol\cdot dm^{-3}$$

例 16.2 已知：$AsO_4^{3-} + 2H^+ + 2e \rlap{=}{=}\!= AsO_3^{3-} + H_2O \quad \varphi^{\ominus} = 0.58\ V$

$$I_2 + 2e = 2I^- \quad \varphi^{\ominus} = 0.54\ V$$

AsO_4^{3-}、AsO_3^{3-} 的离子浓度都为 1 $mol\cdot dm^{-3}$ 时，对下列反应

$$AsO_4^{3-} + 2I^- + 2H^+ = AsO_3^{3-} + H_2O + I_2$$

求：(1) 该反应在 25℃ 时的标准平衡常数；

(2) 反应能正向进行的最大的 pH 值；

(3) pH = 5 时该反应的电池电动势和 Δ_rG_m 值，并指出反应朝哪个方向进行？

解 反应式为

$$AsO_4^{3-} + 2I^- + 2H^+ = AsO_3^{3-} + H_2O + I_2$$

(1) 根据公式 $\lg K^{\ominus} = n\varepsilon^{\ominus}/0.059\,2 = 2\times(0.58 - 0.54)/0.059\,2 = 1.351\,4$

解得 $$K^{\ominus} = 22.46$$

(2) 当 $\varepsilon \geqslant 0$ 时正向自发，则

$$\varepsilon = \varepsilon^{\ominus} + 0.059\,2/2\lg\{[c(AsO_4^{3-})/c^{\ominus}][c(I^-)/c^{\ominus}]^2[c(H^+)/c^{\ominus}]^2/[c(AsO_3^{3-})/c^{\ominus}]\}$$

$$0=(0.58-0.54)+0.059\,2\lg[c(H^+)/c^{\ominus}]$$

$$\lg[c(H^+)/c^{\ominus}]=-0.675\,7$$

$$pH=0.68$$

(3) $pH=5$, $c(H^+)=10^{-5}\ mol\cdot dm^{-3}$

其他各组分为标准浓度时

$$\varepsilon=\varepsilon^{\ominus}+0.059\,2/2\lg(10^{-5})^2=0.04-0.296=-0.256$$

$$\Delta_r G_m=-nF\varepsilon=-2\times 96\,500\times(-0.256)=49.4\ (kJ\cdot mol^{-1})$$

$\varepsilon<0$, $\Delta_r G_m>0$，反应逆向进行。

例 16.3 以银电极为指示电极，与饱和甘汞电极组成测量电池，用 0.100 $mol\cdot dm^{-3}$ $AgNO_3$ 溶液滴定 100 cm^3 0.020 0 $mol\cdot dm^{-3}$ 的 NaI 溶液。试计算：

(1) 化学计量点时银电极的电极电势；

(2) 化学计量点后 1.00 mV 时的电池电动势。

解 (1) 化学计量点时

$$c(Ag^+)=c(I^-)=[K_{sp}(AgI)]^{1/2}=(8.3\times 10^{-17})^{1/2}=9.1\times 10^{-9}(mol\cdot dm^{-3})$$

银电极的电极电势为

$$\varphi(Ag^+/Ag)=\varphi^{\ominus}(Ag^+/Ag)+0.059\,2\lg c(Ag^+)=0.799+0.059\,2\lg(9.1\times 10^{-9})=0.325\ V$$

(2) 化学计量点后，过量 Ag^+ 的浓度为

$$c(Ag^+,\text{过量})=1.00\times 0.100/(100+20.00+1.00)=8.26\times 10^{-4}(mol\cdot dm^{-3})$$

溶液中 Ag^+ 的总浓度为 $c(Ag^+,\text{总})=c(Ag^+,\text{过量})+c(I^-)$

由于 $c(I^-)\ll c(Ag^+,\text{过量})$

所以 $c(Ag^+,\text{总})=c(Ag^+,\text{过量})=8.26\times 10^{-4}(mol\cdot dm^{-3})$

此时 $\varphi(Ag^+/Ag)=\varphi^{\ominus}(Ag^+/Ag)+0.059\,2\lg c(Ag^+,\text{总})=0.799+0.059\,2\lg(8.26\times 10^{-4})=0.617\ V$

电池电动势为 $E=\varphi(Ag^+/Ag)-\varphi(SCE)=0.617-0.245=0.372\ V$

例 16.4 用某一电导电极插入 0.010 0 $mol\cdot dm^{-3}$ 的 KCl 溶液中。在 298 K 时，用电桥法测得其电阻为 122.3 Ω。用该电导电极插入同浓度的溶液 X 中，测得电阻为 2 184 Ω，试计算：

(1) 电导池常数；

(2) 溶液 X 的电导率；

(3) 溶液 X 的摩尔电导率。

解 (1) 电导池常数为

$$\kappa=0.001\,413\ S\cdot cm^{-1}$$

$$\kappa=K_{cell}/R;\quad K_{cell}=\kappa\times R=0.001\,413\times 122.3=0.172\,8\ cm^{-1}$$

(2) 溶液 X 的电导率为

$$\kappa=K_{cell}/R=0.172\,8/2\,184=7.912\,5\times 10^{-5}(S\cdot cm^{-1})$$

(3) 溶液 X 的摩尔电导率 = 1 000 κ/c_B =

$7.912\,5 \times 10^{-5} \times 1\,000/0.01 = 7.912\,5\ (S \cdot cm^{-1} \cdot mol^{-1})$

例 16.5 如果以银电极为指示电极，双液接饱和甘汞电极为参比电极，用 0.100 0 mol·L^{-1} $AgNO_3$ 标准溶液滴定含 Cl 试液，得到的原始数据如下(电位突越时的部分数据)。用二级微商法求出滴定终点时消耗的 $AgNO_3$ 标准溶液体积？

滴加体积/mL	24.00	24.20	24.30	24.40	24.50	24.60	24.70
电位 E/V	0.183	0.194	0.233	0.316	0.340	0.351	0.358

解 将原始数据按二级微商法处理

一级微商和二级微商由后项减前项比体积差得到

$$\frac{\Delta E}{\Delta V} = \frac{0.316 - 0.233}{24.40 - 24.30} = 0.83$$

$$\frac{\Delta^2 E}{\Delta V^2} = \frac{0.24 - 0.88}{24.45 - 24.35} = -5.9$$

二级微商等于零所对应的体积值应在 24.30 ~ 24.40 mL 之间，由内插法计算出

$$V_{终点} = 24.3 + (24.40 - 24.30) \times \frac{4.4}{4.4 + 5.9} = 24.34\ mL$$

例 16.6 用 0.200 0 mol·L^{-1}NaOH 标准溶液滴定 20.00 mL 等浓度的一元弱酸 HA(已知 $pK_a^\ominus = 5.0$)，计算：(1) 化学计量点前 0.1% 处溶液的 pH 值；(2) 化学计量点时溶液的 pH 值。

解 (1) 化学计量点前 0.1% 处，溶液为 A^- 与 HA 的缓冲溶液

$$c(HA) = \frac{剩余\ HA\ 量}{V_{总}} = \frac{0.200\,0 \times 0.02}{19.98 + 20.00} = 1.0 \times 10^{-4}\ mol \cdot L^{-1}$$

$$c(NaA) = \frac{生成\ NaA\ 量}{V_{总}} = \frac{0.200\,0 \times 19.98}{19.98 + 20.00} = 0.10\ mol \cdot L^{-1}$$

所以

$$c[H^+] = K_a^\ominus \frac{c(HA)}{c(NaA)} = 10^{-5.0} \times \frac{1.0 \times 10^{-4}}{0.1} = 10^{-8.0}\ mol \cdot L^{-1}$$

所以 pH = 8.0。

(2) 化学计量点时，生成一元弱碱 NaA

$$c_b = 0.10\ mol \cdot L^{-1}$$

$$pK_b^\ominus = 14 - pK_a^\ominus = 14 - 5.0 = 9.0$$

$$c[OH^-] = \sqrt{c_b K_b^\ominus} = \sqrt{0.1 \times 10^{-9}} = 1.0 \times 10^{-5}\ mol \cdot L^{-1}$$

所以 p(OH) = 5.0，pH = 9.0。

例 16.7 一种混合溶液中含有 1.0×10^{-3} mol·$L^{-1}$$M^{2+}$ 和 4.0×10^{-5} mol·$L^{-1}$$N^{3+}$ 离子，若向其中滴加浓 NaOH 溶液(忽略体积变化)，M^{2+} 和 N^{3+} 离子均有可能形成氢氧化物沉淀，通过计算说明：(1) 哪种离子先被沉淀？(2) 若要分离这两种离子，溶液 pH 值应控制在什么范围(已知 $K^\ominus sp, M(OH)_2 = 1.0 \times 10^{-23}$，$K^\ominus sp, N(OH)_3 = 4.0 \times 10^{-29}$)？

解　(1)M^{2+} 离子开始沉淀时所需 OH^- 浓度为

$$c[OH^-]=\sqrt{\frac{K^{\ominus}_{sp,M(OH)_2}}{[M^{2+}]}}=\sqrt{\frac{1.0\times10^{-23}}{1.0\times10^{-3}}}=\sqrt{1.0\times10^{-20}}=1.0\times10^{-10}\ mol\cdot L^{-1}$$

N^{3+} 离子开始沉淀时所需 OH^- 浓度为

$$c[OH^-]=\sqrt[3]{\frac{K^{\ominus}_{sp,N(OH)_3}}{[N^{3+}]}}=\sqrt[3]{\frac{4.0\times10^{-29}}{4.0\times10^{-5}}}=\sqrt[3]{1.0\times10^{-24}}=1.0\times10^{-8}\ mol\cdot L^{-1}$$

所以 M^{2+} 离子先被沉淀。

(2)M^{2+} 离子沉淀完全时所需 OH^- 浓度为

$$c[OH^-]=\sqrt{\frac{K^{\ominus}_{sp,M(OH)_2}}{1.0\times10^{-5}}}=\sqrt{\frac{1.0\times10^{-23}}{1.0\times10^{-5}}}=\sqrt{1.0\times10^{-18}}=1.0\times10^{-9}\ mol\cdot L^{-1}$$

$$p(OH)=9.0\quad pH=14-9.0=5.0$$

又 N^{3+} 离子开始沉淀时

$$pH=14-8.0=6.0$$

所以溶液的 pH 值应控制在 5.0 ~ 6.0。

例 16.8　在 pH = 10 的氨缓冲溶液中,用 0.01 $mol\cdot L^{-1}$EDTA 滴定 20.00 mL 0.01 $mol\cdot L^{-1}Ni^{2+}$,计算(1)$\lg K^{\ominus\prime}_{NiY}$ 值;(2) 化学计量点时的 p(Ni′)。

(已知 pH = 10 时,$\lg\alpha_{Y(H)}=0.45$,$\lg\alpha_{Ni(OH)}=0.7$,$\lg\alpha_{Ni(NH_3)}=4.34$,$\lg K^{\ominus}_{NiY}=18.60$)。

解　(1)$\alpha_{Ni}=\alpha_{Ni(OH)}+\alpha_{Ni(NH_3)}-1=10^{0.7}+10^{4.34}-1=$

$$5.01+21\,877.62-1=21\,881.63$$

$$\lg\alpha_{Ni}=4.34$$

$$\lg K^{\ominus\prime}_{NiY}=\lg K^{\ominus}_{NiY}-\lg\alpha_{Y(H)}-\lg\alpha_{Ni}=18.60-0.45-4.34=13.81$$

(2) 化学计量点时,设[Ni′] = [Y′] = x

$$K^{\ominus\prime}_{NiY}=\frac{[NiY]}{[Ni'][Y']}=\frac{0.005}{x^2}$$

所以

$$x=\sqrt{\frac{0.005}{10^{13.81}}}=\sqrt{7.744\times10^{-17}}=8.8\times10^{-9}$$

$$p(Ni')=8.06$$

例 16.9　将 NO 和 O_2 注入一温度保持在 673 K 的固定容器中,在反应发生以前,它们的分压分别为 p(NO) = 101 kPa,$p(O_2)$ = 286 kPa,当反应 $2NO(g)+O_2(g)\rightleftharpoons 2NO_2(g)$ 达到平衡时,$p(NO_2)$ = 79.2 kPa。计算(1) 该反应的平衡常数 $K^{\ominus}$;(2) 该反应的 $\Delta_rG_m^{\ominus}$。

解　(1)

	$2NO(g)$	+	$O_2(g)$	$\rightleftharpoons$	$2NO_2(g)$
初始分压/kPa	101		286		0
平衡分压/kPa	101 − 79.2		286 − 79.2/2		79.2

$$K^{\ominus}=(79.2/100)^2/\{[(101-79.2)/100]^2\times[(286-79.2/2)/100]\}=5.36$$

(2) $\Delta_r G_m^{\ominus} = -RT\ln K^{\ominus} = -8.314 \times 10^{-3} \times 673 \times \ln 5.36 = -9.39\ \text{kJ} \cdot \text{mol}^{-1}$

五、训 练 题

(一) 选择题

1. 在电位分析法中,作为参比电极,其要求之一是电极(　　)。

A. 电位应等于零　　B. 电位与温度无关

C. 电位在一定条件下为定值　　D. 电位随试液中被测离子活度变化而变化

2. 普通玻璃电极不宜测定 pH > 9 的溶液的 pH 值,主要原因是(　　)。

A. 钠离子在电极上有响应　　B. 氢氧根在电极上有响应

C. 玻璃被碱腐蚀　　D. 玻璃电极内阻太大

3. 玻璃膜电极使用的内参比电极一般是(　　)。

A. 甘汞电极　　B. 标准氢电极

C. Ag - AgCl 电极　　D. 氟电极

4. 晶体膜离子选择性电极的灵敏度取决于(　　)。

A. 响应离子在溶液中的迁移速度　　B. 膜物质在水中的溶解度

C. 响应离子的活度系数　　D. 晶体膜的厚度

5. 对于离子选择性电极,选择性系数(　　)。

A. 越大,其选择性越好　　B. 恒等于1.0

C. 越小,其选择性越好　　D. 恒等于0.5

6. 在电位分析法中,以 $E - V$ 作图绘制滴定曲线,滴定终点为(　　)。

A. 曲线的最大斜率点　　B. 曲线的最小斜率点

C. E 为最大正值的点　　D. E 为最大负值的点

7. A、B、C、D 四种金属,将 A、B 用导线连接,浸在稀硫酸中,在 A 表面上有氢气放出,B 逐渐溶解;将含有 A、C 两种金属的阳离子溶液进行电解时,阴极上先析出 C;把 D 置于 B 的盐溶液中有 B 析出。这四种金属还原性由强到弱的顺序是(　　)。

A. A,B,C,D　　B. D,B,A,C

C. C,D,A,B　　D. B,C,D,A

8. 正极为饱和甘汞电极,负极为玻璃电极,分别插入以下各种溶液,组成四种电池,使电池电动势最大的溶液是(　　)。

A. $0.10\ \text{mol} \cdot \text{dm}^{-3}$ 的 HAc　　B. $0.10\ \text{mol} \cdot \text{dm}^{-3}$ 的 HCOOH

C. $0.10\ \text{mol} \cdot \text{dm}^{-3}$ 的 NaAc　　D. $0.10\ \text{mol} \cdot \text{dm}^{-3}$ 的 HCl

9. 有一个原电池由两个氢电极组成,其中有一个是标准氢电极,为了得到最大的电动势,另一个电极浸入的酸性溶液为(　　)。

A. $0.10\ \text{mol} \cdot \text{dm}^{-3}$ HCl　　B. $0.10\ \text{mol} \cdot \text{dm}^{-3}$ H_3PO_4

C. $0.10\ \text{mol} \cdot \text{dm}^{-3}$ HAc　　D. $0.10\ \text{mol} \cdot \text{dm}^{-3}$ HAc + $0.10\ \text{mol} \cdot \text{dm}^{-3}$ NaAc

10. 已知 $\varphi^{\ominus}(F_2/F^-) = 2.87\ \text{V}$, $\varphi^{\ominus}(Cl_2/Cl^-) = 1.36\ \text{V}$, $\varphi^{\ominus}(Br_2/Br^-) = 1.09\ \text{V}$, $\varphi^{\ominus}(I_2/I^-) = 0.54\ \text{V}$, $\varphi^{\ominus}(Fe^{3+}/Fe^{2+}) = 0.77\ \text{V}$,根据电极电势数据判断,下列说法中正确

的是(　　)。

A. 在卤离子中只有 I^- 能被 Fe^{3+} 氧化

B. 在卤离子中只有 Br^- 和 I^- 能被 Fe^{3+} 氧化

C. 在卤离子中除 F^- 之外都能被 Fe^{3+} 氧化

D. 在卤素单质中除 I_2 之外都能被 Fe^{2+} 还原

(二) 填空题

1. 锌电极[$\varphi^{\ominus}(Zn^{2+}/Zn)=-0.763$ V]与饱和甘汞电极($\varphi=-0.2415$ V)组成的原电池符号为________；正极反应为________；负极反应为________；电池反应为________；平衡常数为________。

2. 已知 298 K 时　$MnO_4^- + 8H^+ + 5e \rightleftharpoons Mn^{2+} + 4H_2O, \varphi^{\ominus} = 1.49$ V

$SO_4^{2-} + 4H^+ + 2e \rightleftharpoons H_2SO_3 + H_2O, \varphi^{\ominus} = 0.20$ V

在酸性溶液中把 H_2SO_3 氧化成 SO_4^{2-}，配平的离子方程式为________；标准态时的电池符号为________；$E^{\ominus}$ = ________；K = ________；当电池中 H^+ 浓度都从 1 $mol \cdot dm^{-3}$ 增加到 2 $mol \cdot dm^{-3}$，电池电动势________。

3. 在 $Fe^{3+} + 2e \rightleftharpoons Fe^{2+}$ 电极反应中，加入 Fe^{3+} 的络合剂 F^-，则使电极电势的数值________；在 $Cu^{2+} + e \rightleftharpoons Cu^+$ 电极反应中，加入 Cu^+ 的络合剂 I^-，则使电极电势的数值________。

4. 已知电对 $Pb^{2+} + 2e \rightleftharpoons Pb$ 的 $\varphi^{\ominus} = -0.13$ V，$PbSO_4$ 的 $K_{sp} = 1.3 \times 10^{-8}$，则 $PbSO_4 + 2e \rightleftharpoons Pb + SO_4^{2-}$ 的 $\varphi^{\ominus}$ = ________。

5. 欲把 Fe^{2+} 氧化为 Fe^{3+}，而又不引入其他金属元素，可以采用的切实可行的氧化剂包括________、________、________。

6. 在确定的温度下，电极电势的大小不仅与________有关，而且还和各物质的________有关，Nernst 方程是浓度变化时对各电对所产生影响的具体表示式，若氧化型浓度减小，使________，若还原型浓度减小，使________。酸度的变化，不仅影响________，有时还可影响________。

7. 一个电极反应的大小，首先是由________，其次________也有显著影响，它包括(1)________，(2)________，(3)________，(4)________。

8. 碱性介质中，碘元素的标准电极电势图为：IO_3^- $\underline{0.14\ V}$ IO^- $\underline{0.45\ V}$ I_2 $\underline{0.54\ V}$ I^- 能发生歧化反应物质是________，歧化反应的最终产物是________。

(三) 判断题

1. 电极电位高的电对可以氧化电极电位低的电对。(　　)

2. 反应 $2Fe^{3+}2I^- \rightleftharpoons 2Fe^{2+} + I_2$ 和反应 $Fe^{3+} + I^- \rightleftharpoons Fe^{2+} + \frac{1}{2}I_2$ 的平衡常数不同，因此，由上述两种反应组装成的原电池的标准电动势也是不同的。(　　)

3. 在一定温度下，参与反应的各物质浓度都一定时，电极电位越高者，其电对的氧化

能力越强。(　　)

4. 改变反应条件使电对的电极电势增大，就可使氧化还原反应按正方向进行。(　　)

5. 某电对的电极电势较另一电对的电极电势高，则其氧化态可以氧化另一电对的还原态。(　　)

6. 若氧化还原反应两电对的电子转移数相等，反应达到平衡时，消耗氧化剂氧化态物质的量与生成的还原剂氧化态物质的量相等。(　　)

7. 氧化还原电对中，当还原型物质生成沉淀时其还原能力将减弱。(　　)

8. 同类型的金属难溶物质的 K_{sp} 越小，相应金属的电极电位就越低。(　　)

9. 配制 $FeSO_4$ 溶液时，加入铁钉可以防止 Fe^{2+} 变成 Fe^{3+}。(　　)

10. 氯元素在酸性介质中的电势图为 HClO $\underline{\ 1.63\ V\ }$ Cl_2 $\underline{\ 1.36\ V\ }$ Cl^-，因为 $\varphi^{\ominus}_{左} - \varphi^{\ominus}_{右} > 0$，所以能发生歧化反应。(　　)

（四）问答题

1. 写出 H_2O_2 有关的四个电极反应，并指出 H_2O_2 在反应中是作为氧化剂还是还原剂。

2. 能否用已知浓度的草酸($H_2C_2O_4$)来标定 $KMnO_4$ 溶液的浓度？为什么？

3. 钢管容易锈蚀，而镀上更活泼的金属锌成为镀锌管后反而不易锈蚀，如何解释这种现象？

4. 什么是零类电极？什么是第一类电极？

5. 金属电镀，被镀件应放在电解电池的哪个极上？电镀镍时，电镀液的关键成分是什么？

六、参考答案

（一）选择题

1. C　2. A　3. C　4. B　5. C　6. A　7. B　8. C　9. D　10. A,D

（二）填空题

1. $(-)Zn \mid Zn^{2+}(1\ mol \cdot dm^{-3}) \parallel KCl(饱和) \mid Hg_2Cl_2 \mid Hg(+)$　$Hg_2Cl_2 + 2e = 2Hg + 2Cl^-$　$Zn - 2e = Zn^{2+}$　$Hg_2Cl_2 + Zn = 2Hg + ZnCl_2$　$K = 1.02 \times 10^{34}$

2. $2MnO_4^- + 5H_2SO_3 = 2Mn^{2+} + 5SO_4^{2-} + 4H^+ + 3H_2O$　$Pt \mid SO_4^{2-}(1\ mol \cdot dm^{-3}), H_2SO_3(1\ mol \cdot dm^{-3}), H^+(1\ mol \cdot dm^{-3}) \parallel MnO_4^-(1\ mol \cdot dm^{-3}), Mn^{2+}(1\ mol \cdot dm^{-3}), H^+(1\ mol \cdot dm^{-3}) \mid Pt$　1.29 V　1.88×10^{218}　降低

3. 减小　增大

4. -0.36 V

5. Cl_2　Br_2　H_2O_2

6. 参与电极反应的物质本性　浓度　E 代数值减小　E 代数值增大　氧化还原能力的大小　氧化还原反应的产物

7. 电极物质的特性所决定的　物质的浓度(包括气态物质的压力);(1) 电极本身浓度的变化;(2) 参与反应 H^+ 浓度的变化;(3) 生成难溶物使电极物质浓度发生变化。(4) 生成配合物使电极物质浓度变化

8. IO^- 和 I_2　IO_3^- 和 I^-

(三) 判断题

1. × 2. × 3. × 4. × 5. ✓ 6. ✓ 7. ✓ 8. × 9. ✓ 10. ×

(四) 问答题

1. $H_2O_2 + 2H^+ + 2e \rightleftharpoons 2H_2O$　　H_2O_2 作为氧化剂

$O_2 + 2H^+ + 2e \rightleftharpoons H_2O_2$　　H_2O_2 作为还原剂

$H_2O_2 + 2e \rightleftharpoons 2OH^-$　　H_2O_2 作为氧化剂

$O_2 + 2H_2O + 2e \rightleftharpoons H_2O_2 + 2OH^-$　　H_2O_2 作为还原剂

2. $2CO_2 + 2H^+ + 2e \rightleftharpoons H_2C_2O_4$　　$\varphi^\ominus = -0.49\ V$

$MnO_4^- + 8H^+ + 5e \rightleftharpoons Mn^{2+} + 4H_2O$　　$\varphi^\ominus = 1.49\ V$

配平该反应　$5H_2C_2O_4 + 2MnO_4^- + 6H^+ \rightleftharpoons 10CO_2 + 2Mn^{2+} + 8H_2O$

$$\varphi^\ominus_{电池} = \varphi^\ominus_{氧化} - \varphi^\ominus_{还原} = 1.49 - (-0.49) = 1.98 > 0\ V$$

说明用已知浓度的草酸来标定 $KMnO_4$ 溶液的浓度是可行的。

3. 钢材属于合金,含有大量的杂质,在有水或湿气条件下容易形成微电池,Fe 作为阳极而不断失去电子被溶解,杂质作为阴极将电子转移给溶液中的氧化剂,通常是吸收的氧,所以钢管非常容易锈蚀。通过电镀一层锌后,纯度很高,没有杂质,不容易形成微电池,有效地防止了电化学腐蚀。即使有部分镀膜被破坏,也会形成 Zn - Fe 微电池,由于 Zn 电极电势较低作为阳极,Fe 作为阴极而被保护。阳极的 Zn 溶解后形成 ZnO 沉淀,容易形成钝化的氧化膜,也在一定程度上防止了化学腐蚀。

4. 零类电极本身并不参与电极反应,它只能提供电子转移的场所,起导电作用。第一类电极又称为金属电极,是金属和它自已的离子相平衡的电极。

5. 被镀件应放在电解电池的阴极上。电镀镍时,电镀液的关键成分是硫酸镍。

(五) 课后习题答案

1. **解**　pH 玻璃电极是在 SiO_2 基质中加入 Na_2O、Li_2O 和 CaO 烧结而成的特殊玻璃膜,用水浸泡膜时,表面的 Na^+ 与水中的 H^+ 交换,表面形成水合硅胶层。玻璃电极使用前,必须在水溶液中浸泡形成一个三层结构,即中间的干玻璃层和两边的水化硅胶层将浸泡后的玻璃电极插入待测溶液,水合层与溶液接触,由于水合硅胶层表面与溶液中的 H^+ 活度不同,形成活度差,H^+ 由活度大的一方向活度小的一方迁移,改变了硅胶层 - 溶液两相界面的电荷分布,产生了一定的相界电位。

2. 略

3. **解**　电位滴定是靠电位突变来计算它的终点的。

需用仪器:电位滴定需要用参比电极,使用电位滴定仪或者 pH 计的电位档测定。

测定过程一边滴定,一边记录电位。

计算方法:根据滴定液的体积和电位的二级微商计算. 当达到滴定点时,电位会发生突然

的变换,被称之为突跃点.按照突跃点消耗的滴定液体积进行计算。
你说的一般的滴定法,应该多是酸碱滴定法或者沉淀滴定法。
需用仪器:一般的酸式滴定管和碱式滴定管即可。
测定过程一边滴定,一边观察现象.酸碱滴定的测定液中加入了指示剂,终点时即会变色。沉淀滴定则会有沉淀产生。
计算方法:记录终点消耗的滴定液体积,并进行计算。
从准确度上讲:电位滴定的准确度要比酸碱滴定或者沉淀滴定准确度好.不过计算和操作上较为复杂。

4.解 $pH_x = pH_s + \frac{E_x - E_s}{0.059} = 9.18 + \frac{0.180 - 0.220}{0.059} = 8.50$

6.解 (1)
$$R_1 = 0.001\,435\ \text{s} \cdot \text{cm}^{-1}$$

(2)
$$K_{\text{cell}} = R \cdot k = 0.172\,8\ \text{cm}^{-1}$$

$$R_2 = \frac{0.172\,8}{2\,184} = 79.25 \times 10^{-5}\ \text{s} \cdot \text{cm}^{-1}$$

(3)
$$\lambda_{\text{m,B}} = R_2 \frac{1\,000}{c_{\text{B}}} = 7.912\,5\ \text{s} \cdot \text{cm}^{-1} \cdot \text{mol}^{-1}$$

第 17 章　分离方法

一、中学链接

1. 常见物质分离提纯的 9 种方法

(1) 结晶和重结晶:利用物质在溶液中溶解度随温度变化较大,如 NaCl,KNO_3。

(2) 蒸馏冷却法:在沸点上差值大,乙醇中(水)加入新制的 CaO 吸收大部分水再蒸馏。

(3) 过滤法:溶与不溶。

(4) 升华法:$SiO_2(I_2)$。

(5) 萃取法:如用 CCl_4 来萃取 I_2 水中的 I_2。

(6) 溶解法:如 Fe 粉(Al 粉)溶解在过量的 NaOH 溶液里过滤分离。

(7) 增加法:把杂质转化成所需要的物质,如 $CO_2(CO)$ 可通过热的 CuO 转化,而 $CO_2(SO_2)$ 可通过 $NaHCO_3$ 溶液转化。

(8) 吸收法:除去混合气体中的气体杂质,气体杂质必须被药品吸收,如 $N_2(O_2)$ 可将混合气体通过铜网吸收 O_2。

(9) 转化法:两种物质难以直接分离,加药品变得容易分离,然后再还原回去,如 $Al(OH)_3$,$Fe(OH)_3$,可先加 NaOH 溶液把 $Al(OH)_3$ 溶解,过滤,除去 $Fe(OH)_3$,再加酸让 $NaAlO_2$ 转化成 $Al(OH)_3$。

2. 常用的去除杂质的 10 种方法

(1) 杂质转化法:欲除去苯中的苯酚,可加入氢氧化钠,使苯酚转化为酚钠,利用酚钠易溶于水,使之与苯分开;欲除去 Na_2CO_3 中的 $NaHCO_3$ 可用加热的方法。

(2) 吸收洗涤法:欲除去二氧化碳中混有的少量氯化氢和水,可使混合气体先通过饱和碳酸氢钠的溶液后,再通过浓硫酸。

(3) 沉淀过滤法:欲除去硫酸亚铁溶液中混有的少量硫酸铜,加入过量铁粉,待充分反应后,过滤除去不溶物,达到目的。

(4) 加热升华法:欲除去碘中的沙子可用此法。

(5) 溶液结晶法(结晶和重结晶):欲除去硝酸钠溶液中少量的氯化钠,可利用二者的溶解度不同,降低溶液温度,使硝酸钠结晶析出,得到硝酸钠纯晶。

(6) 分馏蒸馏法:欲除去乙醚中少量的酒精,可采用多次蒸馏的方法。

(7) 分液法:欲将密度不同且又互不相溶的液体混合物分离可采用此法,如将苯和水分离。

(8) 渗析法:欲除去胶体中的离子可采用此法,如除去氢氧化铁胶体中的氯离子。

(9) 综合法:欲除去某物质中的杂质,可采用以上各种方法或多种方法综合运用。

(10) 溶剂萃取法:欲除去水中含有的少量溴,可用此法。

二、教学基本要求

了解沉淀法的沉淀类型和形成过程,掌握和选择影响沉淀纯度的因素和条件;掌握溶剂萃取分离法的分配系数和分配比,萃取百分率和分离系数的计算,熟悉溶剂萃取分离法和离子交换分离法的操作并掌握其条件的选择。

三、内容精要

1. 沉淀

(1) 沉淀类型和形成过程

利用沉淀反应把混合物各个组分彼此分离的方法称为沉淀分离法。通过沉淀分离可以达到富集、提纯(或除去杂质)和制备的目的。

沉淀的一般形成过程可表示为

$$\text{构晶离子}\xrightarrow{\text{成核}}\text{晶核}\xrightarrow{\text{长大}}\text{沉淀微粒}-\begin{cases}\xrightarrow{\text{定向长大}}\text{晶型沉淀}\\ \xrightarrow{\text{聚集}}\text{无定型沉淀}\end{cases}$$

(2) 影响沉淀纯度的因素

杂质混入沉淀的主要方式有共沉淀和后沉淀两种。

① 共沉淀:产生共沉淀的原因是表面吸附、包藏和形成混晶,其中主要是表面吸附。

② 后沉淀:后沉淀现象虽然没有共沉淀现象普遍,但是杂质的沾污量大。因此在沉淀分离时,若存在可能产生后沉淀的物质,应在沉淀完毕后尽快过滤,缩短沉淀和母液共置的时间。另外还应避免高温浸煮,因为升高温度也会促使后沉淀的发生。

(3) 沉淀条件的选择

应当根据不同类型沉淀的特点,选用适宜的沉淀条件。

① 晶型沉淀:

(Ⅰ) 在适当稀的溶液中沉淀,尽可能降低相对过饱和度。

(Ⅱ) 慢慢加入沉淀剂,并快速搅拌,以降低局部过饱和度,避免大量晶核的产生。

(Ⅲ) 在热溶液中进行沉淀,使溶解度略有增加,相对过饱和度降低。同时,温度增高,可减少杂质的吸附,但温度较高时,沉淀的溶解度较大,所以沉淀完毕后应将溶液冷却后再过滤。

(Ⅳ) 陈化,即沉淀完全后,让沉淀和母液一起放置一段时间。

② 无定形沉淀:

(Ⅰ) 在较浓、较热的溶液中沉淀。

(Ⅱ) 加入电解质。

③ 均相沉淀法:均相沉淀法是一种改进方法。它对生成混晶及后沉淀没有多大改

善。另外将溶液长时间煮沸易在容器壁上沉积一层致密的沉淀，不易取下，往往需要用溶剂溶解后再沉淀，这也是均相沉淀法的缺点之一。

2. 溶剂萃取分离法

① 分配系数和分配比：被萃取组分 A(即溶质) 在萃取过程中，达到平衡后按一定比例重新分配在互不相溶的水相和有机相，在恒温、恒压、较稀浓度下，溶质在两相中的浓度比值为一常数，称之为分配系数(K_D)，则

$$K_D = \frac{[\mathrm{A}]_{有}}{[\mathrm{A}]_{水}}$$

由于溶质 A 在一相或两相中，常常会解离、聚合或与其他组分发生化学反应，情况比较复杂，不能简单地用分配系数来说明整个萃取过程的平衡问题。因此，在分析化学中通常用分配比(D) 来表示溶质在两相中的分配情况，即

$$D = \frac{c_{有}}{c_{水}}$$

式中，$c_{有}$ 和 $c_{水}$分别表示溶质在有机相和水相中的总浓度。

② 萃取百分率和分离系数：对于某种物质的萃取效率，常用萃取百分率来表示，即

$$E = \frac{被萃取物质在有机相中的总量}{被萃取物质的总量} \times 100\%$$

设某物质在有机相中的总浓度为$c_{有}$，在水相中的总浓度为$c_{水}$，两相体积分别为$V_{有}$ 和 $V_{水}$，则萃取百分率为

$$E\% = \frac{c_{有}\ V_{有}}{c_{有}\ V_{有} + c_{水}\ V_{水}} \times 100\% = \frac{D}{D + \frac{V_{水}}{V_{有}}} \times 100\%$$

分配比越大，则萃取百分率越大，萃取效率越高。当被萃取物质的 D 值较小时，通过一次萃取，往往不能满足分析工作的要求，则可采取分几次加入溶剂，多次连续萃取的方法，来提高萃取效率。

设体积为 $V_{水}$(mL) 的溶液内含有被萃取物 A，其质量为 W_0(g)，用体积为 $V_{有}$(mL) 的溶剂萃取一次，水相中剩余被萃取物的质量为 W_1(g)，则进入有机相的质量为($W_0 - W_1$)(g)，此时分配比为

$$D = \frac{c_{有}}{c_{水}} = \frac{(W_0 - W_1)/V_{有}}{W_1/V_{水}}$$

则

$$W_1 = W_0\left(\frac{V_{水}}{DV_{有} + V_{水}}\right)$$

若每次用 $V_{有}$(mL) 新鲜溶剂萃取 n 次，剩余在水相中的被萃取物 A 的质量为 W_n(g)，则

$$W_n = W_0\left(\frac{V_{水}}{DV_{有} + V_{水}}\right)^n$$

在萃取工作中，不仅要了解对某种物质的萃取程度如何，而且还要考虑共存组分间的分离效果如何，一般用分离系数 β 来表示分离效果。β 是两种不同组分 A、B 分配比的比值，即

$$\beta = \frac{D_A}{D_B}$$

D_A 和 D_B 之间相差越大,两种物质之间的分离效果越好;如果 D_A 和 D_B 很接近,则需采取措施(如改变酸度、价态或加入络合剂等)以扩大 D_A 与 D_B 的差别。

(2) 重要的萃取体系及萃取条件的选择

① 螯合物萃取体系:将被萃取组分转化为疏水性螯合物而进入有机相进行萃取的体系,称为螯合物萃取体系。这种体系广泛应用于金属阳离子的萃取,所用萃取剂是一种螯合剂,一般为有机弱酸或弱碱。

② 离子缔合物萃取体系:将被萃取组分转化为疏水性的离子缔合物而进入有机相进行萃取的体系,称为离子缔合物萃取体系。被萃取离子的体积越大,电荷越低,越容易形成疏水性的离子缔合物。

③ 三元配合物萃取体系:三元配合物具有选择性好、灵敏度高的特点,因而这类萃取体系近年来发展较快,广泛应用于稀有元素、分散元素的分离和富集。

(3) 萃取分离操作

① 分液漏斗的准备;

② 萃取;

③ 分层;

④ 分液。

3. 离子交换分离法

此方法分离效率高,适用于分离所有的无机离子和许多有机物。

(1) 离子交换树脂

离子交换树脂是一种高分子聚合物,具有网状结构,在网状结构的骨架上连着一些活性基团,按照活性基团的性质,离子交换树脂可分为强酸性阳离子交换树脂(含有($—SO_3H$))、弱酸性阳离子交换树脂(含有羧基($—COOH$)或酚羟基($—OH$))、强碱性离子交换树脂(含有季铵基[$—N^+(CH_3)_3$])、弱碱性离子交换树脂(含有伯胺基($—NH_2$)、仲胺基[$—NH(CH_3)$]或叔胺基[$—N(CH_3)_2$])及螯合树脂。

(2) 离子交换的基本原理

离子交换反应是化学反应,它是离子交换树脂本身的离子和溶液中的同号离子作等物质的量的交换。如果把含阳离子 B^+ 的溶液和离子交换树脂 R^-A^+ 混合,则它们之间的反应可表示为

$$R^-A^+ + B^+ \rightleftharpoons R^-B^+ + A^+$$

达到平衡时

$$K = \frac{[A^+]_{水}[B^+]_{有}}{[A^+]_{有}[B^+]_{水}}$$

式中,$[A^+]_{有}$、$[B^+]_{有}$ 及 $[A^+]_{水}$、$[B^+]_{水}$ 分别为 A^+、B^+ 在有机相(树脂相)及水相中的平衡浓度。K 称为树脂对离子的选择系数,若 $K > 1$,说明树脂负离子 R^- 与 B^+ 的静电吸引力大于 R^- 与 A^+ 的吸引力。因此,K 值反映了一定条件下离子在树脂上的交换能力,其大小表示树脂对 B^+ 吸附能力的强弱,或者称树脂对离子的亲和力。

树脂对离子的亲和力，与离子的水合半径、电荷及极化程度有关。水合离子半径越小，电荷越高，极化程度越大，它的亲和力越大。

实验表明，常温下，在离子浓度不大的水溶液中，树脂对不同离子的亲和力由小到大排列顺序如下。

① 强酸性阳离子交换树脂：

不同价的离子：Na^+，Ca^{2+}，Al^{3+}，Th^{4+}

一价阳离子：Li^+，H^+，Na^+，NH_4^+，K^+，Rb^+，Cs^+，Ag^+

二价阳离子：Mg^{2+}，Zn^{2+}，Co^{2+}，Cu^{2+}，Cd^{2+}，Ni^{2+}，Ca^{2+}，Sr^{2+}，Pb^{2+}，Ba^{2+}

② 强碱性阴离子交换树脂：

F^-，OH^-，Ac^-，$HCOO^-$，$H_2PO_4^-$，Cl^-，NO_2^-，CN^-，Br^-，$C_2O_4^-$，NO_3^-，HSO_4^-，I^-，CrO_4^{2-}，SO_4^{2-}，柠檬酸根离子。

应注意以上所述仅是一般规律。

(3) 离子交换分离操作

离子交换分离一般在交换柱中进行，它包括以下步骤：

① 树脂的选择与处理。

② 装柱。

③ 交换。

④ 洗脱。

⑤ 再生。

四、典型例题

例 17.1 对同一类型的难溶强电解质，溶度积常数相差________，利用分步沉淀来分离离子效果越好。

解 越大

例 17.2 某溶液含 Fe^{3+} 10 mg，将它萃取入某有机溶剂中时，分配比为99。问用等体积的溶剂萃取一次和两次，剩余 Fe^{3+} 量各是多少？

解 一次萃取时，$V_{有} = V_{水}$，此时剩余 Fe^{3+} 量为

$$m_1 = m_0 V_{水} / (DV_{有} + V_{水}) = 10 \times V_{水} / (99 \times V_{有} + V_{水}) = 0.10\ \text{mg}$$

分两次萃取时，$V_{有} = 0.5V$ 水，此时剩余 Fe^{3+} 量为

$$m_2 = m_0 [V_{水} / (DV_{有} + V_{水})]2 = 10 \times [V_{水} / (99 \times 0.5V_{有} + V_{水})]2 = 0.003\ 9\ \text{mg}$$

萃取效率为

$$E = (10 - 0.003\ 9)/10 = 0.999$$

计算结果表明，用相同体积的有机溶剂，多次萃取比全量一次萃取效率高。

例 17.3 有 50.00 mL 的 0.100 0 mol · L^{-1} 的 I_2 水溶液，用 100 mL 有机溶剂萃取 I_2，已知 $D = 8.0$，经一次萃取后取水相用 0.050 0 mol · L^{-1} 的 $Na_2S_2O_3$ 溶液滴定，问需用多少毫升？

解 $$E = 1 - \frac{V_{水}}{DV_{有} + V_{水}} = 1 - \frac{50.00}{8.0 \times 100 + 50.00} = 0.9412$$

设需要 $Na_2S_2O_3$ 溶液 V mL,则有

$$50.00 \times 0.1 \times (1 - 0.9412) \times 2 = 0.05 \times V$$

解得 $V = 11.76$ mL。

所以需要 11.76 mL 的 $Na_2S_2O_3$ 溶液即可。

例 17.4 取 100 mL 含有痕量氯仿的水样,用 1.0 mL 戊烷进行萃取,萃取率为 53%。如果取 10 mL 水,用 1.0 mL 戊烷进行萃取,问萃取率是多少?

解

$$E = 1 - \frac{V_{水}}{DV_{有} + V_{水}}$$

可得 $0.53 = 1 - \frac{100}{D \times 1.0 + 100}$,所以 $D = 113$。

如果取 10 mL 水,用 1 mL 戊烷进行萃取,则萃取率为

$$\mathrm{E} = 1 - \frac{10}{113 + 1} = 0.91$$

所以用戊烷进行萃取的萃取率为 91%。

例 17.5 现有 $0.1000\ mol \cdot L^{-1}$ 的某有机一元弱酸(HA)100 mL,用 25.00 mL 苯进行萃取后,取水相 25.00 mL,用 $0.02000\ mol \cdot L^{-1}$ 的 NaOH 标准溶液滴定到终点,消耗 20.00 mL,计算该一元弱酸在两相中的分配系数。

解 根据萃取定律有 $0.02000 \times 20.00 \times \frac{100}{25.00} = 0.1000 \times \left(\frac{100}{25D + 100}\right)$

解得该一元弱酸在两相中的分配系数 $D = 21.0$

五、训练题

(一) 选择题

1. 能用过量 NaOH 溶液分离的混合离子是(　　)。

A. Pb^{2+},Al^{3+}　　B. Fe^{3+},Mn^{2+}　　C. Al^{3+},Ni^{2+}　　D. Co^{2+},Ni^{2+}

2. 能用 pH = 9 的氨性缓冲溶液分离的混合离子是(　　)。

A. Ag^{+},Mg^{2+}　　B. Fe^{3+},Ni^{2+}　　C. Pb^{2+},Mn^{2+}　　D. Co^{2+},Cu^{2+}

3. 当萃取体系的相比 $R = V_w/V_0 = 2$,$D = 100$ 时,萃取百分率 $E(\%)$ 为(　　)。

A. 33.3　　B. 83.3　　C. 98.0　　D. 99.8

4. 含 0.025 g Fe^{3+} 的强酸溶液,用乙醚萃取时,已知其分配比为 99,则等体积萃取一次后,水相中残存 Fe^{3+} 质量为(　　)。

A. 2.5 mg　　B. 0.25 mg　　C. 0.025 mg　　D. 0.50 mg

5. 在 pH = 2,EDTA 存在下,用双硫腙 - $CHCl_3$ 萃取 Ag^{+}。今有含 Ag^{+} 溶液 50 mL,用 20 mL 萃取剂分两次萃取,已知萃取率为 89%,则其分配比为(　　)。

A. 100　　B. 80　　C. 50　　D. 5

6. 萃取过程的本质可表达为(　　)。

A. 被萃取物质形成离子缔合物的过程

B. 被萃取物质形成螯合物的过程

C. 被萃取物质在两相中分配的过程

D. 将被萃取物由亲水性转变为疏水性的过程

7. 现有含 Al^{3+} 样品溶液 100 mL，欲每次用 20 mL 的乙酰丙酮萃取，已知分配比为 10，为使萃取率大于 95%，应至少萃取(　　)。

A. 4 次　　B. 3 次　　C. 2 次　　D. 1 次

8. 离子交换树脂的交换容量决定于树脂的(　　)。

A. 酸碱性　　B. 网状结构

C. 相对分子质量大小　　D. 活性基团的数目

9. 用一定浓度的 HCl 洗脱富集于阳离子交换树脂柱上的 Ca^{2+}、Na^{+} 和 Cr^{3+}，洗脱顺序为(　　)。

A. Cr^{3+}，Ca^{2+}，Na^{+}　　B. Na^{+}，Ca^{2+}，Cr^{3+}

C. Ca^{2+}，Na^{+}，Cr^{3+}　　D. Cr^{3+}，Na^{+}，Ca^{2+}

10. Li^{+}、Na^{+}、K^{+} 离子在阳离子树脂上的亲和力由小到大排列顺序是(　　)。

A. Li^{+}，Na^{+}，K^{+}　　B. Na^{+}，Li^{+}，K^{+}

C. Na^{+}，K^{+}，Li^{+}　　D. K^{+}，Na^{+}，Li^{+}

11. 下列属阳离子交换树脂的是(　　)。

A. RNH_3OH　　B. ROH　　C. $RNH_2(CH_3)OH$　　D. $RN(CH_3)_3OH$

(二) 计算题

1. 用有机溶剂从 100 mL 某溶质的水溶液中萃取两次，每次用 20 mL，萃取率达 89%，计算萃取体系的分配系数。假定这种溶质在两相中均只有一种存在形式，且无其他副反应。

2. 某含铜试样用二苯硫腙 - $CHCl_3$ 光度法测定铜，称取试样 0.200 0 g 溶解后定容为 100 mL，取出 10 mL 显色并定容 25 mL，用等体积的 $CHCl_3$ 萃取一次，有机相在最大吸收波长处以 1 cm 比色皿测得吸光度为 0.380，在该波长下 $\varepsilon = 3.8 \times 10^{4}\ mol \cdot L^{-1} \cdot cm^{-1}$，若分配比 $D = 10$，试计算：a. 萃取百分率 E，b. 试样中铜的质量分数。[已知 $M_r(Cu) = 63.55$]

3. 将 100 mL 水样通过强酸型阳离子交换树脂，流出液用 0.104 2 $mol \cdot L^{-1}$ 的 NaOH 滴定，用去 41.25 mL，若水样中金属离子含量以钙离子含量表示，求水样中含钙的质量浓度($mg \cdot L^{-1}$)？

4. 设一含有 A，B 两组分的混合溶液，已知 $R_f(A) = 0.40$，$R_f(B) = 0.60$，如果色层用的滤纸条长度为 20 cm，则 A，B 组分色层分离后的斑点中心相距最大距离为多少？

六、参考答案

(一) 选择题

1. C　2. B　3. C　4. B　5. D　6. D　7. B　8. D　9. B　10. A　11. B

（二）计算题

1. **解**　根据假设

$$K_D = D, E = 1 - \frac{m_n}{m_0} = 1 - \left(\frac{V_W}{DV_0 + V_W}\right)^n$$

对于多次萃取，$89\% = 1 - \left(\frac{100}{D \times 20 + 100}\right)^2$，因此 $D = 10$

2. **解**　有机相中铜浓度为

$$c_{有} = \frac{A}{\varepsilon \cdot c} = \frac{0.380}{3.8 \times 10^3 \times 1} = 1.0 \times 10^{-5}\ \mathrm{mol \cdot L^{-1}}$$

等体积萃取

$$E = \frac{D}{D+1} \times 100\% = \frac{10}{10+1} \times 100\% = 90.9\%$$

试样中铜的质量分数为

$$w(\mathrm{Cu}) = \frac{m_{\mathrm{Cu}}}{\mathrm{m}} \times 100\% = \frac{1.0 \times 10^{-5} \times 10 \times 2.5 \times 10 \times 10^{-3} \times 63.55}{0.200\ 0} \times 100\% = 0.087\%$$

3. **解**　水样中含钙的质量浓度为

$$c(\mathrm{Ca^{2+}}) = \frac{0.104\ 2 \times 41.25}{2 \times 0.100} \times 40.078 = 8.60 \times 10^2\ \mathrm{mg \cdot L^{-1}}$$

4. **解**　A 组分色层分离后的斑点中心相距原点的长度为

$$x = 0.40 \times 20 = 8.0\ \mathrm{cm}$$

B 组分色层分离后的斑点中心相距原点的长度为

$$y = 0.60 \times 20 = 12.0\ \mathrm{cm}$$

A，B 组分色层分离后的斑点中心相距最大距离为

$$y - x = 4.0\ \mathrm{cm}$$

（三）课后习题答案

4. **解**　$K_{sp}(\mathrm{Fe(OH)_2}) = 8.0 \times 10^{-16}$

5. **解**　$D = 18$

6. **解**　交换容量 = 交换离子的毫摩尔数 / 树脂的克重 =

$$(24.15 \times 0.1)/1.5 = 1.634\ \mathrm{mol \cdot L^{-1}}$$

参 考 文 献

[1] 华东理工大学化学系,四川大学化工学院. 分析化学[M]. 第 5 版. 北京:高等教育出版社,2003.

[2] 吴阿富. 化学定量分析[M]. 上海:华东理工大学出版社,2002.

[3] 谢天俊. 简明定量分析化学[M]. 广州:华南理工大学出版社,2003.

[4] 孙毓庆. 分析化学[M]. 北京:科学出版社,2004.

[5] 吴性良,朱万森,马林. 分析化学原理[M]. 北京:化学工业出版社,2004.

[6] 黄蔷蕾,冯贵颖. 无机及分析化学习题精解与学习指南[M]. 北京:高等教育出版社,2002.

[7] 江万权,金谷. 分析化学——要点·例题·习题·真题[M]. 合肥:中国科学技术大学出版社,2003.

[8] 季剑波,凌昌都. 定量化学分析例题与习题[M]. 北京:化学工业出版社,2004.

[9] 潘祖亭,曾百肇. 定量分析习题精解[M]. 2 版. 北京:科学出版社,2004.

[10] 李建颖,石军. 分析化学学习指导与习题精解[M]. 天津:南开大学出版社,2004.

[11] 金庆华,赵云斌. 分析化学——学习与解题指南[M]. 武汉:华中科技大学出版社,2004.

[12] 严拯宇,倪坤仪. 分析化学学习指导与试题解答[M]. 南京:东南大学出版社,2003.

[13] 王志林,黄孟健. 无机化学学习指导[M]. 北京:科学出版社,2004.

[14] 王明华,许莉. 普通化学解题指南[M]. 北京:高等教育出版社,2003.

[15] 贾之慎. 无机及分析化学学习指导[M]. 北京:中国农业大学出版社,2009.

[16] 王一凡,古映莹. 无机化学学习指导[M]. 北京:科学出版社,2013.

[17] 陈素清,梁华定. 无机及分析化学学习指导[M]. 杭州:浙江大学出版社,2013.

[18] 周祖新. 无机化学学习指导[M]. 北京:化学工业出版社,2009.

[19] 海办茜·陶尔大洪. 无机化学学习指导[M]. 北京:科学出版社,2007.